平等思维

智慧和幸福的奥秘

唐曾磊◎主编

清华大学出版社

北京

内 容 简 介

本书作者通过近二十年的教育工作经验，总结出了平等教育的幸福之道和智慧之道理论，针对家长和教师在生活工作中常常遇到的问题，提出问题的原因，并给出智慧的解答，同时给出大量真实的案例作为辅助，帮助家长和教师首先自己变得幸福和智慧，然后从个人幸福、工作幸福、沟通幸福、矛盾解决、幸福日记、夫妻相处、性福等方面帮助大家认识到不幸福的原因，并给出明确的行之有效的操作。在讲解之后有答疑环节回答相关的疑问，并在作业点评环节点评家长在生活中对各种幸福之道的使用情况。平等教育幸福之道课程，不是学习知识的课程，而是帮助大家变得智慧、变得幸福的课程。学好的标准，不是记住了几个幸福之道的说法，而是自己的生活在真正变得幸福。

本书适用于广大的家长和教师，尤其是那些在教育孩子的过程中感到无助和苦恼的家长和教师，本书是家长和教师自我成长的学习用书，也是学校"培养智慧的教育者"教师培训的参考用书。

图书在版编目(CIP)数据

平等思维：智慧和幸福的奥秘：全新升级版 / 唐曾磊主编. — 北京：清华大学出版社，2018(2024.1 重印)
ISBN 978-7-302-49478-2

Ⅰ.①平… Ⅱ.①唐… Ⅲ.①幸福—通俗读物 Ⅳ.①B82-49

中国版本图书馆 CIP 数据核字(2018) 第 020905 号

责任编辑：左玉冰
封面设计：汉风唐韵
版式设计：方加青
责任校对：王荣静
责任印制：杨 艳

出版发行：清华大学出版社
　　　　　网　　　址：https://www.tup.com.cn, https://www.wqxuetang.com
　　　　　地　　　址：北京清华大学学研大厦 A 座　　　邮　编：100084
　　　　　社 总 机：010-83470000　　　　　　　　　邮　购：010-62786544
　　　　　投稿与读者服务：010-62776969, c-service@tup.tsinghua.edu.cn
　　　　　质 量 反 馈：010-62772015, zhiliang@tup.tsinghua.edu.cn
印 装 者：涿州市般润文化传播有限公司
经　　销：全国新华书店
开　　本：170mm×240mm　　　印　张：22　　　字　数：343 千字
版　　次：2018 年 6 月第 1 版　　　印　次：2024 年 1 月第 6 次印刷
定　　价：45.00 元

产品编号：077993-01

一直做教育，做咨询，发现人活得很苦。

家长们很苦，苦着帮助孩子，帮孩子学习，帮孩子调节心理；

孩子们很苦，苦着努力学习，提高成绩，好好表现；

教师们很苦，苦着帮助孩子，跟家长沟通，帮孩子提高学习成绩；

……

要想帮助孩子们，先要帮助家长们和教师们变得幸福、变得有智慧，如果教师们和家长们都每天苦哈哈的，他们怎么可能教出真正幸福的孩子？这就如同让一个穷光蛋教人怎么成为百万富翁，根本就是不可能的事！

帮助成人幸福，主要从以下几个方面：

一是帮助个人幸福。如果一个人能够减少期望，并能每天做正确的事情，那么好的结果就会不期而至，这个人当然会喜出望外。

二是帮助工作幸福。如果一个人能够轻松胜任自己的工作，并能从工作中得到快乐，这份工作还能给自己和顾客带来应有的价值，那么这个人工作时就可以是幸福的。

三是解决家庭矛盾。如果一个人在遇到家庭矛盾的时候，第一想到的不是责怪对方，而是反观自己的问题，并从自我做起，考虑自己做什么能够得到改善，那么矛盾就会一下子化解，问题就容易解决。

四是解决家庭沟通问题。如果一个人能够先接纳家庭成员，然后通过同情同理、鼓励和爱来理解对方，并在此基础上给对方切实有效的建议，那么家庭成员之间就可以达成很好的沟通关系。

五是解决夫妻幸福问题。只要夫妻不和睦，就一定会影响孩子的学习和生活。夫妻怎么才能相处好？我提出了夫妻相处的终极模式，即夫妻相处的乌托邦模式——父女关系和母子关系，这也是夫妻关系从爱情走向亲情的真正出路。

六是如果觉得家庭成员缺点太多，就需要先通过幸福日记来调节自己的心，让自己的心容易发现对方的优点，从而让自己变得幸福，并愿意平和地帮助家人。这种方式既可以对配偶使用，也就是爱情幸福日记，一般女性使用较多，所以我们称为女性幸福日记，也可以对孩子使用，也就是亲子幸福日记。

七是探讨性福之道。从心理角度讨论性对人生的影响，对青春期孩子的性教育，对乱伦问题、对孩子的手淫问题都提出了针对性的解决思路，并通过讨论，跟家长们一起正视自己内心的欲望，让自己变得觉知，成为一个平和完满的人，从而走向真正的自由。

八是探讨人的基本禀性，也就是小人自我理论。小人自我理论是人类心理方面的万有引力定律，明白了这个理论，我们在分析问题的时候，就容易一下子抓住问题的核心。人们是自以为是的，而且喜欢肯定，讨厌否定，固执己见，如果能够随顺对方，就可以帮助对方；如果跟对方对抗，就无法帮助对方。所有的幸福之道的理论，都是针对小人自我提出的，都是在觉悟我们自己的小人自我，包容对方的小人自我，智慧地面对问题，解决问题。

九是提出了一个深入解决问题的方法——单破不立。我们在讨论问题的时候，往往着急去寻找答案，其实找不到答案的原因，往往恰恰是问题没有看清楚。只要看清楚问题，往往就会发现答案就在问题中，不需要到处寻找答案。单破不立给大家一种操作方法，可以一下子找到问题的关键，并针对这个关键问题进行提问，往往提出问题的时候，答案就已经显现出来了。"天苍苍，野茫茫，风吹草低见牛羊。"牛羊本在草中，风吹草低自见，无须另外寻找。

本书是根据我们平等教育幸福之道家长课的讲课录音整理而来，讲课录音由

《河南教育》的卢丽君女士协助整理。在此提出衷心感谢。

为了帮助家长们理解书中的理论和方法，本书采用了大量的案例，本书中几乎所有的案例都是真实的，但为了保护当事人的隐私，我一律采取了化名的方式。

本书在写作过程中，得到了清华大学出版社的大力支持，在此表示衷心的感谢。

唐老师的博客：http://tangzenglei.qzone.qq.com。

编　者

目 录

第一章｜概论

第四章｜矛盾解决之道（家庭矛盾万能解决三步法）

第五章｜接纳——和谐沟通之道（一）

第六章 | 理解——和谐沟通之道（二）

第七章 | 建议——和谐沟通之道（三）

第八章 | 个人幸福之道

第九章｜工作幸福之道

第十章｜夫妻幸福之道

第十一章｜幸福日记

第十二章 | 性福之道

第十三章 | 结语

【第一章】

概　论

幸福的前提是智慧，智慧就是按照因果规律做事。真正的幸福是清净，心态平和。

每个人都可以找到并把握自己的幸福。

第一节

❋

内 容 讲 解

一、各种幸福之道

每一个人都在追求幸福。即使一个人不说他在追求幸福，生活得更幸福也是他所希望的事情。所有人都希望自己变得更加幸福，但很多人并不一定能够得到幸福，所以我们要帮助大家一起走向幸福。

对于幸福，每个人心中有不同的标准，但所有的幸福都是要使一个人得到更加长期、更加深层次的开心和舒心。

有没有一个幸福之道，能帮助所有人走向幸福呢？当然有！

我们讲家庭幸福之道，就是要帮助大家在方方面面变得幸福。家庭幸福之道课程共有12讲，内容包括人性的本质、沟通幸福之道（3讲）、工作幸福之道、个人幸福之道、性福之道、夫妻幸福之道、矛盾解决之道（家庭矛盾万能解决三步法）、幸福日记等。

良好的沟通是家长帮助孩子、夫妻互相帮助的前提。沟通幸福之道是利用沟通这种方式，来使家庭成员之间的关系变得更加和谐，让家庭更幸福。

工作在每个人的生活中占有很大比重，一个人如果在工作时间不幸福，那就谈不上人生的幸福。工作幸福之道是通过一些方面的调整让工作变得轻松愉快，来让大家在工作中体会到幸福。

一个人如何来设计自己的生活？如何调节自己的思维方式和心态？在面对问题时应该考虑什么，从而逐渐走向个人的幸福？个人幸福之道对此做出了细致的回答。

在生活中，大家很容易见到不幸福的家庭。比如夫妻彼此不欣赏、性格不合、对孩子的教育理念不一致、一方出轨等问题不断地在现实中上演。夫妻之间如何相处，才能共同走向幸福？人们常说要化爱情为亲情，怎么才能做到呢？这是夫妻幸福之道所要揭示的。

在女性幸福之道里，有一个迅速提升女性幸福指数的手段——幸福日记。幸福日记分两种：一是夫妻幸福日记；二是亲子幸福日记。每一个人都希望自己的配偶更优秀，都希望自己的孩子更出色。幸福日记可以帮助你每天看到配偶和孩子的优点，不断体会到配偶和孩子的好。你越觉得对方好，就越能发现对方的好，对方也确实会变得越来越好，而你也会越来越认识到对方确实非常好，从而走向良性循环，并让自己生活在幸福之中。

在家庭中，只要你依着我们上面提到的任何一种幸福之道去想问题、做事情，就会明显地发现自己比以前生活得更幸福。

另外，还要给大家讲一个矛盾解决之道，也就是家长们经常听到的家庭矛盾万能解决三步法。所有的家庭矛盾，按家庭矛盾万能解决三步法去做，都可以很好地解决。

二、什么是平等思维

幸福之道的所有内容基于一个最核心的思想——平等思维。

平等思维是什么？

平等是指心的平等。

心如何平等？

不带自心的执着，以平等的心看待万物。

平等就是看到事物有不同，不以自心分别好坏。即事物有不同，无好坏

3

之分。

人们总在评价事情的好与坏，但大家并没有统一的好坏标准。比如：一个人，有人说他好，有人说他不好；一件事情，有人说它好，也有人说它不好。

家庭幸福之道课程开课的日子，也是十八大召开的日子，看起来这应该是一个很好的日子。但是，同样在这一天，有人得到了坏消息，有人生病住院，有人挨打，有人家里失火。有那么多人在这一天不幸福，这一天是好日子吗？其实，日子没有好坏，是你的心情在决定它的好坏。你心情好了，今天就是好日子；你心情不好，今天就不是好日子。这就是平等思维。

事物没有好坏之分，但人心会去分别好坏。对好坏的分别是一种对自我偏见的执着，平等的心就是不带执着的心。

平等的心是一颗很干净的心。

干净的心就是没有执着挂碍的心。执着是什么？执着可以理解为一个人以自己心中的偏见而产生对事物的在意。

有人问："如果不在意，我怎么幸福？"先不说人怎么幸福。人对某种东西在意了就容易难受。为什么？你在意了，就会为它牵肠挂肚，无法心安。这就是《般若波罗蜜多心经》中的："无挂碍故，无有恐怖，远离颠倒梦想……"

炒股的人都知道，所有的股票走势图都有一个特点：波动。所谓波动就是有高有低。比如说五块钱一股，买一万股，五万块钱。第二天涨了百分之十，一股涨了五毛，一万股涨了五千块钱，很开心。第三天跌了百分之十，五块五一股的股票，一股跌百分之十不是五毛而是五毛五，市值不到五万了。于是就难受了！但这还不够，接下来，卖还是不卖？这个判断更让人为难。如果没卖，第四天又跌了，一股又跌四毛，又四千块钱跌下去了。这可是真金白银的损失！于是后悔没有早卖，犹豫现在到底卖不卖，心里难受吧？且不说几天之内，就是在一天之内，股票也是一会儿涨一会儿跌的，如果对此太在意，心里就一定会难受。

所以，一个人对什么太在意，就难免会痛苦。太在意，就是心不干净，有执着放不下。太在意，人就处于一种很紧张的状态，往往做不好事情。

最开始学溜冰的时候，人会特别在意保持平衡，避免摔倒。看到前面有个小石子就如临大敌，生怕把自己绊倒，很着急地想避开，但心里越紧张就越控制不住自己，往往会对着小石子冲过去，一下就把自己摔倒了。

太在意，人就不能自在地处理事情，这叫心不干净。

平等思维，就是要帮助大家把心逐渐变得干净起来。在家庭幸福之道的学习过程中，我们沿用对话、提问的方式，尤其是要用到一个法宝——单破不立。

用单破不立来对话，你是在问而不是在陈述。较之于陈述而言，问问题本身强调不陈述自己的观点。当你不去陈述而只是去问的时候，可以避免你的偏见从话里带出来，对别人造成不好的影响，给事情带来危害。逐渐地，不只是话中偏见减少，对自己心中的偏见也会更快更细微地觉知到。

在和大家对话、点评作业、回答问题的过程中，我会较多采用更直接指出问题的方式——类似于禅宗的棒喝方式。在沟通中、在生活中、在追求幸福的过程中，大家会遇到各种问题、面临各种困惑，我要做的是帮大家指出正确的因果关系，让大家用最直接、最高效的方法解决问题，也就是六个字：做正因、得正果。

家庭幸福之道的学员有两种情况：一是已经尝到了平等思维带来的甜头的老学员，他们在学习了平等思维之后，亲子关系、夫妻关系、家庭生活都在明显地改善，幸福指数明显提升。二是面临困境急需改善的家长，往往都是些新来的家长。后者有的是孩子学习不好，想帮孩子帮不到；有的是夫妻关系不和谐；有的是心态不好，身体也不好，感觉生活很痛苦。

大家都想找到一个好方法让自己生活得更幸福，让家庭更和谐，从这个角度来说，大家都是积极向上追求幸福的人。

有句话叫："苦尽甘来。"为了幸福，各位学员需要吃苦。这个苦不是身体上的，而是心智上的。

为什么大家的心智需要吃苦？因为我们一般人的心智不是幸福的心智。

生活中有很多不幸福的人，他们一开口就常常会抱怨：你看我爱人多么不是东西，对我怎么怎么不好；我的孩子多么不听话，我对他怎么怎么好，可他偏偏不懂事；朋友怎么怎么对我不好，怎么没良心；还有谁谁对我怎么怎么不好……好像全世界都对不起他。其实他们不幸福跟这些都没关系，往往是因为他们自己不知道怎么幸福。在上课的过程中，我们会通过理论和案例来让大家悟到。

自己不智慧，所以自己才不幸福。自己有智慧了就没事了，就可以幸福了。

一个人要做的就是改变自己。

当一个人开始发现自己的问题、开始反思自己的问题的时候，人生就开始改变了。

平等思维有一句名言："反思问题反思到自己身上，就是在找方法；反思到别人身上，就是在找麻烦。"找事儿不是找事儿干，而是挑剔别人，把别人惹恼，然后对方会反过来惹你烦恼。

反思问题要往自己身上反思：我哪儿有问题？我怎么改变？……这是我们要做的。但常人不是这样想问题的。当人们遇到不好的结果的时候，往往会把原因归到别人身上。

平等思维跟常人的思维正好是相反的。佛家有种说法叫"颠倒凡夫"，一般人的心是颠倒的，只要顺着这颗心走，出来就是错的。

比如，有一对夫妻，妻子来找我，说："唐老师，我认为应该给孩子相对宽松的环境，你说对不对？"我说："对。"她说："但是呢，孩子学习不够好，一家人都埋怨我，说我惯孩子了。于是他们就不让我管孩子了，让他爸爸接手。孩子有点什么事，他爸爸就打，打着打着，孩子连家都不回了，学也不上了。唐老师，你说是该按我这样惯孩子，还是该按他爸爸那样打孩子？"其实这两种教育方式都是错误的。惯孩子是在给孩子相对宽松环境的时候没有给孩子有效的指导和帮助，打孩子是试图利用惩罚的方式解决孩子的问题，但除了惩罚却没有提供有效的帮助。所以，这两种做法都是错误的、失败的。所以，一般人的心非左即右，动念即错。

平等思维是悖着一般人的心来思考问题的。当然，一开始这样做很难，大家会很不习惯，但做时间长了之后就不一样了，结果就会越来越好。与你自己的心相悖，用具体的操作来落实这个"悖"，这就是平等思维。

一般人的心经常是这样的：偏执，我觉得什么好就是什么好；逃避，我不想要，这些东西就是不好的；傲慢，我不可能错，我的见解是最正确的；边见，二分法，要么对要么错，就像前面那对夫妻，教育孩子要么惯着要么打；成见，不给对方解释的机会，不听对方的表述，不看对方的表现，直接给一个原先就有的评判；邪见，不信因果律，不遵循因果律。

有家长对我说："唐老师，算命的说我的孩子没有学习的命，你说我的孩子是不是就不适合学习？"家长问这句话，让人怎么回答？难道我回答一个"是"，这位家长马上就不教育孩子、不管孩子了吗？所以说，很多时候人们的思路是非常愚蠢的，但自己往往看不出来，做不好事情时就归于天命。这就是邪见的体现。

努力做事情，但结果不好，对此民间常有个说法叫"尽人事听天命"，意思是我已经努力了，最后结果不好不怨我，这是老天的旨意。这是一种不科学的说法。

"尽人事"，你真的尽到人事了吗？尽人事，第一是明确正确的因果关系，你想要什么结果？获得这个结果，根本的原因是什么？做什么因一定得到这个结果？你有没有把这个因做足做好？做好了这个因必得这个果，哪有什么天命好听？

提问："谋事在人成事在天"有道理吗？

有网友问：唐老师，我看您的博客已经很久了，您的观点总是一针见血，直指要害，又能让我耳目一新。请问，我觉得我已经在尽力做我的事业了，尽管事业发展不好，但谋事在人成事在天，我觉得也没有什么好后悔的，但有时候又不甘心，您说我该怎么办？

——一个迷茫中的网友

唐老师答疑

谋事在人成事在天，看似是一种看破放下的洒脱，但细想起来，往往是那种在做事情上无能为力、很无奈的人说的话。类似的说法还有"尽人事听天命"等。

谋事在人，谋事在什么人？在愚蠢的人，还是有智慧的人？人谋的是什么事？是"稀里糊涂做事"之事吗？稀里糊涂做事，就可以得到好的结果吗？做什么就一定能够获得好的结果？我们已经理清楚了吗？如果没有理清楚，我们尽力做的是什么？是不是在南辕北辙？

成事在天，在哪个天？在我们头顶上的蓝天吗？天有不测风云，它自己都会受风云等各种因素影响，又怎么可能帮我们成事？在天上的神？我们真的靠天上的神来做事情吗？到底成事在什么天？

对于愚蠢的人，不是所有的事情都做不好，很多时候的确凭运气。什么是凭运气？就是如果恰巧他做了正确的因果关系中的正确原因，他就成功了，但他往往不明白真正成功的原因，所以，就会说这次自己运气好。下次由于没有碰巧做到正确的原因，于是就失败了，这时候他不是检讨自己的智慧水平，不是去找出真正成功的因果关系，而是看到了事情不能把握的表象，怨自己运气不好，而发出一种无奈的感慨：谋事在人成事在天。

我们现在就给出这句话的解释：

谋事在人，能够做成事情的人，是那种明确了正确的因果规律的人，也就是那些知道做什么可以一定获得我们预期结果的人，也就是有智慧的人。所以，谋事在人，应该说是：谋事在智人。有智慧的人，每天只做能够得到好结果的正确原因，如果一个人没有智慧，不明白做事情的因果关系，不知道做什么可以获得预期的结果，这样的人不足以谋事。

成事在天，天指的是天之理，也就是正确的因果规律之理。明白了这样的因果规律，找到了成事的真正原因并做到，这样的理就是天理，明白了这样的天理，当然就可以成事。成事就是靠这样的天理。所以，应该说：成事在天理。

谋事在智人，成事在天理。祝愿天下人都能够提升自己的智慧，达成所有的愿望，成就幸福人生。

真正有智慧的人，不是尽人事听天命，而是做正因得正果。这是个人必定幸福的根本，也是整体上人的幸福的根本。我们讲到好几条幸福之道，其实所有的幸福之道，根本都是要弄明白因果关系，做正因得正果。

"举头三尺有神明"。一般人的理解是头上三尺有个神在看着你，你做不好的事他就会惩罚你。什么是神明？神明就是因果规律。一个人真的弄明白因果规律，就能把握人生，把握幸福。

"智者畏因，愚者畏果。"愚蠢的人会在不好的结果出来时难受，然后怨天怨地怨父母怨他人。当结果不好的时候，怨天怨地怨别人有什么用？智慧的人绝不去怨别人，他没有时间去埋怨，他只会去做好正因，好结果自然水到渠成。

案 例 | 孩子开始听我的话了

第一次去基地学习回来后，我以为孩子一定会用基地的方法学习，所以每天都问孩子："今天用得怎么样？"孩子一开始还回答我，后来就不理我了，还一脸很反感的表情。我想：这么好的学习方法，为什么不用呢？我想不通。我一遍遍地问，已经把孩子惹烦了，我们无法沟通下去。我这是愚蠢的做法，自以为是。我认为好，孩子就能一下子接受吗？我没有考虑孩子的学习环境和自身的学习能力等因素。

在跟着唐老师学习平等思维的过程中，我慢慢开始觉悟。10月份孩子月考完以后，成绩非常不好，情绪很低落。我想到唐老师讲的家庭矛盾万能解决三步法，事情结果不好，怨我，我做什么能改善。我把孩子成绩不好的责任归到自己身上，出现了让我意想不到的结果：孩子不抵触我了。在此基础上，我用和谐沟通三步骤和他交流，我建议他改变自己的学习方法。现在，他开始听我的话了，并逐渐开始用基地的方法学习了。

虽然孩子成绩的提高还需要一个过程，但我相信一定会好起来的。唐老师说过，只要去做正因，就一定有好的结果。相信智慧会带给我们好的结果。

唐老师点评

从因果关系来说智慧，是一个比较通俗的说法。智慧就是明确正因正果，做正因，不做非正因。愚蠢是不明确正因正果，即使明确，不做正因，而做非正因。智慧和愚蠢永远相伴，一念是智慧，转念就是愚蠢。

人的愚蠢体现在很多方面，最常见的是自以为是。

在平等思维教育基地学习时，基地的老师会带领孩子操作我们的学习方法。在学习结束的总结会上，孩子都能说出他的收获在哪里，他的感受是什么。但是，回去之后，当孩子独立操作基地的学习方法时，就不一定能找到那么好的感觉了。这个时候，如果家长能够帮助孩子，哪怕只是鼓励孩子做到其中一点，都会收到很好的效果。但家长要做到这一点是不容易的。

这位家长，一开始每天问孩子用得怎么样，问得孩子很烦，自己也想不通为什么这么好的方法孩子不用。事实上，来基地学习，家长和孩子面临着同样严峻的学习任务，家长很难在短时间内学好平等思维，孩子同样很难在短时间内学好、用好我们的方法。

怎么办？家长要用自己的进步来带动孩子进步。很多家长发现，当自己不断改变时，孩子也会跟着改变。家长的改变是孩子改变的强大动力。同时，家长改变了，才更有信心和能力去帮助孩子改变。

在孩子成绩不好、情绪低落的时候，很多家长会责怪孩子。而这位家长没有责怪孩子，她用了家庭矛盾万能解决三步法来解决问题。孩子没考好，家长不责怪孩子，而是怨自己，思考自己做什么能帮助孩子学好，这是很难得的，也是常人很难做到的。

常人在这个时候会说孩子："不听老人言，吃亏在眼前！我不断地提醒你用基地的方法学习，你就是不用。你不听我的话，成绩不好活该！"这样会把孩子惹烦，会使他产生对抗心理，家长就无法帮到孩子了。

这位家长用了家庭矛盾万能解决三步法后，说"出现了让我意想不到的结果"，其实不用意外，这是必然，因为家长不怪孩子而是怪自己，孩子当然会对家长产生好感，当然会听得进去家长的建议。而之前家长老是问"今天用了吗"，实际上是在监督孩子，给孩子压力，他当然会反感，会不听家长的。家长的话说得再对，只要孩子不听，就帮不到孩子。

这些都是最正常、最朴素的道理，但是因为大家是背"道"而驰的，是颠倒的，所以说反倒觉得陌生。平等思维介绍的道理，与常人所熟知的那些道理恰恰相反，而这些相反的道理，才是真正的因果大道，才是真正的智慧。依此行事，大家会发现做事情无往而不利。

三、幸福的前提是智慧

什么是智慧？

有一颗干净的心，用这颗干净的心就可看清楚直接的因果规律，并去做正确的因得正确的果。这就叫智慧。所以说，提升智慧是一个让自己的心变得干净的过程。读经典，学习平等思维，破除自己心中的偏见和执着，都可以帮大家把心变得干净。

对于常人来说，不干净的心是最常见的。比如孩子考试成绩不好，有家长会：第一难过，第二生气，第三骂孩子。做完了这三件事，如果孩子不去好好学习，接着骂。实在忍不住，就揪耳朵，打。但这三条，都不是帮孩子好好学习的原因，所以，不干净的心是愚蠢的。

孩子学习不好了，问自己：我做什么能帮孩子？我说话孩子不爱听，说了没用，那我就先做到说话能让孩子爱听。接下来，如果孩子爱听我说话了，我知道说什么对孩子有帮助吗？如果知道，我就说；如果不知道，我就去找知道的人，比如专家请教。干净的心是智慧的。

干净的心在思考问题的过程中没有情绪出来。而不干净的心往往是有问题时先起情绪，这就是愚蠢。

智慧有三点：第一，明确正确的因果规律，再做事情；第二，知道做什么会有好的结果，一定做到；第三，知道做什么会有不好的结果，一定不做。

愚蠢也有三点：第一，不明确正确的因果规律，就做事情；第二，明确做什么会有好的结果，就是不做；第三，明知做什么会有不好的结果，常常去做。

智慧和愚蠢就在一念之差。一念之差，就化愚蠢为智慧；一念之差，就变智慧为愚蠢。愚蠢和智慧随时都在一起，它们是一枚硬币的两面，本身是一体的，是一不是二，从愚蠢到智慧的过程，就是化烦恼为菩提的过程。

案 例 | 教授的困惑——教授与狗的故事分析

有位老师来找我，说自己有一个问题，问了很多人，但依然不能解其困惑。

故事是这样的：

有位教授在去上课的路上看到一只狗掉进了一个泥潭中，如果不救狗，狗就会被淹死；如果救狗，他就会迟到10分钟。教授思索了一下，决定救狗。回到课堂上，同学们问明迟到的原因后，都表示可以理解。

第二天，又出现了同样的情况，教授又一次救了狗。但回到课堂上，有一部分学生对教授的迟到表示了不满。

第三天，又出现了同样的情况，教授犹豫了一会，但依然救了那只狗。回到课堂上，几乎所有的学生都对他的迟到表示强烈的不满。

第四天，又出现了同样的情况，教授犹豫了一会，没有救狗走了，但狗死了。这事被校报记者发现了，他把教授的照片登到报纸上，说某某教授铁石心肠，见死不救……结果所有的同学都骂教授没有人性！

教授心里充满了困惑——他好像怎么做都难受！问题到底在哪里？

如果你是教授，心里觉得困惑吗？

怎么解决这个困惑？

请问你在困惑什么呢？

是不是觉得左右为难？

让我们来分析一下这个困惑到底是什么。

教授的困惑来自他头脑的混乱，来自他原则的不坚定。

在第一次遇到狗的时候，他有一个明确的原则：狗的性命的重要性大于迟到10分钟。

但随着学生们的反应，教授的原则在变化：狗的性命的重要性在下降，迟到10分钟的重要性在提高，到了第四次的时候，狗的性命的重要性已经小于迟到10分钟了。

我们看到，教授的原则在随着他人对他的评价和态度而变，但他人的评价并不能保持一致，不同的人、相同的人在不同的时间都会出现不同的评价，所以，依据他人的评价改变自己的原则，必然会导致无所适从。

当一只狗向你扑过来，你只需向远处扔出一个肉包子，狗马上就扑向肉包子。如果它又一次扑过来，只要你再扔出一个肉包子，狗马上又会扑过去。当你同时向两个方向扔出肉包子，狗会怎么样？呵呵！

上面故事中的教授是不是也像一只狗？故事中狗的性命是一个肉包子，学生的评价是一个肉包子，如果只抛出一个肉包子，教授还可以应付，但同时抛出两个肉包子的话，教授就一头雾水了。

平等思维在于尽可能减少主观因素对决策的影响。

那位老师问："如果你是教授你会怎么做？"

我说："如果我是教授，我怎么做都行！如果我的原则是狗的性命的重要性大于迟到 10 分钟，那么，无论有多少次，我都会毫不犹豫地选择救狗。我会跟学生们说，狗的性命的重要性大于迟到 10 分钟，这就是我的原则，我会永远如此。如果你们受不了，你们可以采取你们的措施，那是你们的权利。如果你们能够接受，我非常感谢你们的理解！如果我的原则是狗的性命的重要性小于迟到 10 分钟，那就不救。我会跟学生们说，我的任务是上课。给大家上好课，是我最重要的责任。如果在我闲暇的时间，遇到这种事情，我会去救狗的。但工作时间不可以。你们当然可以选择不喜欢我的原则，但我的原则就是如此。"

家庭幸福之道的学习，重在帮大家解决生活中的问题，而不是增加知识量。大家不需要去记厚厚的笔记，不需要背会多少内容，关键是悟到、做到，让自己的心变得更干净。如果心变干净，你会变得更幸福；如果心不干净，你就会让自己难受。

一个人如果有一颗干净的心，生活是很简单的，正如《道德经》中所说的"复归于婴儿"。他看这个世界会什么都看得很明白，做事情只做正因。他的内心很自在、很清净，还会有很多人喜欢他。

在家庭幸福之道的学习过程中，希望大家把自己心中那些不干净的东西更多地暴露出来，然后清除掉。这样，你就会变得更干净、更幸福。

智慧在工作中有什么作用呢？

智慧在工作中最基本的一种表现是具备认真的能力，就是你能够每一次很认真地做事情，一方面能够全神贯注地做，另一方面能够每一次做到最好，每一次又有进步，这就是我们基地墙壁上的那句名言："培养认真的能力，每次进步一点点。"

那么智慧更高层次的表现在哪里？相对于无智慧的情况来说，智慧的更高层次的表现，在于无论什么事情发生，都可以当即拿出更好的操作来。

智慧有三个特点：

一是不假思索。就是不经过头脑的分析、整理、判断、计划等过程，就可以直接出来结果。

二是解决迅速。问题出来的同时，好的解决方案马上出来，不需要经过一段时间。

三是答案最优。结果是优于无智慧的人长期思考不断总结，甚至是一群无智慧人的"集体智慧"的结晶的。

智慧就是无论在任何条件下，都能不假思索，立即做出最优化处理的存在品质。

那么，怎样才能进一步提升智慧，不只是自己减少烦恼，还可以帮助别人呢？

我们知道，现在在学习平等思维的各位学员，每一位都在试着放下执着，但放下执着有无数个层面。你放下的那个执着是喜马拉雅山一样大的执着，还是泰山一样大的执着，还是米粒那样小的执着？你放下越微小的执着，越没有执着，你的智慧会越高，你会越清净。用这个更清净的心，再听别人说话的时候，就可以一下子感受到对方所讲的话中问题的实质在哪儿。这个时候你对别人的帮助就大了。

对于学习平等思维的学员，相信大家学一段时间后，自己的烦恼就会明显减少。这时候大家去看看在生活当中能不能帮帮自己的孩子，能不能帮帮自己的老婆或老公，通过这些你就知道你到底放下执着了没有。你放下了一座喜马拉雅山，接下来还有一个泰山……去反思自己，真正放下执着了，没有烦恼了，你的智慧就会变得非常强，别人一句话，你马上看到问题所在，不假思索。如果不是这样，你肯定是依然有烦恼的，只是同时还有麻木在，你感受不到而已。越智慧的人，越清净的人，一定越敏感，别人的那种困惑，那种执着，他会一下子感受到。越智慧的人，越清净的人，一定越容易解决问题，因为所有的问题本身都自然存在着解决方案，只是人们自己因执着过多看不到。这个时候，有智慧的人就用一种提问的方式，帮对方悟到——看到自己问题中的不通达之处，一旦通达了，问题就迎刃而解了。这样的案例我的博客中比比皆是。这就是所谓的单破不立。这个时候才有可能做到"自觉觉他"。

四、智慧的人可以达到"辩才无碍"

自古以来就有很多被称为辩才无碍的人。

古希腊有个著名的诡辩派。诡辩派专门教人打官司。有个师傅带了个弟子，因为师傅很有把握教好学生，就签订了合同，学费先付一半，剩下那半由学生毕业后第一年打的第一场官司的结果来决定是否支付：如果官司赢了，证明教学成功，学生就该把钱交清；如果输了，证明师傅教得不怎么样，学生就可以不必付钱。

没想到一个学生毕业后想赖掉这笔钱，迟迟不去接官司，心想拖足一年，这笔钱就省下了。老师看透了这个诡计，就上衙门去告学生，他对学生说：

"如果我赢了官司，那么按法庭裁决，你该付我钱；如果我输了，那么按咱们的合同，你该付我钱。所以，不管官司是赢是输，你都该付我钱。"

显然，这位师傅的如意算盘打得实在不错。依他说的看，他的官司似乎是赢定了。但人都是带偏见的，每个人都在从自己的角度看问题。我们看看他的这个青出于蓝的学生怎么说。

"不，"学生不慌不忙地答道，"您错了。如果我赢了官司，那么按法庭裁决，我不用付您钱；如果我输了，那么按咱们的合同，我也不用付您钱。所以不管官司是赢是输，我都不用付您钱。"

每个人都在以自己的角度看世界，而这个世界却存在无数的角度，就像一朵蒲公英，每个人的视角就像蒲公英的一丝纤毫，用一丝纤毫的目光观察世界，必然带有极大的偏见，这样的人一旦遇到能够像整朵蒲公英那些多向度观察的人，他就必然显得微不足道了。

（1）"无招胜有招"的境界

辩才无碍的境界有时候很难遇到，但我们可以从武侠小说中对武功的描述来得到些启示。

金庸先生《笑傲江湖》一书中第十章《传剑》中有一段精彩的文字，用武术中的"无招胜有招"说明了将对方击败的基本原理。

风清扬道："活学活使，只是第一步。要做到出手无招，那才真是踏入了高手的境界。你说'各招浑成，敌人便无法可破'，这句话还只说对了一小半。不是'浑成'，而是根本无招。你的剑招使得再浑成，只要有迹可循，敌人便有隙可乘。但如你根本并无招式，敌人如何来破你的招式？"令狐冲一颗心怦怦乱跳，手心发热，喃喃地道："根本无招，如何可破？根本无招，如何可破？"陡然之间，眼前出现了一个生平从所未见、连做梦也想不到的新天地。风清扬道："要切肉，总得有肉可切；要斩柴，总得有柴可斩；敌人要破你剑招，你须得有剑招给人家来破才成。一个从未学过武功的常人，拿了剑乱挥乱舞，你见闻再博，也猜不到他下一剑要刺向哪里，砍向何处。就算是剑术至精之人，也破不了他的招式，只因并无招式，'破招'二字，便谈不上了。只是不曾学过武功之人，虽无招式，却会给人轻而易举地打倒。真正上乘的剑术，则是能制人而决不能为人所制。"他拾起地下的一根死人腿骨，随手以一端对着令狐冲，道："你如何破我这一招？"

令狐冲不知他这一下是什么招式，一怔之下，便道："这不是招式，因此破解不得。"

风清扬微微一笑，道："这就是了。学武之人使兵刃，动拳脚，总是有招式的，你只须知道破法，一出手便能破招制敌。"令狐冲道："要是敌人也没招式呢？"风清扬道："那么他也是一等一的高手了，二人打到如何便如何，说不定是你高些，也说不定是他高些。"他叹了口气，说道："当今之世，这等高手是难找得很了，只要能侥幸遇上一两位，那是你毕生的运气，我一生之中，也只遇上过三位。"……

可见，每个人的招式不论有多高明，只要有迹可循，就一定会被破掉！

当自己没有招式，又可以任意施为的时候，自己是没有什么破绽可以找的，而对方却一定会露出破绽。找出这些破绽，攻击这些破绽，他们就会不得不自救，一步后退，步步后退，直到最后以失败告终。

被别人打败的原因不在于别人的剑术是否高明，关键在于自己的招式太过死板，也就是说，自己存在必败的不能克服的因素。

在辩论中也是这样，每个人都存在很强的偏见，而且，每个人对事物的认识也是非常有限的，也就是说，每个人对事物的看法都是有局限的，只要超出了这个人能够认识到的范围，这个人就一定是错的。这就是辩才无碍的理论基础。

在古代战争中也在利用所谓的攻敌人之所必守的策略，这就是三十六计中的

"围魏救赵"。

《史记·孙子吴起列传》是讲战国时期齐国与魏国的桂陵之战。公元前354年，魏惠王派大将庞涓前去攻打赵国。魏将庞涓带五百战车直奔赵国围了赵国都城邯郸。

赵王难以抵挡魏国大军，急难中只好求救于齐国，并许诺解围后以中山相赠。齐威王应允，令田忌为将，并起用从魏国救得的孙膑为军师领兵出发。

田忌与孙膑率兵进入魏赵交界之地时，田忌想直逼赵国邯郸，孙膑制止说："夫解杂乱纠纷者不控拳，救斗者，不搏击，批亢捣虚，形格势禁，则自为解耳。"

他分析道：现在魏国精兵倾国而出，若直攻魏国，那庞涓必回师解救，这样一来邯郸之围定会自解。如果再于中途伏击庞涓归路，其军必败。

田忌依计而行。果然，魏军离开邯郸，归路中又被伏击，魏部卒由于长途疲惫，无力对抗，最后溃不成军，庞涓勉强收拾残部，退回大梁，齐军大胜，赵国之围遂解。这便是历史上有名的"围魏救赵"的故事。

可见，每个人、每支军队都有其自身固有的弱点，只需找出其弱点，攻击这个弱点，对方就必然会回防。急于回防的时候，就必然会露出更多的破绽。抓住这样的破绽就可以打败对手。

（2）辩才无碍不是口才是智慧

世界上到底存在不存在辩才无碍的人呢？是不是有人真的能够辩论胜过所有的人？

当然我们所说的辩论绝对不是什么诡辩，这里辩论的意思是彼此用一定的理由来说明自己对事物或问题的见解，揭露对方的矛盾，以便破邪显正。

显然，世界上确实存在可以称得上辩才无碍的人。他们的辩论能力非常强，一般人与他们辩论总会失败。

辩论的时候甚至会出现非常好玩的现象，那就是：一个辩题选好了以后，你可以先选择正方或反方来辩论，比如你选择了正方，经过辩论你失败了，这种失败不是对方说你失败，而是你的确会感到理屈词穷了，自愿表示自己失败了。失败后，你可以选择反方，可以尽情地利用刚才自己失败的教训和对方攻击自己的利器来攻击对方，但很快你又发现你还是失败了，这次的失败依然是你觉得自己理屈词穷了，自愿认输。然后，你可以再次选择站在一方，经过辩论你还是自认失败。没关系，你可以继续选择，继续辩论，直到你发现：不论你站在哪一方，你总是错的。你会发现：原来不是问题是错的，而是你是错的。

每个人都有一个自己的认识问题的能力范围，这个能力范围是由他的知识、经验系统和他认识分析问题的方式组成的。在他所能理解的能力范围内，他会很容易应对一切问题，但是一旦超出了他的能力范围，他就应对不了了，他就会对所有的问题感到捉襟见肘。

《奥修传》中有一段很有趣的关于辩论的故事：

我（奥修）又问了他几个问题，我说："你说过不要相信任何东西，除非你自己亲身体验过，我认为这是对的，因为这个问题是关于……

"耆那教徒相信有七层地狱，上面六层你都有可能出来，但第七层地狱一旦你进去，你就会永远待在那儿。也许第七层是基督教地狱，因为他们也是说一旦你进了地狱将永世不得翻身。"

我继续问他："你提到过七层地狱，那么问题就出来了，难道你曾经去过第七层地狱？如果你去过，那么你就不可能在这儿；如果你没去过，那么你有什么资格说第七层地狱是存在的？或者如果你坚持第七层地狱的存在，那么请证明给我至少有一个人曾经从第七层地狱回来过。"

他一下子愣住了，他没想到一个孩子会问这样的问题，我能够提出这个问题，是因为我没受过教育，绝对没有被灌输过任何知识。知识会使你变得狡诈，但我一点都不狡诈，我提出的这个问题是任何一个没有受到过教育污染的孩子都能够提出来的。教育是人类对可怜的孩子们犯的最大的罪行，也许在这个世界上最终的解放将是对孩子们的解放。

我是纯洁的，绝对的无知，我不能读或者写，甚至数目如果超出了我的手指头，我就不会算术了，甚至在今天，如果我开始数什么东西，我就开始用我的指头。如果有一天，我少了一根手指头的话，那将会给自己带来混乱。

他回答不出这个问题，我的外婆站了起来，说："你一定要回答这个问题，不要认为这只是一个孩子的问题，我也同样问这些问题，今天我是你的供养者。"

现在我要再次说明一下耆那教的习俗。当一个耆那教僧侣来到一个家庭并接受他们膳食的供养后，作为一种回报，他会开始布道，布道就是对供养者的演说。我的外婆说："今天我是你的供养者，我也同样问你这些问题，你是否去过第七层地狱？如果没有，请诚实地说出来，但你以后就不能再说有第七层地狱。"

那个和尚变得很窘，慌乱起来，现在他面对的是一个美丽的夫人，他起身想走，我的外婆喊道："停下，不要离开，谁来回答这个孩子的问题？他还有些问题没问完，你到底是什么样的人，会在一个孩子的问题面前逃跑？"

那个人停下来，我对他说："暂时先不管第二个问题，因为你回答不了，你也没有回答第一个问题，那么我再问第三个问题，也许你能够回答它。"

他紧盯着我，我说："如果你想看着我，就请看着我的眼睛。"他低下了视线。这时人们安静下来，然后我说："我不想再问了，我的头两个问题都没有得到回答，我不想再问第三个问题，因为我不想让我家的客人蒙受羞辱。我结束我的提问。"然后我真的从人群中退了出来，这时我的外婆也跟着我走了出来，我感到非常高兴。

……

还有他在读高中的时候有一则小故事：

当我进入高中时，我在班上是第一名。有个人是第三十名，他在哭泣。我走到他旁边说："你不需要哭，如果你再哭我也会坐在你旁边开始哭。"

他说："那你为什么要哭？你是第一名。"

我说："这很荒唐。它只是你看事物角度的问题：这方面我是第一；另一方面你是第一，没人能赶得上你。我可以失败，但你不会。"

他开始笑了，从相反的顺序看他也是第一名，而我是第三十名。

从我的观点来看，学校里不应该有考试，这样没有人是第一，没有人是第二，没有人及格也没有人不及格。

显然，当一个人觉得没有道理的时候，往往是他站在了没有道理的一个角度，只是他习惯于从那样的角度看问题，每次出现问题，他都是这么看，而且他只能这么看，这就是他的能力，他的局限。其实只要换个角度，很多问题就会迎刃而解。

既然每个人都可能带有自己的偏见，而偏见就意味着局限，就意味着错误。那么，一个人在辩论的时候，只要不出现自己的观点，就可以立于不败之地。这就是传统中提倡的"单破不立"。

对方只要立出一个观点，就是从某一个角度来讲的，这个讲法一般是有局限的，是无法自圆其说的。只要找出问题，问下去，对方自然不攻自破。这就像"独孤九剑"所提倡的"只攻不守"，攻敌人之所必守，一直攻下去，一直到打败对手。

那么，对手的破绽在哪里呢？

一般对手的破绽在以下几个方面：

一是立论往往带有偏见。

也就是说，他只是从某一个层次或某一个角度来立论，或者立论是有前提的，但他却没有把前提说明，就直接当成正确的理论来坚持。

每个人都有自己的偏见，对于警察来说，一个人在他面前逃跑，就意味着这个人做贼心虚。

但带着这种偏见，就会被人利用。

二是用词往往不够精当。

很多词语他都只了解模模糊糊的意思，或者在某种场合用的特定意思，并没有准确使用，这样的词语往往会表达不准确，如果有人对此提问就会出现问题。

三是人前往往爱面子。

每个人都爱面子，爱面子的表现是当错的时候不愿意承认，当有人指出自己的错误的时候，自己首先想到的是维护面子，而不是正视问题。正视问题的态度应该是承认自己的错误，然后看到自己的不足。

四是认识往往带有局限。

人们的认识往往基于自己的知识，而每个人的知识都是有限的，以有限的知识在无限的实践中应用，总会碰到不能解决的问题。另一方面人们的认识往往基于自己的偏好，自己喜欢什么，什么就是好的，自己厌恶什么，什么就是差的；

这种认识本身就有很大的局限性。

……

只要顺着上面提供的四个方面攻击对手，对手如果不是那种能够舍生忘死的高手，一般就会跟着我们的提问走。而只要他跟着我们的提问走，他就一定会失败。

同时，我们要避免这些问题在自己身上出现，一旦自己出现这样的问题，自己也完全有可能被打败。要避免这些问题，就要尽量做到消除个人的偏见，达到无我的境界。

第二节

❀

答 疑 环 节

问题1：我和孩子水火不容，怎样缓和跟他的关系？

家长提问

孩子现在讨厌学习，整天想着玩手机上的游戏和看手机小说，我应该怎么办？为了不让他看小说、玩游戏，我把手机都砸了。他爸重新给他买的，我又砸了。现在我和他已经水火不容了。怎么样才能缓和与他的关系，让他知道现在学习的重要性？

唐老师解析

我们看，这位家长，你几次砸孩子的手机，孩子跟你的关系能不紧张吗？这位家长想缓和跟孩子的关系，但是却去砸他的手机，你想要的结果和你做的因恰恰是背道而驰的。

实际上，我们知道，家长们很不愿意有一个跟孩子沟通不好的结果，但是你做的事情却恰恰是让孩子烦你的。我的博客上有一篇文章，就是《智者畏因，愚者畏果》，"畏"是畏惧的"畏"。你砸孩子手机的时候，想不到孩子会烦你吗？等到结果出来，孩子已经烦你的时候，你再去缓和关系，不就晚了吗？这是我要提醒这位家长的一点。

另外要提醒一点，接下来如果这位家长想缓和跟孩子的关系，已经弄僵的关系是要慢慢缓和的。而你一着急就砸孩子的手机，这种沟通水平，这种智慧水平是需要改变的，否则，就很难跟孩子搞好关系。这位家长，包括有类似情况的家长，建议大家把我的博客从头到尾好好看三遍。如果可能，赶紧报我们的家长课，好好听家长课吧。否则这样的情况，孩子不跟你打起来，你就应该感到庆幸了。我不是在吓唬这位家长，确实有这样的情况发生过。

你想和孩子搞好关系，想让孩子认识到学习的重要性，而你这么做正好是在种下关系不好的因，孩子不可能因为你这么做了以后，他就幡然醒悟，就痛下决心，就开始好好学习了。你没有种下这个因，而只是种下了让你们娘儿俩关系不好的因。

他很在乎、很喜欢手机，你就一次次给他砸了，这种做法是极其反动的。反动的意思是，你这个做法结果就是不好，你就这么做，而那个结果你做之前就应该知道了，为什么还要做呢？

我啰唆了不少，可能这位家长也很烦我这么啰唆。但是我这么说实际上不只是说给这一位家长，而是让很多的家长都知道，你做那个因时就应该知道结果，知道结果不好为什么还要做呢？

问题2：可以让厌学的孩子去打工试试吗？

家长提问

孩子有些厌学，想出去打工。有时我也想：孩子在学校这么痛苦，要不就让他去打工一段时间试试，和学校生活比较一下，也许以后孩子就会觉得学校好了。不知道这样行不行呢？

唐老师解析

这位家长说得很准确，是"也许"。也许的意思是，也许孩子会发现打工很累，很讨厌，然后回来继续上学；也许他会发现打工尽管累尽管讨厌，但比起上学来还没有那么讨厌，他愿意继续打工；也许他会打工一段时间后，发现打工很讨厌，回来学习，发现学习依旧那么讨厌，没法坚持。如果是后两种也许，怎么办？这个结果你能承受吗？

所以家长不要轻易让孩子辍学打工，一般不要采取这种做法。最好能找到孩子信任的长辈或者老师，或者我们一起去跟孩子聊一聊，寻找孩子讨厌学习的原因，解决那些问题，并帮他学习我们的十步法和各种三步法，把学习成绩提上来。这是最好的办法。

问题3：孩子不做作业还抄作业，老被叫家长怎么办？

家长提问

每个妈妈都希望孩子快乐地学习，快乐地生活。如果学习不好，孩子就会经常被老师数落。比如，老师给家长打电话，说孩子没写完作业，而实际上孩子只是有不会的题空着。第二天，老师又给家长打电话，说发现孩子有更大的毛病，让家长立即去学校，原来是孩子在学校抄作业了。经常有这样的事情发生，令家长措手不及，孩子又怎么能快乐地学习？

唐老师解析

这位家长的问题其实是怎么帮孩子快乐地学习。这位家长对孩子的情况不够了解，不了解就会导致措手不及。这说明家长要么跟孩子的沟通不好，无法了解孩子的问题，要么就是没有用心去了解孩子在学习上遇到的困难。家长不能帮到孩子，所以孩子出了问题，家长就会遭老师数落，每每措手不及。

建议家长好好跟孩子沟通，了解孩子的问题到底是什么。比如，他现在有作业做不出来，又抄其他同学的作业，他是不是已经不能独立完成作业了？家长如果不去改变这个现状，将来会有越来越多的措手不及。家长要帮孩子做到有能力独立完成作业。怎么帮孩子做到？看孩子是不是落下功课了，如果落下功课了，赶紧想办法补上。让孩子能够更轻松地去学习，做作业的时候不觉得困难，不用花更多的时间就可以完成。能做到这一点就好了。

如果孩子只是如家长说的偶尔有个别不会的题目空着，抄作业也只是怕老师批评空着偶尔为之，那么也许只是沟通问题，这时候，需要家长出面跟老师聊聊，跟老师一起讨论一个解决的办法。

问题4：女人怎样面对家里的诸多噩运？

家长提问

面对在家乡已经偏瘫的母亲，又逢上周父亲脑梗，孩子在初二的关键期，老公在生意场上窘迫，母亲焦虑，不知怎样化解母亲的消极心态。我是独生子女，所有的担子都落在我的肩上，我能撑多久？我如何给家人力量？

唐老师解析

要给别人力量，自己先要有力量。自己的力量从哪来？马上就可以有！就是所有的事情去处理，而不是去为这件事情难过。所有的问题去处理，不为问题而难过。

这位女士可以这样做：家乡的母亲偏瘫了，该怎么治疗就怎么治疗。上周父亲脑梗，该怎么处理怎么治疗就怎么治疗。孩子在初二关键期，那么能帮尽量帮，实在不行能不能请一个老师帮助他？如果因为家里有两个病人，经济条件现在不允许，那么能做到什么程度尽量去做。老公在生意场上窘迫怎么办？多从心理上支持，让他尽量安心工作，把生意做好；如果母亲有消极心态，提示她不用怕，所有的事情都一定可以解决的。

这位女士，所有的事情我都给你出了主意，就按这个方法做。除了做这些事情你想什么都没有用。你去想能撑多久、母亲焦虑、一家人怎么样、该如何给家人力量……想这些东西全没有用。你只需要一件件地处理，满怀信心，一切事情一定可以处理好，就是这样。

第三节

✿

作 业 点 评

好好理解智慧和愚蠢的三点，举出实际的例子，来反思自己做事情时智慧带来的好和愚蠢带来的不好。

作业1：一碗饭背后的"功臣思想"

愚蠢：自己做的一件事情导致结果不好就是愚蠢。那天犯了愚蠢，晚饭桌上，孩子和外公已落座，我在厨房忙最后一个汤，端汤出来时，顺便把用过的一个碗带出来我用。桌上孩子已把每人的饭添好，我出来一看孩子已用另一只碗给我添好了饭，瞬间一念把添好饭的碗推到他俩面前，说："我自己有个用过的碗，为何拿个干净碗给我添上了？"孩子瞪了我一眼继续吃饭，没理我这怪异的行为，外公也默默地吃饭。本来孩子帮我们添好饭是件好事，结果被我嫌，吃饭的祥和气氛被我搅糟了。唉，太愚蠢了，对于生活中的一些小事我经常情绪化地乱做、瞎做，导致孩子被我无端地搞得心情不爽，去学习时状态也不好了。以后一定要克制自己乱发脾气的毛病，一点小事激起来的情绪为何控制不住自己了？还得多修炼！

智慧：做事说话之前要考虑到这样做或说是否会带来不好的结果，导致不好结果的事坚决不做，关注过程尽力做好正因。现在在孩子面前的行为不知道算不算智慧的？比如和孩子一起聊什么话题时，聊着聊着聊到了学习上，看到孩子快不耐烦或者将起情绪的时候，赶紧用矛盾解决三步法，事不好怨我，这样巧妙地化解冲突。我还需要加强学习智慧，感觉对孩子的学习有心想帮助但孩子却拒绝帮助。

唐老师点评

这位家长尽管在反思，但她确实有愚蠢的地方。愚蠢真的不是唐老师要骂你，也不是任何人要骂你，而是你自己该骂你自己。你做了这件事只有坏处没有好处，但是你非要这么做不可。这就叫愚蠢。

为什么孩子给她添了饭，她会怪孩子？

一是作为一个成年人，她脑子里有一个对的概念，她把用吃过饭的碗再盛饭这个事情当成是对的，那么，孩子不这么做就是错的。这是一点。

二是自己做饭了，是功臣，所以有权力去否定孩子看似不体谅人的行为（多用一个碗，要多刷一个碗）。大家去反思这一点，尤其是各位家庭主妇们，辛辛苦苦干了半天家务活，你会不自觉地把自己当成功臣，觉得大家应该很珍惜你的劳动。如果谁表现得不够理想，你就会感觉自己特别有权力指责对方。

比如说大家都没有事，有一个人在那儿玩游戏，你觉得没什么。但是假如你特别辛苦，另外有三五个人都闲着，其中有一个人在那儿玩得特别大声，其他人都不觉得有什么，因为他们也在玩嘛！但是你在干着活儿，你就觉得特别有权力训这个人："你看我忙成这样，你不但不来搭把手，还这样放肆，这样影响我！""人同此心，心同此理。"

大家能体会到这个心吗？

你干的那些活儿实在不算什么，但是你会很把它当回事，然后把自己供起来。供起来有什么好处呢？没有好处。只是你更敏感，变得更容易受伤害，更容易难过，更容易招人讨厌！

我们看到，社会上的腐败现象很多，还有很多不尽如人意的地方。但我们可以比较平和地接受现实。而那些在战场上拼着命奋勇杀敌的军人，比如说战争结束瘸着腿回来了，他们看到社会上的腐败现象等，就会特别寒心。他们会说：我们在前方浴血奋战保家卫国，而你们竟然这样！

这是人内心深处很微妙的自以为是。

我提示大家，我们在讲智慧，在讲心灵的深层次的作用的原理，而不是在讲道德。大家不要说：唐老师，你看人家浴血奋战回来，看到不好的社会现象生气，你还不允许吗？我提示大家，我允许的，你可以为此生气。

但是，我要告诉大家，为什么这些浴血奋战的功臣会有这样的反应。

同时，我也提示大家，不只他们会这么做，我们每一个人都常常这么做，都常常觉得自己是功臣，别人都该感激自己的。谁如果表现不好，因为我是一个功臣，所以我就可以理直气壮地站出来说他。

希望大家把这个"功臣思想"挖出来，好好去反思。这样的话，我们的智慧水平就会上一个台阶。

作业 2：怎样破除烦恼，提升智慧？

家长反思

愚蠢和烦恼，如影随形。而平等思维就是帮助大家破除烦恼，提升智慧，让大家的生活更轻松、自在、幸福。在平等思维沟通心法课上，很多学员已经取得了非常大的进步。小臻妈妈就是非常突出的一名。她去年暑假参加了认真能力训练营的和谐沟通家长课程后，认识到了平等思维可以给孩子、自己和家庭带来帮助，就开始不断地学习。她先后参加了三期沟通心法网络课程和两期面授家长课程，每次都有新的收获，自己的生活也发生了很大的变化。

小臻妈妈（网名时光雕刻）讲了自己对《教授与狗》一文的感悟：

童年的经历造成了我凡事看别人的脸色，做什么事脑子总要跳出来想"别人怎么看"。从小受的教育是要多为别人着想，己所不欲勿施于人。但是身边的人怎么不会为别人着想呢？为别人着想，好累。顺从别人的意愿，委屈我自己，我难受；违背别人的意愿，让别人不高兴了，我也难受。两头都难受。

上第一期沟通心法课时，听唐老师讲《教授与狗》的故事，对我的启发特别大。原来我的谦让，顺从别人的意愿，是因为我自卑，没有原则。

唐老师点评

自卑的实质是愚蠢。这个课上，我们已经好几次在提示大家了，我们说的愚蠢，不是要骂你，而是要提醒你，如果自己做的事情让自己不开心，就是愚蠢。你做的事情，结果不好，让自己不开心，还居然是自己愿意做的，这就叫愚蠢，叫自作自受。破除愚蠢，提升智慧，你会马上发现，自己的命运和心情就控制在自己手中。

家长反思

没有强大的内心。这个强大的内心并不是自大，听不进别人的意见，而是因为我先接纳我自己。我知道我是有智慧的，我做事不是为了取悦于人，而是按正确的道理。即使为了成就别人，放弃自己的利益，我也知道，是自己的心这么做，是自己愿意的，不会在放弃自己的利益后，再让自己去难受。我也遇到过，某件事表面上看来我的做法不太符合大众的标准，可我知道，我是道德的。这也让我想到，自己不要用道德的帽子去压人。

唐老师点评

这里面要提示一点，"我是道德的"，这句话已经在拿着道德压自己了。

有时候道德仅仅是大多数人看待问题的标准，它不一定就是正确的。平等思维告诉我们，去判断事情的对与错、是与非、好与坏，这都有可能是偏见，可能我们是戴着有色眼镜去判断的，看到的也不一定是真相。

家长反思

后来又知道，应该做到心无所住。心越干净，越能清醒地看问题，越不会陷入两难境地。我的心无所谓强大不强大，那么干净的心，谁能动得了我？我是我心的主人。从第一次听这个故事到现在，还没遇到过让我两难的事。其实是遇到过，只是我的心还不够干净，不舒服时知道是怎么回事，就赶紧把心打扫一下。

🧑 **唐老师点评**

小臻妈妈在分享从一开始听到《教授与狗》这个故事自己的感受。这个故事我们为什么总要讨论，因为这样的情况确实给大家带来了很多痛苦。这个故事里的"教授"，他就是一个愚蠢的、没有原则的人，这样的人就会两头难受。尽管他有知识，但是他没有智慧去解决问题。这样的人比比皆是。

从对这个案例的分析来说，大家也能看到她的进步。《教授与狗》中教授的情况，可能就像她小时候的情况，而到了现在，慢慢地不两头堵，再慢慢地就很难再遇到两难的问题了，这是不容易做到的。我们一般人是常常遇到两难问题，而她现在很少遇到了，这也是《教授与狗》案例讨论的意义所在。

小臻妈妈悟性蛮好的。这个寒假带着孩子又过来了，孩子进步很大，孩子说，妈妈进步也非常大。小臻妈妈的面相比暑期来的时候好多了，脸色更加好看了，说话声音也变得非常好听。在认真能力训练营的总结会上，她以非常平和的心态、轻柔的声音讲述了孩子的优点，非常感人。

现在小臻妈妈已经可以非常自信地说：我的烦恼很少了。同时她还在用自己的品质影响着身边的人。也就是我博客里说的：成为自己的光，点亮别人。

以下是小臻妈妈另一次的作业分享。

🧑 **家长反思**

成为自己的光，点亮别人。

唐老师好，我说说我的觉醒过程。最近好长时间没有烦恼过了，现在朋友们有烦恼就找我倾诉，我就看到了自己过去的影子，真的很愚蠢。原先自己生气的时候特别难受，我就想，我为什么要生气啊？我不生气不行啊？！有段时间我感觉，就跟唐老师说的一样，像"狗见了肉包子，不知不觉地一口就咬上了"，好像就摆脱不了似的，而且好像在享受生气，用生气来证明对方是错的，我是对的。甚至会觉得我生气的程度能证明对方错误的严重性，而我自己是多么好，多么无辜。

前几天，一个朋友心情不好，找我聊天，讲了她的一件烦心事。她说自己对朋友非常好，也付出了很多，而朋友却对她不领情，为这件事她很难过，还哭了几次。听了会儿她的话，我发现她不是想让我帮她解除烦恼，而是需要倾诉，需要有人肯定她的付出，让人知道她的委屈。她说其实自己想开了，以后还会对那个朋友好，觉得自己这么能忍是伟大的。

我先肯定了她的一切，然后告诉她，我一直觉得她是很好的人，她能做到忍，已经高于一般人了，因为忍是很不容易做到的。我告诉她，其实还可以不用去忍的，别人无论怎么对我们，我们都可以不难过的。她说那样是好，但是一般人是不容易做到的。我说，如果生气很难受，再也不想生气了，是可以做到的，我现在就比以前好多了。我和她开玩笑说，如果哪天你不想生气了，可以来找我，我告诉你方法。当时我就帮她分析了，她是在享受生气，她也同意，也感觉到了。她这次的"想开"，是把这次的不愉快放到了抽屉里，抽屉关上了，当再次和那个朋友发生不愉快时，她就会把所有贴着那位朋友标签的抽屉一个个打开，再翻一遍。如果真的是放下了，抽屉应该是干净的，再打开也是什么都没有。我给她讲了讲《金刚经》中读到的"妙行无住"，帮她分析。她说她对朋友的付出是不求回报的，但是朋友对她一点肯定都没有。我说其实做好事，想得到别人的肯定，就是她的执着，这个希望肯定也是在要求回报。

我朋友生气这个例子，和我以前生气过程的那种感觉，其实是差不多的。当心里有情绪的时候，就面对自己的心，找为什么。只要有情绪，肯定是心不干净，有执着的事情。找到那个执着的事情，把它抛掉，烦恼也就没有了。还有，我们的情绪和别人的错误没有关系。用自己的生气来证明自己是对的，别人是错的，这很傻。忍，也谈不上是什么境界，什么修养。有智慧的人，不谈忍。还有就是明确因果关系，知道是自己曾经种下的因，现在是自己应该承受的果，就没有必要去难受。明确因果关系以后，在生活中，多去做正因，恶果就少了，烦恼也就少了。

唐老师点评

小臻妈妈的一句话应该是很多朋友羡慕的，就是"好长时间没有烦恼过了"。这句话是糊弄不了人的。即使糊弄了别人，也糊弄不了自己。烦恼不烦恼，自己知道。各位朋友可以问一下自己，我们是不是也很长时间不烦恼了呢？大家试想，很长时间不烦恼了，那种感觉是什么样的？什么叫很踏实地生活？那种感觉，一旦尝到了之后，你就永远不会想生气了，你永远不会想再回过头去生回气。你会发现那样真的很愚蠢，看到别人在生气的时候，你就会觉得他是很可怜的。生什么气呢？怎么会生气呢？明明可以不生气的！那么简单的事情，去解决就行了，怎么会生气？！你就会发现，问题往往很简单，但人们就是执迷不悟。什么叫执迷不悟？就是拿着这个"迷"不放，非要让自己难过不行，就是自寻烦恼。真的去悟的时候，就开始改变了。

你会庆幸，自己终于走出来了，你也会由衷地希望帮助身边的人，让身边的人也从痛苦的循环中走出来。

我们一起，成为自己的光，点亮别人！

作业3：平等思维，使我幸福的"灵丹妙药"

——来自平等思维家庭幸福之道网络课程学员红云

两年前，一次偶然的机会接触到平等思维。唐老师博客文章中，那些入木三分的人性剖析、细致入微的操作方法、闪耀着智慧光芒的思想，深深地吸引了我。我还参加了两次训练营、五期沟通心法网络课（现更新为：家庭幸福之道网络课）的学习。学习的结果是我个人幸福了，我的婚姻幸福了，我的家庭关系和谐了。

两年前，闺密请我带让她"头痛"的上三年级的儿子。在辅导他学习时，我遇到了令我困惑的问题——不是我教不了他那些作业知识，而是"教他，为什么他不听"。

于是，我千方百计地寻找问题的根源，在这个过程中认识了唐老师，并参加了训练营。唐老师指出我的问题是没有接纳孩子，跟孩子的沟通不好。我就问："为什么很难真心地接纳孩子的缺点？"唐老师回答："因为它是违背常人的心的。常人天生就有'小人'的禀性，自以为是、喜欢肯定、讨厌否定、容易情绪化。要跟孩子达到和谐沟通就应该觉悟自己的'小人'，包容孩子的'小人'。难做怎么办？放下情绪化，只看因果关系，做了就好，不做不好。一点点做，就慢慢尝到甜头了。"

是啊，孩子经常忘字，不愿意背课文，正常；他记不住单词，正常；他计算粗心，正常；他学习时浮躁、浅尝辄止，正常……当我从心底真正接纳他时，理解和建议就容易实施了。

在日常生活中，我努力寻找他进步的"蛛丝马迹"并表扬他，有一次他主动说想在语文上进步，我说："太好了，你一定能进步的。"他便积极地预习课文。孩子是敏感的，我的改变孩子感觉到了，有一次他问我："你为什么喜欢小孩？"我笑着说："因为你可爱呀。"于是他一脸的开心和得意。渐渐地，阻碍我们沟通的"堡垒"一点点被攻克了。然后我跟他商量制订了学习计划，他也能踏踏实实地去执行。

当家长做好了接纳孩子的因，沟通自然会好；当孩子做了学习好的因，成绩自然会好。到学期期末考试，他的成绩是数学 100 分，英语 93 分，经常徘徊在及格线的语文考了 86 分。他是班上三名进步奖之一，老师还给他发了奖品，孩子非常开心。

我终于没有辜负闺密对我的信任！

我尝到了学平等思维的甜头，但这只是我捡到的"芝麻"。

在沟通心法网络课上，唐老师留了一道作业题：思考小时候什么事给你留下了阴影，并试着用平等思维解决。

这让我回忆起，小时候父亲对我管教非常严厉。我必须按照他说的去做，放学后不许我到同学家或带同学回家玩，更不能在外面玩，他认为那样做浪费时间；对我写作文的爱好打击——他的理由是，会说话就会写作文，有什么好练习的；对我的阅读兴趣打击——看见我看课外书就会没收，还要吵我一顿，就是让我学好数理化，他说"学好数理化，走遍天下都不怕"……这些让我在内心深处一直对父亲有抱怨的念头。

唐老师开导我，这个问题用平等思维的"小人"理论解决太简单了，父亲在给你他认为最好的人生经验，这正是父亲对你的爱呀！而你的"小人"却把父亲的爱当成了石头，压在心里。

一句话，让我幡然醒悟，豁然开朗。是啊，也许正是父亲的严厉管教，才使我考上了大学，正是父亲的严厉管教才让我产生强烈的愿望：我一定要让我的女儿心灵舒畅地快乐学习，并不断地学习用科学的方法鼓励、引导、陪伴女儿快乐成长，其中一些方法与平等思维教育不谋而合，最终让一个各方面都优秀的阳光女孩走进了中国人民大学，走进了中国台湾的大学，走进了韩国的国际大学生夏令营。

我扔掉了压在心里的"石头"，我轻松了、快乐了，我深深地感恩我的父亲！

有一段时间，我对老公不满意，觉得他安于现状，不思进取，整天看他不顺眼，懒得理他，夫妻关系一度紧张。在学习"夫妻幸福之道"这一课时，唐老师让我们找出老公的优点。我真的是念头一变，心情改变，我一口气找出了他二十多条优点：在我生病住院时，他日夜照顾着我，没有怨言；他支持、陪伴我创业；他包容我的过错；他配合我培养了一位优秀的女儿；他对家庭尽心尽力……这时候我的抱怨情绪一扫而光，幸福感马上提升。

一个踏踏实实跟我过平安日子的人，我还求他什么？

2011年4月，我的母亲被查出了肺癌，住进了医院。在家人商量轮流陪护母亲时，我弟媳说她不能不上班，不挣钱。如果没学平等思维，我一定会跟她急眼，吵起来，因为是母亲辛辛苦苦给她带大了孩子，为她的小家庭付出最多，她不能这么没良心。学了平等思维，我接纳了她的做法。因为在她8岁时，由于意外失去了父亲。那时候她父亲是一家的经济支柱，父亲的突然离世，让她家的生活很窘迫，这也让她养成了勤俭的习惯，我理解了她的想法，告诉她陪护的事不用她费心。我安抚好了弟弟、妹妹和老公的情绪，并主动承担，自己陪护的时间多一些。我这样做弟媳反而觉得不好意思了，她有时间就会主动来医院看望母亲。在母亲生命最后的几个月里，我的家人齐心协力，积极地为母亲治疗，尽心地服侍，尽了我们做儿女的孝心。

平等思维就像一剂"灵丹妙药"，祛除着我的贪、嗔、痴，让我学会用一颗干净、智慧的心去对待自己的生活。

第二章
小人自我

人们往往自以为是，谁肯定自己就喜欢谁，谁否定自己就讨厌谁。

觉知自己的小人自我；包容他人的小人自我。

第一节

内 容 讲 解

一、什么是小人自我

　　人为什么不幸福？根本原因在于每一个人心中的自我执着。对自我的执着会导致我们不能够清晰准确地看事物——看到的都是偏见，在与别人沟通时会自以为是地觉得自己是世界一切事物的裁判——认为我的观点是最地道最正统最先进最合理最高明最无私最客观的最具有代表性的，在遇到问题时不能采取有效的措施——采取的措施往往都是在发泄情绪，在出现不好的结果时不是考虑弥补措施——总是考虑这事怨谁，我自己怎么都没错……对自我的执着形成了人们典型的人格——小人自我。

　　小人自我是什么？就是"我以我为主体来感受这个世界，我的评判就是这个世界的真实情况"。

　　有人这么说别人："你呀，说话特别带偏见。大家都是这么想的，都觉得应该是这样的，你就非要那样！"一个人说别人说话带偏见，说大家都觉得应该是这样而你非要那样，他说的是真的吗？其实，很可能他本人就是站在自己的角度上说话，这些话本身就带着强大的偏见。

　　每个人都在以自己的眼睛看着这个世界，同时在评判这个世界。这双看世界的眼睛是小人自我的核心，其实它是对自我的执着。明白我们对自我有执着，了解对自我的执着的特点，我们就会发现人们的痛苦来自哪里，为什么人们常常去追求幸福而不得。

二、小人自我是不幸福的根本原因

小人自我的特点，第一就是自以为是。"我觉得我的看法就是正统的，就是对的，就是好的，就是了不起的。"常人都是这种心态。常人的幸福是什么？觉得自己是对的、好的、了不起的，如果有人满足他的这种感觉他会很舒服。人是有贪、嗔、痴的，满足了贪的感受就自然地感觉很幸福。人们都会认为自己这种对贪的感受是真正的感受，是比别人都正统的感受。这就是人心里对自己、对世界所带的自以为是。人会用他的自以为是来看待世间的一切：喜欢的就是他所贪的，就是合理的就是对的；不喜欢的就是他所嗔的，就是不合理的就是错的；没有感觉的则是他麻木的地方。一个人的自以为是的程度，是由他的觉知能力或是他的智慧水平所决定的。

一个人的觉知能力越强，越是智慧，他的自以为是就越少；一个人的觉知能力越差，越是愚蠢，他的自以为是就越多。

假如他有一个观点，或者他喜欢什么、讨厌什么，有人和他一样，赞同他，他就会很喜欢这个人，认为这个人很好。这就是喜欢肯定。

这在生活中是很常见的。"你喜欢穿某某牌子的衣服？啊，我也喜欢！我发现你穿衣服蛮讲究的！""你喜欢读哲学书？太好了，我也喜欢啊，原来你读书这么有品位！"有共同的爱好，大家会互相喜欢。

同样，有相同的讨厌的事物，也会形成彼此的好感。"老板真不是东西！""我也恨死他了！"员工在一起骂老板，骂得痛快时就会发现，原来关系不好的两个人关系变得好起来了，同仇敌忾嘛！有共同的敌人，大家会发现彼此的关系在变好。也就是说，相同的嗔也会让大家产生好感。其实说到底这就是喜欢肯定。"我说好你也说好，我说不好你也说不好。"

小人的心态是：我说好就该是好的。如果我说的好有人说不好，并且拿出理由来证明真的不好，这就要气死我了，我就会很讨厌这个人。我说不好的事情，他非要说好，并且真的证明出好来了，我也会讨厌他。

大家都是喜欢肯定的，"谁肯定我，我就喜欢谁"，但往往会不这么直接地说出来，会用另外的比较隐晦的方式说。比如有人常常肯定你，说你好，你会说："你这个人说话比较客观，我就喜欢跟你这种说话客观的人说话。"说他说话比较客观是什么意思？就是你本来就好，他客观地看到了你好，他没有带偏见。这句话本身就是小人自我的一个表现，同时也表现出了对对方的肯定和喜欢。

喜欢肯定，讨厌否定，这是我们在生活中常见到的情况。

男人喜欢肯定，什么表现？士为知己者死。

女人喜欢肯定，什么表现？女为悦己者容。

士为知己者死，典型的例子是诸葛亮。诸葛亮被称为"智慧化身"，但其实他的智慧是不足的。我们民间有一句俗语：扶不起的刘阿斗。但诸葛亮居然去扶阿斗去了！诸葛亮这么聪明的人，怎么会去办这种糊涂事？大家都知道，诸葛亮是因为刘备对他有知遇之恩，就是当年自号卧龙，但人们不相信、不理解他，后来一个被称为皇叔的名叫刘备的人居然就相信了，并且三顾茅庐，尊为军师，这个面子给得让诸葛亮的小人自我非常满足，于是他就不惜身命、逆天行事，去辅佐一个扶不起的阿斗，非要让阿斗光复汉室，不断劳民伤财，最后无功而返、抱憾而死。他做这些事就是因为刘备肯定他了。

女人喜欢肯定，我们来看一首歌的歌词：

千年等一回

作词：陈自为　作曲：左宏元

演唱：高胜美

千年等一回　等一回啊

千年等一回　我无悔啊

是谁在耳边 说 爱我永不变

只为这一句 啊哈断肠也无怨

雨心碎　风流泪

梦缠绵　情悠远

西湖的水　我的泪

我情愿和你化作一团火焰

啊～～啊～～啊～～

千年等一回　等一回啊

千年等一回　我无悔啊

雨心碎　风流泪

梦缠绵　情悠远

西湖的水　我的泪

我情愿和你化作一团火焰

啊～～啊～～啊～～

千年等一回　等一回啊

千年等一回　我无悔啊

千年等一回　等一回啊

千年等一回

　　大家都知道，这是《新白娘子传奇》的主题歌。"是谁在耳边，说，爱我永不变，只为这一句，啊哈断肠也无怨。雨心碎，风流泪，梦缠绵，情悠远……"从这几句歌词中我们就能够知道，一个女人，在听到所爱的男人说永远爱自己的时候，她会怎样？她会有一种愿意为对方赴汤蹈火在所不惜的感觉，"你能欣赏我，我就愿意为你柔肠寸断，死而无怨"。从正向的角度说，每个人都期待被欣赏，一个能够欣赏自己的人，是自己所喜欢的人。可以说最能打动女人心的，就是在乎她，只要不断地表现出在乎她，她心里就会很满足，从而对这个男人有好感。同时，我们也能从中体会到另一个女人的心理特征，就是女人的悲剧倾向。

看清楚人的小人自我后，再进一步，小人自我可以体现在哪里？

当我们对物质和精神两方面有执着的时候，这两个方面都会表现出我们的小人自我，都会影响到我们的幸福。当我们有对物质的需要或者欲望的时候，满足我们就幸福，不满我们就不幸福，尤其是相悖时会产生痛苦。

锦衣夜行是一种不幸福。人们常说：要整一个女人，就是给她最漂亮的衣服，但是把她关到一个黑屋子里，或者关到一个没有镜子、只有她自己的屋子里。这样即便你穿得再漂亮，也没人看得到，自己连照镜子看一看都不能，会让人很难受。从中我们可以看到，物质会影响到人的幸福。

精神也会影响人的幸福。自己认可的一个观念被否定会很难过，自己认可的一个观念被肯定会很开心。比如，看到一部很不错的片子，或者看到一本非常好的书，就会想着介绍给亲朋好友。如果对方看了也觉得很好，自己就会很开心；如果对方看了，觉得一点都不好，自己就会很受打击，很不开心。

为什么会这样？因为人们把这些物质和精神当成了自己。

女人穿着漂亮衣服，当有人夸这件衣服漂亮时，女人会很开心，因为她认为这件漂亮衣服就是自己，别人夸的不是衣服漂亮而是自己漂亮。精神上也是一样。你的一个观点被大家认可后，你也会很开心，你同样是把你讲的这个观点当成了自己，人们认可的不是那个观点，而是认可了自己。所以，我们说别人拥有的东西不好，就会得罪人；我们夸别人拥有的东西很好，就会讨好人。

略做思考我们就会发现，这里面已经出来愚蠢了。愚蠢就在于，这些物质和精神都不是你，它们本来就不是你，但你却把它们当成了自我，然后来为此开心或者难过。

我们创造了很多以此来让自己开心的方法，说白了就是在糊弄自己，糊弄得有效，自己变开心了，这个方法就是好的。当我们去思考这些方法，看透其中的愚蠢时，大家会发现，这些方法其实都是在欺骗自己。比如一个穿着漂亮衣服的女人，无论别人怎么夸她的衣服漂亮，如果她是清醒的话，她就会明白，别人夸的是衣服而不是她，如果她换一件不漂亮的衣服，别人就不会夸她了。那她为什么要开心呢？当然同样也就不会因别人说不好而受到打击了。当一个人不再愚蠢，真的能够理解智慧的本质、幸福的本质时，他会发现，没有什么东西能让他不幸福，他会一直保持着平和的心态。大家应去好好理解这一点。

小人自我理论提示大家思考：我们的心在依什么来判断？我们在依什么来得到幸福？我们的幸福到底从哪里来？

所谓幸福就是生理上得到欲望的满足，心理上得到肯定。世俗上的成功，恰恰是提供了这两点。所以，人们喜欢成功。如果一个人的成功没有了这两点，人们想成功的冲动就会大大降低。比如，如果你的名声很大，人们都知道你，但都不认识你，你也没有因此而得到什么经济方面的好处。这样的成功，会有多少人需要？

如果得到欲望满足和心理肯定你才能幸福，那么，问题也就出来了：你所欲，也是别人所欲吗？如果是，别人就不会给你，不幸就产生了。而你所欲，别人即使能给你，他愿意给你吗？这又是问题。

不说别人，不说外界，我们只说夫妻两个。有一个东西是你想要的，你要了这个就会幸福，对方会给你吗？我们看到很多夫妻闹矛盾，很多时候，丈夫或者妻子知道做什么对方会开心，但他或她就是不做。

比如，有一位女士曾经问我：唐老师，我跟老公结婚十几年了，我一直有个困惑，就是我老公是河南人，喜欢吃面，而我是南方人，喜欢吃米，所以我很难受。您说我该怎么办？

我问：你为什么难受？

她说：我老公老是抱怨我不关心他，其实我心里是很在乎他的，只是早上我不想吃面就做了米饭。

我说：那你就承认自己自私嘛！

她说：我不是自私的，其实我对他很好的，我特别关心他的，比如……

我说：你在别的地方关心他多少，我都承认。但在早餐问题上，你不关心他，对不对？其实你是不愿意面对自己的这种自私。

她说：难道我真的是自私的？

我说：我们每个人都有自私的一面，这有什么好奇怪的？

她说：噢，原来我也会自私的……

我们看到，明明自己是想满足自己的需要，而不满足别人的需要；但小人自我又不愿意接受"自私"这个不好的评价，矛盾就出来了。

在这里我不是提倡女人应该牺牲自己迁就他人，而是要帮大家分析，心理的矛盾是怎么产生的。

其实上面的问题，解决方案是很多的。晚上下好面条，早上开水一焯就可以吃了。就这么简单的事情，早上只需要一分钟就能完成的事情，为什么不做？而在长期纠结？

还有一位女士，在一次会议上了解到我的教育内容，就特别崇拜我，于是吃饭的时候，非要请我出去吃饭，以表达她的心意。于是我们就出去了。

来到一家饭馆，她问：这里的菜是什么特色的？服务员说：我们这里是川味火锅。她又问：有没有炒菜？服务员说：没有。她马上说：噢，那我们不吃火锅，不好意思。于是就带着我离开了。

等找到一家饭馆坐下来，点好菜等菜的时候，她就抱怨说她对老公很好，但她老公老是跟她闹别扭，不体贴、体谅她。

我问她：刚刚我们在那个饭馆，你为什么离开？

她说：我不喜欢吃火锅啊！

我又问：你为什么不问问我喜欢不喜欢？

她一怔，想了一下，心里发虚的样子笑道：我还真没想到这个问题。好像我怕你万一要说喜欢，那怎么办呢？

我笑道：呵呵，我们两个吃不了几次饭，所以，我吃什么都无所谓。但你会不会对你老公也这样？你说你对他很好，但你选择吃饭的地方，从不考虑他，他会开心吗？

她恍然大悟的样子：噢，唐老师，这么说，我真的是自私的？看来是有点自私！

……

人们的自以为是有多么严重！人们多么难以觉察自己的自以为是！人们多么不愿意承认自己的自以为是！

如果你指望对方做什么，你的幸福就着落在对方身上，就取决于对方是不是这么做，你怎么能保证一定幸福？而且，对方也在指望我们，希望我们做什么保证对方幸福。这让小人自我怎么应付？所以，这个自以为是的小人自我是一个愚蠢的自我，要让这个愚蠢的自我幸福，其实就是去逗他、喂他。但这个愚蠢的自我对幸福没有一个精准透彻的看法，即使临时得到，他的幸福感也非常不稳定。

在经济学上有一个边际效应递减规律。比如人饿急的时候，吃第一个包子感觉很美。吃第二个就没那么美了。吃第三个就更不觉得美了。吃第四个，吃饱了。吃饱的时候，就不想吃了。再吃下去就开始难受了，因为吃撑了。包子会让一个饥饿的人有很大的满足感、很强的幸福感，但吃多了就没这感觉了，甚至会出现不幸感。大家都在电影上见过通过逼着对方吃东西来整对方的场景，就是这个道理。

同样，一男一女相爱，男人希望得到女人的爱，当女人常常给男人爱时，给着给着男人就感觉不到爱，甚至开始烦了。这就是愚蠢的人为什么难以得到幸福的原因——他的心是不安定的，他的幸福条件是在不断变化的。

一个男孩子爱上了一个女孩子。为什么爱她呢？当然有理由，他可以说出一二三条。他会对女孩说："我要爱你三生三世。"可是，过了一段时间，他不再爱她，而是爱上另一个女孩子了。如果问他："你怎么变心了呢？"他会说："不是我想变心，而是我发现自己真的已经变心了。"我们可以相信这个人前后说的话，都是真心的，但这种话造成了欺骗，因为这个男孩子本身就是在不断变化的，他说的话，根本就不能够算数的，他是不值得信任的。但女孩子听到这些话，会觉得这是一个永恒的承诺，就开心得不得了。可以说，从这个角度来看，女孩子自己有受骗的倾向。要明白，承诺永恒跟永恒的承诺根本是两回事。承诺永恒，是所有的人都可以轻易做出的。但永恒的承诺，却只有能够完全做自己主人的人才能做出的。小人自我的心是容易改变的。

人是会变心的，这很麻烦。按说一男一女结婚，大家应该好好过日子，但我们会发现还有一个离婚在那儿等着自己呢。当你全身心地过日子、为婚姻做奉献时，对方已经准备抽身走了。你的幸福就是他全心全意地和你过日子，他要走了，你还能幸福吗？

对方为什么这样？是他想结婚玩玩，不行就散吗？也不是。对我们中国人来说，结婚不是件容易的事情，毕竟两个人有不同的家庭环境和生活背景，牵涉很多问题。那些离婚的夫妻，当初结婚时一般也没打算离婚，但是到最后不得不离，因为确实过不下去了。

为什么会这样？因为人是愚蠢的，这个小人心是愚蠢的，他根本不知道自己真正想要什么。

讨论　一个关系到所有人终生幸福的问题

人到底在追求什么？什么决定了人的终生幸福？

我曾经问过不同性别、不同年龄、不同职业、不同文化程度、不同宗教信仰的人同一个问题：

如果我是上帝，如果我是佛，如果我是神，如果我是一个无所不能的主，不论您要什么物品，我都可以满足您，那么，给您什么，您就可以满足了？您就可以得到最终的幸福了？

记住，天上的上帝、佛、神能够给您的是客观存在的物品，或者是一种环境，但心里作何感受还是要看您自己！

当您给出一个答案的时候，可以试着想一下，这个世界上是不是有人已经拥有了这个条件，那么他得到最终的幸福了么？

很多人想半天都说不知道。因为想想什么都不能让自己得到终生的幸福。

但问题是，如果连无所不能的上帝、佛、神都不能给您满足，给您终生的幸福，您怎么可能得到满足？怎么能得到终生的幸福？

聪明的读者，请问您是怎么考虑的？

需要强调的是，这里提出这个问题，不是想引起什么辩论，而是要引起一种思考。这种思考也许会引导我们走向最终的幸福彼岸。

对这个问题的回答，如果您知道，马上就可以说出答案；如果您不知道，那么百思而不得其解。

因为这个问题也许就是那种所谓的"终极问题"，如果您用逻辑推理去思考，也许极难拿出令自己满意的答案。

如果世上有一个人可以给你什么让你幸福的话，那么，是不是一定会有人可以拿走它让你不幸福？所以，别人可以给你的幸福，可能是幸福的彼岸吗？

不依靠别人能够得到幸福吗？如果能，是不是最终的幸福？怎么获得？

在这个讨论中，我假设有一个神，他是万能的，你想要什么样的物品他都可以给你，那么，给你什么你能幸福？人们难以回答这样的问题。

这个问题的答案是一个，但可用两种方式说出来：

一是给我什么我都幸福；

二是什么都不用给我我就幸福。

讨论 为什么享受最奢华服务的女人却不幸福？

很多人在努力赚钱，去争取最好的享受，然而享受最奢华服务的人，却不一定觉得幸福。为什么千辛万苦换来的"幸福生活"并不能带给人幸福？到底怎么做才能获得幸福？我们应该如何教育孩子才能让他们未来活得更加幸福？

有位非常有钱的女士问：

唐老师，我一直在关注您的博客，觉得您的平等思维非常好，我有个问题想向您请教：我到三亚去度假，住在最豪华的五星级酒店，享受着最美丽的海滩，身边也有自己的爱人，但躺在海边的时候，我觉得并不很开心，为什么呢？我知道，我所拥有的一切，是绝大部分中国人所享受不到的，但为什么我却不能满足？似乎我只有在工作的时候，心里会觉得更踏实些。

唐：您想过您究竟想要什么吗？

女士：我以前以为自己知道。我一直很努力地工作，不断地去奋斗，靠我自己的努力，我拥有了自己的企业，也找到了爱我的老公，还有一个可爱的女儿。可以说，我应该有足够的理由幸福。但当这一切都成为事实的时候，我却发现，我心里要的似乎不是这些。

唐：那您心里到底想要什么？

女士：我也不知道。好像我总希望有个目标，我似乎喜欢在路上的感觉。

唐：嗯，非常好！您喜欢在路上的感觉，那么，您喜欢在去往哪里的路上的感觉？

女士：……我不知道。反正，让我忙起来有事做，我就不会难受。如果没有目标了，我心里就很不踏实。

唐：好。世界上有两种人：一种是像驴一样的人，这种人占绝大多数，也许超过99%；另一种人才是真正的人，这种人非常少，也许不超过1%。

女士：他们各自有什么特点？

唐：这两种类型，不是按照经济条件来分的，而是按照一个人所达到的生活状态或者一个人的智慧水平来分的。第一种人是没有弄明白自己人生目标的人。这里的目标不是指一般意义上的目标，不是赚多少钱，成就多大的事业，甚至不是拥有多少知识；而是指一个人明白了自己人生的意义，明白了幸福的真正含义是什么。没有目标的人，会像驴一样每天拉磨，拉磨苦不苦？苦！但不拉磨他又难受！他不知道，如果不拉磨，活着的意义是什么！所以，他就不断地给自己定目标，让自己完成一个又一个更大的目标，接受一个又一个更大的挑战。很多时候他宣称自己攻克了一个又一个的难关，表面看似乎很风光，但只要他闲下来，就会心里发慌，因为他不知道怎么让自己自在。

女士：×××（某著名企业家），您知道吗？难道像他这样的人物也是第一种人？

唐：呵呵，我当然知道，他当然是第一种人。的确他很有钱，但他就像一个乞丐，您看他似乎永远停不下来，他的企业做得很大，已经不需要他自己做什么了，甚至可以说他完全可以退休了。但他还在折腾，又是爬山，又是跳伞……按说他已经名利双收了，但他的眼神里永远透着不满足，一看就知道处于匮乏状态。

女士：那像×××、×××那样的文学家、大学问家呢？

唐：他们当然也是第一种人。言为心声，看他们写的文章就知道了。他们如此热衷于他们的名誉，在他们的名誉受损的时候，他们一再地为自己的名誉辩解。比如，×××，他那次明显的是在诈捐，但当有人揭发他的时候，他发表了一篇文章，那篇文章中他说只有恶人才会天天盯着别人的隐私看。如果自己做错了，承认就好，但他不但不去承认，却去攻击揭发他问题的人。呵呵！就看这种人品，他永远成不了大师！

女士：按您上面的说法，似乎我也是驴一样的人了？

唐：这不是我说，您自己判断就够了。

女士：一直看您的文章就觉得您有些刻薄，今天一见，我发现自己错了。您不是有些尖酸刻薄，而是……

唐：而是尖酸刻薄得厉害！对不对？

女士：哼，不是吗？照您这么说，这世上没有好人了。

唐：这世上当然有好人，但这好人不是我说您是，您就是。自己难受自己知道。像驴一样的人往往处于两种状态下：一是在路上，心里看似充实，其实他们只是没时间思考而已，但生活很辛苦，极其渴望成功；二是已经获得阶段性成功，说阶段性成功是因为他们根本不知道自己最终的成功是什么。无论处于哪种状态，像驴一样的人都有一个根本的特点，就是不幸福，他们的幸福不在现在，他们会认为自己的幸福在未来，在一个非常难以达成的结果达成之后。

女士：嗯，您说得对，我的确是处于这种状态下，但唐老师，您就不能说一个好听的名字吗？驴，多难听的名字啊！我听到您说这个词语觉得您在侮辱我！

唐：没有人可以侮辱您，只有自己才能侮辱自己。如果改个名字能帮助您，我现在就改！改成"龙"或者"凤"可以吗？呵呵！

女士：呵呵，您说得对。算了，就"驴"吧。那么，第二种人是什么样的呢？

唐：嗯，第二种人看起来，尤其是让像驴一样的人看起来，似乎觉得大家都一样，表面上没有任何区别，大家都在做事情，都在工作或生活。区别在于：第二种人不论在默默无闻，还是在处于常人认为的成功状态，他都是自在和幸福的。他的幸福就在现在，而不是在未来，也不是在一件非常困难的事情达成以后。他的幸福是条件很低的，甚至是无条件的。

女士：唐老师，您说的我似乎听懂了一些，但不能完全听懂。那么，唐老师，如何才能变成第二种人？我要做些什么？您不能只是诊断出绝症却不给出解药！或者您根本没有解药？

唐：当然有解药！只是我需要确信您真的想变成第二种人吗？

女士：当然！

唐：为什么？

女士：因为……这对一个人来说，显然是最重要的问题！

唐：好，那我现在就告诉您！两个步骤：第一，明白什么是真正的幸福；第二，去获得它。

女士：完了？我就是不知道什么是真正的幸福才来请教您的啊！

唐：嗯，这就是我在《一个关系到所有人终生幸福的问题》一文中提出的问题。这个问题如果回答不了，就很难幸福，但如果能够回答得了，人们马上就会发现幸福就在身边！

女士：这篇文章我看过。我的答案是：幸福是真实存在于每个人内心的一种感受，那些貌似幸福的人内心未必是幸福的，每个人对幸福理解和要求的含义不同，实现幸福的途径也大不相同，但是要抓住幸福还要靠每个人的争取、努力来实现。有了物质的，要求精神的；有了精神的，要求身体上的；有了身体上的，就会要求感觉上的……每个人的文化修养、生活环境、地域不同，对此要求也不尽相同。总之，感觉幸福才是幸福的。

唐：呵呵，这么说您很清楚对您来说什么是幸福？并且知道怎么能获得幸福？比如您自己，怎么样才能让您感觉到幸福？

女士：……我其实不清楚。……唐老师批评得对！我……我诚心向您请教。

唐：只要还有一个目标在，还需要过程，就或多或少需要努力，就不是真正的幸福，至少不可能完全做到在达成结果的过程中保持幸福。第二种人的幸福就在当下，而不是在未来，也不是在一件非常困难的事情达成以后。他的幸福是无条件的。

第二种人是自由的。这里的自由不是一般说的自由。自由不是想什么能不能得到的问题，而是你的存在能想什么的问题。比如，一个饥渴的人，你会想什么？这一刻你无论想什么，你的饥渴已经给你判了不自由的刑。真正的自由是自在，是一种修行修养达到一定程度的身心调和的存在状态。无贪、嗔、痴，无忍戒苦；于一切境，得大自在。

第二种人最终要达成人生的彻底解放——随心所欲的自在。这种人的幸福是没有前提的，也就是说，他们拥有一颗本来就会幸福的心，他们无论怎么样都是幸福的。

女士：那怎么才能具有一颗本来就幸福的心？

唐：破除人的小人自我，就是最有效的方法。破除了自以为是的小人自我，就可以坦然地看世界，可以清楚地看到事物的本来面目，可以洞察最简单直接的规律，可以找出最直接有效的解决方案，不受外界问题的打击和影响。

女士：那具体怎么操作呢？

唐：破除小人自我，跟着我把个人幸福之道、沟通幸福之道、矛盾解决之道、工作幸福之道、夫妻幸福之道及幸福日记等内容领悟做到，就自然幸福了。

女士：嗯，很期待！不论做什么都会幸福？幸福没有前提？拥有一颗本来就会幸福的心？似乎很难！

唐：很正常！这需要很深的智慧才能领悟。慢慢悟慢慢做就是了。

人不知道自己要什么能幸福，而又一直在要各种东西，并且为要这些东西去发誓愿。

在西方人的婚礼仪式上，神父会问他们：无论在什么环境下，你都愿意终生养她、爱惜她、安慰她、尊重她、保护她，一直到老吗？无论在什么环境下，你都愿顺服他、爱惜他、安慰他、尊重他、保护他，一直到老吗？两个人都说愿意。

但如果这些话都是真的，离婚从哪里来？其实就是后来条件改变了，两人的爱就改变了，就要离婚了。他们的爱是有条件的，而结婚仪式上神父问的其实是你愿意无条件地爱对方吗？愿意无条件地去维护婚姻吗？当时，两个不负责任的人都说愿意。看着他们那么幸福、那么深情的样子，我们相信当时他们说的都是真心话。我提到两个不负责任的人，其实很多时候，他们不是不想负责任，而是没有能力负责任。他们是愚蠢的，他们不能对自己的话负责，他们不知道自己说的话自己是根本做不到的。这就是愚蠢，而这也是不幸的根本。

想得到幸福，就要去好好研究这个小人的自我，弄透它，慢慢把它斩杀掉。为什么？因为他是愚蠢的。让这个小人的自我占据人思想的主导地位，人就不可能幸福。

我曾经写文章探讨过一个问题：美女有真爱吗？在那篇文章里我分析男人到底需要什么，有人说男人需要更多的美女，那么，更多的美女就能让男人幸福吗？不能。男人真正的幸福其实是在家庭里的，但他又不好好守着家。他为什么这样？就是因为愚蠢。

同样，很多女人希望有一个安稳的家，但是她又总是找男人的事，让男人觉得在家里难受，待不住。女人希望男人待在家里，可她又总是把男人折腾出去。这是为什么？又是因为愚蠢。

愚蠢的人不谈幸福，愚蠢的人不可能得到幸福。

人的愚蠢就是固执，就是小人自我。好好理解这一点，会帮助一个人走向幸福。

三、学习小人自我的注意事项

学习了小人自我理论，要学会反思自己，包容他人。

小人自我是用来反思自己的，而不是用来挑剔别人的。

很多家长在听了我的课后，都反映这个小人理论说得太对了！自己的老公（老婆）就是典型的小人……

我要提示大家，学习了小人理论，应该多反思自己的小人，还有多包容他人的小人。

有一位家长，听完我讲的小人理论后，觉得特别有道理，就讲给孩子听。后来上课的时候问我：当时孩子听完后，就问妈妈一句话："妈妈，唐老师说每个人都是小人，妈妈，难道我也是小人吗？"这位妈妈说："妈妈是小人，你当然也是啊。"说到这里，这位妈妈问我："唐老师，我这么说对吗？"我说不对，我告诉她为什么不对：唐老师说的小人理论，是说给听过小人理论的课的人，没听过这个课的人，我们不说他。另外，我们来分析这位家长的话。家长说"妈妈是小人"，对于这位家长自己来说，也许自己觉得自己在谦虚，另外，还是一种技巧：先说自己是小人，然后说孩子也是小人，孩子就没得说了！但大家知道，孩子听到会怎么想？当妈妈说"妈妈是小人"的时候，孩子心里会想"太对了，你早就是了"。当妈妈说"所以你也是"的时候，孩子会很不高兴："凭什么呀？你是小人，我就是吗？"

我提示大家，世上的人，几乎都或多或少拥有小人自我的特征。大家把身边的人都当成小人，一点都不过分的。记住，一个小人一定不愿意承认自己是小人的，所以，当我们说他们是小人的时候，他们一定不开心。听完课或系统学习过小人理论后，我们就变得觉知了，这个时候，我再告诉大家"我们是小人"，大家就不会觉得不舒服了。

但如果听完小人理论以后回去，跟没听过这个课、没有系统了解过小人理论的人，一定不要说人家是小人。很多人听了小人理论，会发现小人理论真的是特别贴切人性，回去以后更发现身边所有的人都是这样的，有时候会忍不住跟别人很坦诚地说小人理论，简单几句介绍以后，就开始分析别人的小人表现，说对方就是典型的唐老师说的那个小人——你会发现，对方一点也不喜欢你说的小人理论，反而对你的话非常反感！他会急了："凭什么我是小人？"如果这时候你说："你看你看，人家唐老师早就知道你会这么说！"他会跟你打起来！

他会气不打一处来："噢，你去听了一个所谓的专家讲的课，我就成了小人了？"

大家记着，对没有听过课的、没有系统地学习过小人理论的人，一律不许说他小人。

即使你回去只是反思自己，也相当难做。什么意思？提示大家，如果你诚恳地反思了自己，你也不要期待着你反思了别人也会马上反思。比如回去以后，有一天，你觉知到自己的小人心又起来了，于是，自己就特别诚心地向对方反思说：我刚刚小人心又起来了，我又自以为是了！我很惭愧。我要提醒的是，你这么反思自己很好，但如果你觉得你这么反思了，对方就会马上也反思说"我也是小人"，那你就太天真了。如果不是听课，不是系统地学习小人理论，帮一个人从不觉知到觉知并承认自己的小人，是一个很漫长的过程。

正常的反馈是这样的：当他听到你自己反思自己是小人，他不但不会反思自己，还会这么说："你才知道啊，你一直就很自以为是，你知道吗？我说你多少次了你都不听。这次听了人家专家的话，你信了，真是的！这还真是远道的和尚会念经！"——会气死你的！

多在心里反思自己，多包容别人的小人，多看别人的好。这就是给大家的建议。

我们来看一位家长的反思：

案 例 | 扒一扒自己的小人

我的小人在哪里？不知道从哪里找到我的小人，这本身就是不想去找，这就是小人的表现吧？唐老师说，你是不是小人，就看愚蠢不愚蠢，就看你自己的生活状态幸福不幸福。

自己幸福不幸福，如人饮水，其冷暖还有自己不知道的吗？自己抱着过去的自己不改正，自己讨厌写这个要否定自己的作业，本身就很符合小人的特点，喜欢肯定，讨厌否定，自以为是。正是自己觉得是，所以才总是不去改，总是下不了这个笔，下了笔就需要举个例子来扒一扒自己的小人。

操作"凡事说好"这一条时："凡事说好"，尤其是在自己觉得不能说好的时候一定要说"好"。

周五早晨儿子去上学前又问我："下午我能不能回家来？"这可不能再说不好了。"回家来你准备怎么安排？我们订的是晚上到基地的票。"儿子说："去买衣服。"没等他说完，我急着建议："你看你这次物理三模虽然时间不够，大题做得少，但选择题好多了，对了17个，背公式很有成效。下午回来背物理、数学的公式和单词好不好？"孩子说："好。"

上面这一段反思中，一个"又问我"道出了我对儿子下午不上课要回家这件事的否定，我心里有一个"是"在：下午在学校上课是对的，舍此都是错的。心里已经在否定孩子了，嘴上说"好"，不听孩子说"去买衣服"、不问去的原因，我就直奔我的另一个"是"：提建议，好好背公式。

你看看，我都接纳你了，你接下来应该背公式了吧！心里不干净，时时刻刻要把孩子拉到学习的轨道上来。

我贪在这一点上，没有坦然在，我必定苦。

下午，妈妈在家和孩子一起做了些复习，去买了衣服，但数学没做。我隔着锅台上炕，说了是没有用的。该！显然对孩子复习的量不满意，又没按我的要求做数学，看似我用《糖宝书》(平等思维语录)上的话反思自己，实则不过是我用《糖宝书》发牢骚。后来从妈妈口里了解到孩子的心思，孩子不去学校的原因，一是想去买衣服，二是学校犯病，这个周五下午不让学生出教室，孩子心里烦。

当我被小人心牵着向前飞奔的时候，就错失了当下：孩子想去买衣服，是因为基地的同学喜欢自己身上的衣服，他立即脱下来给了同学，而交换回来的衣服他又不喜欢，所以重回基地前想买一件衣服，为到基地学习做准备。

孩子是好孩子，他特别能在乎同学的在乎，而又能够把去基地学习前的准备工作做好。接下来还背诵政治题、英语单词、物理公式等，做了这么多我没有说，单单就挑出了一个没做的来说。

建议可听可不听，况且孩子做了这么多复习，都是鼓励的点。如果我在孩子说下午回家时能停一停，就能了解到更多信息，处理的方式就是商量着来，找到我们共同的正向。忽然想到一句话："狂心顿歇，歇即菩提。"把发狂的心停下来，停下来才能看清自己要去的正确方向。

家长能做的是帮孩子安心，家长先安心，然后帮孩子安心。小人心我是断灭不了的，我能做的，是熟读《糖宝书》，寄希望于在我小人心起的时候，脑子里能闪出一句两句《糖宝书》内容，使我出出冷汗，狂心顿歇。去读《糖宝书》！

我们看另一位女士这样反思自己：

我的自以为是很强大

周六中午做春饼，老公帮忙炒菜。老公倒油时，我说："少倒点。"老公放盐时，我就说："多了多了，一定咸了。"真是脱口而出，想都没想。心里还在嘀咕着：每次做菜都放那么多油，盘子里一层。但已经意识到自己的自以为是，这话生生地咽下去了。大度的老公没有说话，默默地炒菜。吃饭的时候，我跟老公道歉："刚才我又……"老公接过去说："自以为是,还是很强大的自以为是。"不知何时,平等思维的话语老公也是脱口而出了。

反思:在对老公的接纳方面只限于不跟老公吵了,根本没有真正地接纳老公。不接纳老公不爱干净,不接纳老公回家不收拾屋子,不接纳老公不爱运动……以前的我是唠叨得人家烦,现在的我是心里默默地讨厌,讨厌的话时不时地还会冒出来。

反思自己强大的小人心,总感觉自己是好的,家里的活我都干了。我做的都是对的。老公做的不如自己。就连他什么时候该给婆婆打电话,怎么跟小叔子商量事我也要管,总想让老公按照我的意志去做事情。

近半年来已经不跟老公吵架,还自以为学习平等思维操作得好,其实大多数是在忽悠老公而已。不吵架也是老公的大度和包容的结果。

端午节亲娘班上,唐老师刚刚讲到,反思自己的小人,包容别人的小人,发现自己的小人要一棒子打死,知道做什么不好一定不做。

反思自己平时写优点大多是写儿子的,很少提到老公。从今天开始要一点点发现老公的好,写暖言去赞叹、欣赏老公。

接纳的操作不能只限于儿子,还要接纳老公和身边所有的人。

反思自己有强大的功臣心理,做家务的时候,要觉知自己看见老公不干活不舒服的心理。自己为什么要不舒服?老公干活,我休息,就不难过了?如果那样凭什么老公就要开心地干活?去突破这一点。

第二节

✿

答 疑 环 节

> **问题 1：如何跟有偏见的家长沟通并帮助她？**

家长提问

唐老师好，女儿同学的妈妈因为自己孩子（男孩）成绩不好也不听话，于是怪罪老师没把孩子教好，怪罪班级班风不好，说老师对孩子不尽责，遇到问题老师没有很好地处理。对于她的满腹牢骚，我如何跟她说比较好？我觉得老师没她说的那么不尽责，当然也不是很尽责，谢谢！

唐老师解析

以上是在我们的平等思维沟通心法网络课程中一位妈妈的提问。这位妈妈希望劝另外一位妈妈能够更好地正视问题。

我们想跟那位妈妈说话，目的是什么？是不是想给她一些建议？这些建议想达到什么目的？是不是让那位妈妈更清楚做什么能够帮助孩子？

我们可以问她，你对老师那么抱怨，对老师满腹牢骚，老师会听你的话改变吗？这样有帮助吗？

我们再反过来说，做什么会有帮助呢？

现在孩子的问题是成绩不好，也不听话。孩子在学校的表现你清楚吗？我们希望孩子怎么表现？我们能不能从这一方面去考虑一下，看看怎么跟老师一起帮助孩子？

这位妈妈，如果您有办法能够给对方相对正向的建议，那么您跟她谈话就可能收到好的效果。如果您不能，一说话就很容易让那位妈妈烦您。

比如，您的说话中可能带着"你自己的孩子不好，而不是班级不好，不怨老师"这样的口气。您可能带出这样的意思来：班里别的同学怎么没事呢？我的女儿怎么没事呢？怎么就你的孩子有问题呢？我女儿说班风还不错啊，老师挺负责啊！

您这么一说，那位妈妈就烦您了，她就会跟您"打"起来。

为什么？她会觉得，你这不是让我没面子吗？咱们是不是好朋友？你怎么向着学校，不向着我呢？这就是人最正常的想法。

平等思维告诉我们，每个人都有一个小人自我，都认为自己是最有道理的，永远不会认为自己是有问题的。您说她有问题，她当然会跟您急了。

为什么我要提醒您这样的话？因为您提的问题里面就带着对那位妈妈的不满。

我们回头看一下您提的问题，您首先就确定了前提：她的孩子不好，成绩不好，不听话。然后那位妈妈不怪自己的孩子还满腹牢骚地怪老师，班风不好，对孩子不负责，等等。

如果您以这样的心态跟那位家长聊，肯定会引起她的不舒服。这样谈话，一定达不到预想的效果。

（这位妈妈在网上做了反馈：对，唐老师，今天说话的时候她是蛮生气的。似乎我是在说她不对。我不想让她烦我，但我可以让她听您的录音，这也许是个办法。）

那位妈妈会对您不满是肯定的，因为您心里带着偏见，这就是您自己的小人自我，这样跟别人说话的时候，别人当然很反感。您这么说的时候，对方感觉到了，您在说她不对。因为对方这个时候情绪化非常严重，您稍微说一点刺耳的话，她马上就很敏锐地感觉到了。

那么，怎么才能达到好的效果？如果您觉得那位妈妈说得有道理，记住，是有她的道理，只是不能达到她想要的目的，您去聊不是为了让她认识到她自己的错误，而是为了帮助她怎么达到她的目的，这时候对方就愿意接受您的帮助。

如果心态不能调整到上面讲的那样，建议不聊。

所以，在沟通的时候，我们要先把心态调整好，把自己的偏见放下。当我们真的觉得对方这样做这样说有她的道理，我们是在心疼她、想帮助她的时候，我们说话她才会爱听，才能很好地沟通。

问题2：孩子要赖，不执行自己的承诺怎么办？

家长提问

孩子要赖，不执行协议怎么办？学习了平等思维以后，自己的情绪明显减少了。正试着和孩子商议签订协议，以免老是迁就他。孩子今年初三了，晚上一般学习到 11:30 左右，早晨一般 6:30 起床，有时到 6:40 才起来，6:50 去上学，有时饭都吃不完。我和他商议早晨 6:20 起床，若起不来就每次罚款两元。签订后坚持了两天，违反了三天，交了两天的罚款，就死活不交了（对钱比较在乎），我该怎么办？

唐老师解析

我们看这个问题。这位家长第一句话就是"孩子要赖，不执行协议怎么办"，这种话是带着口臭的话，像这样的家长，一说话孩子就会非常反感的。

接下来这位家长说"学习了平等思维以后，自己的情绪明显减少了，正试着和孩子商议签订协议，以免老是迁就他"，这是典型的自以为是。这位家长说学习过平等思维，而她说的这些话全是"小人"的话，这是一个典型的负面案例。你的情绪可能是在减少，但是孩子不跟你配合，你的平等思维肯定学得不好，学好了就不会是这样。

家长说"正试着跟孩子商量签订协议，以免老迁就他"，"迁就"二字，是昧心地对他人好，一个"迁就"，家长不接纳孩子的心已经是昭然若揭。这位家长离学好平等思维还早，还要继续好好地学。

我们再看，"孩子今年初三了，晚上一般学习到11:30左右，早晨一般6:30起床，有时到6:40才起来"，这又是说孩子不好。

"6:50去上学，有时饭都吃不完。我和他商议，早晨6:20起床，若起不来就每次罚款两元。签订后坚持了两天，违反了三天，交了两天的罚款，就死活不交了（对钱比较在乎），我该怎么办？"这位家长的话全是说孩子不好，没有一句鼓励孩子的话，没有一句是让孩子听着好听的，说孩子对的、正确的话，这说明你跟孩子的沟通，你心里对孩子的接纳，还差得远呢。这位家长要好好地反思。从这个角度来说，这位家长接纳做得非常不好，孩子肯定不爱听你的。凡是参加过平等思维沟通心法课的老学员，一听就知道这位家长没有接纳孩子，一看这个问题，就应该能感觉到，这位家长的问题有多么严重。

有家长说，这位家长只是在陈述事情。那么我们来看这位家长是在陈述事情还是在抱怨孩子，这个问题怎么说就不是在抱怨了。家长可以这样说：

唐老师，我平等思维没学好。学了以后，孩子还是不能跟我很好地配合。我跟孩子制订了一个早上起来的计划，如果起不来就罚他两块钱，而我居然没定他起来了怎么奖励，只去罚孩子。孩子有三次没起来，前两次没起来都交了罚款。这么好的孩子，我居然还一直罚他，我真的不对。唐老师，这个时候我该怎么办？

家长如果能这么说话，就中听了，否则你的问题里面没有一句中听的话。即使你是在提一个问题，孩子听到了这些话都会烦死你了。所以说，这个问题的提问者，就是典型的我们家长课上讲到的带口臭的家长，满嘴的大蒜味儿。我们知道，吃完大蒜以后，就是满嘴的大蒜味儿，即使你刷了牙，依然会有大蒜味儿，因为臭味不是从你嘴里发出来的，而是从你的肠胃里散发出来的，甚至你身上的汗毛孔中冒出来的都是大蒜味儿，能熏死人。而家长如果做不到心里接纳孩子，你说出话来就会让孩子难受。所以说大家在这一点上要多考虑，要好好反思。

有家长说我们是在"把责任归到自己身上"，这句话是有问题的，好像你在承担责任。其实不是这样，而是责任就在你身上，问题就在家长身上，而不是在孩子身上。不是把责任归到自己身上，自己好像很大义凛然，要忍辱负重一样，不是这样的。问题典型地就是在家长身上，家长明显是带口臭的。

我们在分析这个问题时，大家都不知道是谁提的，也不需要去考虑谁提的，我们只是在谈这个事情，不是非要去揪着这位家长不放，话说得那么损。我们讲这个问题目的是帮助到孩子，而不是要让提问的家长开心，所以一些话我会毫不客气、直截了当地讲出来，如果我说得过了火儿，这位提问的家长一定要担待，咱们只为了解决问题。怎么能帮到孩子，这才是关键。唐老师说话有时候会很臭，臭得你难受，但是，如果能帮到家长，我就认为臭话也该说，即使不中听、刺耳，家长也要听的。

第三节

❋

作业点评

觉知自己的小人，反思自己的小人。

作业1：为什么自己会反复犯错误？

家长反思

我是一个月前参加基地特训班的。这周就孩子完成作业的事，与孩子沟通时小人心又起来啦，尽管没有发火，可脸上的不悦、语气的不友好，还是搞得母女俩不愉快。可我心里急啊！头脑不冷静，很痛苦，不知如何解开这个结。孩子上学去后，我向基地的老师诉说了我的苦闷。老师的开导让我明白了我的问题是自以为是，给孩子提要求，对于问题没有从自身找原因，是自己的小人心在作祟，在抱怨孩子，所以会搞得不愉快，于事无补，自己还痛苦不堪，是自己还没学到智慧的做法。

对唐老师讲课的录音听了就明白，博客也看了多遍，可遇事就迷糊。尽管学得不少，但自己悟得不够，因此应对每天处理的每件事都要进行总结、反思。如果处理得好，总结是做了什么；如果处理得不当，反思是自己怎样的小人心又起来啦。我还需要多学习，多实践，用心去体会，争取尽快地改进自己，让自己变得智慧起来，从而帮助孩子提高学习能力。

唐老师点评

这是一位家长的反思作业。这位家长已经反思了很多了，比较深入，也能够看到一些问题。有一点我要特别提醒，大家看这位家长的话：

"我是一个月前参加基地特训班的。这周就孩子完成作业的事，与孩子沟通时小人心又起来啦，尽管没有发火，可脸上的不悦、语气的不友好，还是搞得母女俩不愉快。可我心里急啊！……"

"可我心里急啊！"我们来分析这句话，这一句话是什么意思？

这位家长实际上是在为自己找借口，也就是说，"我是有理由的"。我为什么生气啊？不是着急吗？我是对孩子好的，我不高兴是有原因的。这句话就是在为自己找借口。

我想提醒这位家长，"可我心里急啊"，你这一句话就会导致你下一次还出现这种情况。你的整个反思中，这一句是不到位的。如果你心里还有这一句话，你就会发现"我急是对的"。尽管你在反思"我又小人了、情绪化了、不对了……"但是你仍然是在说"我不对也是有道理的，因为我毕竟为孩子着急嘛"。这就是我们家长常常出现的问题。为什么很多家长反思了半天没有用，就是因为你在反思的同时还在不断地为自己找借口。

"可我心里急啊"，这句话实际上是很微妙的。对于这一句话如果这位家长反思不到，那么你整个的反思品质都可能因为这句话而降低，并且你会一次一次地出现问题。

我们大家怎么提高自己？一方面是反思自己的问题；另一方面也反思如何去帮助别人。这两点实际上都是一样的。所以我们在讲这些作业的时候，大家好好地看，好好地听。这些作业中的毛病，不只是写作业的人自己存在，我们很多家长可能也会有同样的问题。我们找出一些典型的作业来分析，如果这些典型的作业大家悟到了，那么大家的提高就会很快了。

作业2：为什么好几天母子关系处于尴尬状态？

家长反思

有一天下午，我一直在厨房里忙碌，一时没顾上到外间把电饭煲的饭热上。等我忙完一小阵，回头去热饭，发现电饭煲是热的。这时只有儿子在旁边，就问儿子："电饭煲是热的，电源是你打开的吗？"儿子说："当然是我开的，不是我打开，还能有谁？"我说："哦，你是这样热的呀，这样热出来的饭会很干的，你知道吗？"说到这里我似乎感觉这话有些不妥，又接着问孩子："你有往锅里加水吗？"儿子脸上不高兴地说："要加水吗？你又没说过，我怎么知道需要往锅里加水？！"看到儿子不高兴，知道自己说错话了，赔着笑脸对儿子说："今天都怪妈妈动作慢了，饭做得迟了。还好有你帮我把饭热上，不然我们恐怕还要晚些才能开饭。"儿子不以为然地哼了一声。整个晚饭时间都是在沉闷中度过的。

反思：

（1）自己做事没条理，导致晚饭不能准时开饭，孩子挨饿，自己更是越忙越乱。

（2）孩子帮忙做家务，我不仅不能及时地鼓励孩子，同时连起码的感恩之心都没有，还自以为是，没弄明白饭是不是被热干了就批评儿子，自己犯了小人还不自觉。

（3）道歉不真诚，所以不被孩子认可。

自以为是的话说出了口，必定惹人反感，看到儿子不高兴了，才知道自己犯了毛病，让孩子又一次受到了自己的小人的打击。看到了坏结果才去悔悟，这就是愚者畏果。

这事后的两天，我和孩子之间都处于那种半尴尬状态。第三天晚饭后，我们娘儿俩间的关系略显缓和。我想着：要怎么办来改正自己的错？怎样去纠正自己对孩子说错话而导致的娘儿俩关系的僵化呢？突然间想到，我已经隔了一天没给老公通电话了，何不趁现在跟孩子爸爸打电话，也让孩子跟他爸爸通通话呢？说做就做，我立马拨通老公的电话，跟老公简单聊了几句后，老公再次问到孩子的情况，并说要让孩子学会生活自理，培养孩子的良好生活习惯等，我回答老公说："好。"老公又问道："儿子现在在吗？"我说："在。要不要和他通话？"老公说："把电话给他吧，我跟他说几句。"我在里屋才喊了一下儿子的名字，儿子就在那边问了："是不是我爸爸的电话？"我说："是，你爸爸要和你说话。"儿子急切地说："那赶紧把电话给我呀。"儿子和爸爸通完电话，又来问我都跟他爸爸说了些什么。我说："你爸问我你在这边习惯不习惯，学习得怎么样？"儿子说："那你是怎么说的？"我说："你还是习惯了，每天都在认真地上课呢。"儿子说："还说什么了？"我说："你爸还说要让我教你学会生活自理，自己的事情要学着做，比如自己洗衣服呀，自己整理房间呀之类的事情。"儿子笑着没说话。我接着说："哎呀，我忘了跟你爸说了，你会帮我热饭了，昨天还帮我买薯条了。"儿子嘴上说："多大点儿事呀，还说。"脸上却带着笑。后来，我们娘儿俩一起开心地聊了好长时间。终于，和孩子之间的冷空气减弱了好多。我心里暗暗吁了口气。这件事让我想了很多。一直以来，我身上都有着很顽固的小人，常常非常的自以为是。通过学习平等思维这大半年时间，虽然也打掉了一小部分"小人"，但现在仍有不少的"小人心"。特别是那些不自觉的"小人"，那种身子坐在自以为是的凳子上的"小人心"，常常不能自觉。

特别是现在，每天自己一个人照顾两个孩子，"小人心"常常就会不自觉地暴露出来。比如有时会跟孩子们抱怨，今天是如何辛苦了、今天又觉得哪不舒服了等，而当看到孩子下课回来，优哉游哉地玩手机、看小说，就会顺嘴给孩子下指令，让孩子来帮我做事。或者，在孩子去上课后，我一个人在屋子里继续做事情，心里偶尔也会冒出那种念头，觉得自己真的挺付出的，为了孩子不惜付出这么多，那种自我欣赏的感觉就出来了。果然这种自己不能察觉的自以为是是最危险的。

现在，我真的不敢轻易地说自己进步了，因为每一次在看唐老师的文章或者听录音的时候，我都能发现自己身上有以前没有发现的毛病和问题；而且在跟孩子交流的时候，还常常出问题，老犯错。我深切地体会到，想要进步，我必须加紧、加强、加深地学习，否则就会回到从前那种不堪回首的状态。有人说：三日不读书，自觉面目可憎。我也有类似的感觉，如果超过一天不看唐老师的文章或者不学习平等思维，就会有找不到北的感觉。只有不断地去坚持学习，不断地反思自我的毛病，再不断地去一次一次改正，让不断地做对成为习惯，才能真正有所进步。

唐老师点评

我们来看，儿子主动帮妈妈热饭，妈妈说了什么？妈妈说：这样热出来的饭会很干的……你有往锅里加水吗？

呵呵，孩子听了会是什么感觉？——烦死你了！我以后再也不帮你做饭了！

妈妈觉知到自己错了，马上道歉。我们看这位妈妈怎么道歉的：

"今天都怪妈妈动作慢了，饭做得迟了。还好有你帮我把饭热上，不然我们恐怕还要晚些才能开饭。"

妈妈的错误居然是"动作慢了，饭做得迟了"！这种错误，孩子会关心吗？你真正的错误是，孩子帮了你，不但不感谢，还在揪孩子的毛病！

所以，这个道歉的结果是"儿子不以为然地哼了一声。整个晚饭时间都是在沉闷中度过的"。

跟孩子的爸爸通过话后，孩子问了好几个说什么了，孩子到底想问什么？家长回答了好几遍都没有回答到孩子的心里！作为一个小人，孩子当然希望妈妈在爸爸面前夸奖自己！可是我们这位妈妈到最后才恍然大悟道："哎呀，我忘了跟你爸说了，你会帮我热饭了，昨天还帮我买薯条了。"

一旦照顾到孩子的小人自我，马上结果就不一样了，我们看：

"儿子嘴上说：'多大点儿事呀，还说。'脸上却带着笑。后来，我们娘儿俩一起开心地聊了好长时间。终于，和孩子之间的冷空气减弱了好多。"

第三章

单破不立

单破不立，就是通过提问的方法让对方觉悟。

破是破除心里的迷惑和偏执。

立是自以为是地表达自己的意思。

第一节

❀

内 容 讲 解

一、什么是单破不立

什么是单破不立？破的意思是破除，立的意思是建立、安立。

人们想要立，本身就是一个表现的欲望，就是小人自我的贪着，也就是小人自我的喜好，它本身就是愚蠢的，所以也根本立不住。人着急想立的观点往往都是不能立住的。

一个人，在刹那间执着，他又不能觉悟到，这么一个糊涂的人，他怎么可能得到幸福？所以说破除这个小人的自我，是走向幸福的一条真正的光明大道。

单破不立，就是要破除所有心中想立的东西。比如你想要立什么，你就要觉悟到你为什么要立这个，你立这个的欲望是怎么生起来的，你的贪欲到底在哪里。看清楚自己的贪欲，你就会知道：噢，原来我立这个的原因在这里！

禅宗六祖惠能说："法不孤起，必有所为。"法不孤起，起是什么？就是立，就是单破不立的立。你所有立的法都是有所为的。很多家长在和我聊时，从他的话里，我会一下子揪到他的心在想什么。有的家长会急眼，说："你在给我压力，你在不让我说话。"实际上，为什么我会一下子看到他话语背后的东西？就是因为如果心里没有一个想法，你就不会说出这些话来。立一件事必有原因，看到了事情背后的原因就看透了他的心，这就是所谓的读心术。一个人张嘴，必有他内心深处的原因去让他张这张嘴，他说一句话就必有理由来说这句话，他哪怕撒谎，都是有理由的。当你的心足够清净的时候，你一下子就能看到他这么做的理由。

一个人能这样去"破"的时候，他心里那个小人的自我——执着就在慢慢减少。越减少执着，越破除愚蠢，人的智慧就越会显现，幸福也会越来越强大。这就是单破不立所能起到的作用。

案　例 ｜ 家庭沟通中，对方不理解自己，只能委曲求全吗？

学员提问

家庭生活，面对的都是自己的亲人。当遇到各种各样的问题、矛盾时，应该怎样处理呢？有朋友问道："如果对方不理解自己，自己只能委曲求全吗？"

唐老师解析

我们一起来分析这个问题。

先退一步说：如果委曲能求全，你会不会委曲自己？

各位朋友想一下，如果你的家庭，因为你的委曲就能求全，你是委曲求全，还是豁出去把这个家拆散，让它不全，也不要委曲求全？大家会委曲求全吗？

……

有朋友说，委曲求不了全。

我们再来看，委曲是什么意思？什么叫委曲？

觉得对方不对；

觉得对方不对，还不得不说自己不对；

觉得对方不对，自己以为自己对，还不得不说自己不对；

……

当分析到这里时，我们再看，这个委曲求全是什么？

委曲求全就是我们所说的典型的一个小人的自以为是。

平等思维小人理论中小人最典型的特征就是自以为是。

自己自以为是，然后拿着这个自以为是让自己难受，还觉得自己很伟大，在委曲求全，还在以恩人自居去怪别人……

这样的人，哪有委曲求全？！而只是在拿着自己小人的自以为是来委曲别人。

我们在分析"委曲求全"时，是在用"单破不立"带着大家去破解这些词语。

若委曲能求全，你要委曲而求全吗？

什么是"委曲"？

委曲能不能真可以求全？

破解了这些内容，我们再看这个问题，就知道怎么回事了，这个问题就容易解决了。

我们看到，其实这个问题"自己只能委曲求全吗"中的"委曲求全"，是小人的自以为是，是自己在把自己当成功臣自居。

看到这一点，我们再进一步分析，大家就可以把这个问题看得更清晰。

平等思维和谐沟通三大步骤中的"接纳"，是委屈自己吗？大家思考。

……

凡是觉得接纳是委曲自己的朋友，"接纳"肯定做不好。

如果是做到了接纳，就根本没有委曲可言，接纳对方是理所当然的事情，哪还有委曲求全？

有朋友说，委曲不能求全。

那什么能求全呢？

接纳能求全。

二、如何做到单破不立

单破不立的操作方法是就一个问题不断地去追问，让这个问题变得通达。所谓通达就是如果它是有因有果的，那么，那个因依何而起？找到这个由头，破除里面一切的执着，破除一切无缘而起的东西，问题就解决了。

要去问，把这个问题当中、把一些句子当中的实词都挑出来问。

实词是语文词类中的一种，是指词语中含有实际意义的词语。实词能单独充当句子成分，一般包含名词、动词、形容词、数词、量词、代词及副词等。

汉语的词可以分为实词和虚词两大类。从功能上看，实词能够充任主语、宾语或谓语，虚词不能充任这些成分。从意义上看，实词表示事物、动作、行为、变化、性质、处所、时间等；虚词有的只起语法作用，本身没什么具体的意义，如"的、把、被、所、呢、吧"，有的表示某种逻辑概念，如"因为、而且、和、或"等。

比如，如果要建立一个观点：破除一切邪恶的东西。这句话中，破除、一切、邪恶、东西，这些都是实词，我们都可以对这些词进行提问。对这个观点就可以发问：

什么是邪恶？

邪恶的标准是什么？

东西包括什么？是精神的，还是物质的？

什么叫破除？做到什么标准，就是破除了？

问明白了这些问题，这句话就真的明白了。

这些都是单破不立。

假设有人立了一个命题，就可以去问这些问题，如果他能把这些解释清楚，那这句话他就确实弄明白了，我们也就有收获了。如果他解释不清楚，说着说着他就会哑口无言，或者出现矛盾，不能自圆其说。所以，单破不立既可以是一种请教或学习的方式，又可以是一种反驳手段，是一种最强的辩论术。当你以单破不立来辩论时，问着问着就会发现，对方已经自相矛盾、哑口无言了。大家在操作中可以慢慢地体会到这一点。

案　例 ｜永胜不败的秘诀——唐曾磊平等思维对话录

有一天，跟一个朋友聊起平等思维，她问平等思维有什么用处。我说平等思维可以让人很清楚地看到认识的局限。每个人都是有局限的，但如果认识不到自己的局限，就常常会出现错误。学生会因局限而学习不好，家长会因局限而说话得不到孩子的认可，老师会因局限而不能因材施教。

她说想见识一下。于是，她说到曾跟一个朋友聊"世上有没有佛"这个问题。我问她讨论的结果怎么样，她说那位朋友无法说服她。

我提议我们讨论这个话题。

朋友：你说有没有佛？

唐：你先选择一方吧！

朋友：好，我就选世上没有佛。

唐：好，那我就选世上有佛。

朋友：那我们就开始？

唐：好，请问，什么是佛？

朋友：嗯……不知道。

唐：不知道"什么是佛"，你怎么知道没有佛？

朋友：嗯……好像我错了，那如果我先问呢？

唐：好，你问吧。

朋友：什么是佛？

唐：佛就是有智慧的人！有没有？

朋友：嗯……有。好像我又错了！

唐：还有什么要问吗？

朋友：没有了……

唐：好，那我来问。世上有没有有智慧的人？

朋友：嗯，有。

唐：那有没有佛？

朋友：……看来我又败了……

唐：没关系，你可以重新选择。

朋友：好，我就选世上有佛。

唐：好，我选择世上没有佛。

朋友：那你先问。

唐：好，请问为什么世上没有佛？

朋友：哎……你得按刚才说的问！

唐：好。就按刚才的问。请问什么是佛？

朋友：佛就是有智慧的人！

唐：好。请问什么样的人是有智慧的？

朋友：就是……就是聪明人啊。

唐：什么是聪明人？

朋友：我就是聪明人啊，哈哈！

唐：聪明人怎么连败两次？呵呵！

朋友：不行不行，我换一种说法，当时我跟那个朋友是这么说的：上帝说过，世上没有佛，因为佛是看不见摸不着的。

唐：好，我们就按这个说法继续。请问，世上有没有上帝？

朋友：嗯，当然有。

唐：好，请证明上帝存在。上帝看得见摸得着吗？

朋友：哦……我换一种说法，世上没有上帝。呵呵，看你怎么办！

唐：好，既然没有上帝，怎么能相信他说的话呢？

朋友：……看来我又败了……你太有才了！你怎么能每次都是对的？

唐：不是我每次都是对的，而是你每次说话都是有问题的，但你又发现不了问题。

平等思维就是承认：每个人都有自己的局限，都有可能是错的。

朋友：每个人都有可能是错的？

唐：对，因为每个人的认识都是有限的，如果有人看到的比你看到的更多更广更高，那你就可能是错的。如果有人看到了我的局限，我当然也是错的。

所以，真正的单破不立，是看到对方问题中的局限，就这个局限来提问。

我们来看一个单破不立的例子。

有一次我去一个会场给大约五百位老师做讲座，讲到如何提问的时候，就讲了单破不立，有老师希望我举一个例子来说明怎么单破不立，我就提了一个问题。我问大家：

世上有鬼吗？

当时会场一阵嗡嗡的声音，有人大声说"有"，有人大声说"没有"。

我就又问：

到底是有还是没有？

更多的教师附和"有"，同时也有更多的教师附和"没有"。

于是我进一步帮大家分析。

这个问题，大家说"有"说"没有"都是毫无意义的。大家继续听下去，就知道问题在哪儿了。

单破不立，应该是这样：

什么是鬼？

什么是世上？

具备什么条件就算有？

比如，第一个问题，什么是鬼？请大家回答。

下面又是一片嗡嗡声，我问：谁能给出一个大家公认的鬼的定义？请举手。记住，你对鬼的定义要得到大家的认可！

下面又是一片嗡嗡声，没有人举手。

我说：如果说不清楚什么是鬼，怎么知道有还是没有？

我继续提示大家：好，我们假定这个问题已经解决，继续往下走。什么是世上？请大家回答。

下面又是一片嗡嗡声，有一位教师大声喊"就是世界上"。

我接着问：怎么算世界上？我们眼睛见到的就是世界上吗？

那位教师又回答：是！

我问：好，那电视里演的鬼，算不算世界上？

那位教师不回答了。

我又继续问：另外，书本里写的算不算世界上？大家大脑里自己想的鬼，算不算在世界上？……

这些问题都想明白了，世上有鬼吗？这个问题的答案自然就出来了。所以，不去弄明白问题，只是单纯地做出回答，毫无意义！

案 例 ｜一"问"封喉——单破不立的力量

单破不立是人的智慧中的"独孤九剑"，有一些东西我们可能不懂，但是，用单破不立来跟别人对话，一样可以让对方受益。也就是说，只要用好单破不立，在不懂的地方我们也可以当对方的老师，指导对方，让对方看到自己的问题。

有一位临床心理工作者说，他要向教育界的心理专家提一个问题："为什么很多家长、老师和社会普遍认可的优秀青少年，最容易罹患精神与心理疾病？"

这个问题我根本不知道具体情况怎么样，我只是用单破不立就他的问题提问："请问您依据什么说大家都认可的青少年最容易罹患精神与心理疾病？"

他说："唐老师，您问的问题很准确，点住了死穴！目前这还只是临床经验。"也就是说，他只是见过几例这样的情况，然后就得出了一个具有普遍性的结论。他问的这个所谓问题到目前为止还不是一个真实存在的问题，而他却要教育界的心理专家去回答这个问题。大家明白这个意思吗？

打个比方，这就像我看到一个女人跟另一个女人是同性恋，我就向你提问："为什么现在的女人都爱同性恋？"你怎么回答我？其实我提的这个问题根本就不存在，因为很少有女人同性恋，我只见到了一对，就把很多女人都当成同性恋了，然后我让你来回答为什么会这样。

根本没有为什么，因为这个问题就不成立！一个不成立的问题，你来回答什么？

大家明白这个意思了吗？

我的博客上"平等思维对话录"的那些文章，其实很多就是在以单破不立的方式提问，让问题变得更加清晰，从而破解问题。向对方请教叫作自觉，如果你的提问能够帮助对方把问题看得更清晰叫作觉他。大家会发现，真正高手的自觉、觉他的过程中没有什么痛苦与烦恼，也没有什么幸福与快乐，它就是事情本身。

我们来看一个平等思维对话录：

讨论　应该教孩子善良吗？

家长和老师一方面希望教孩子善良，另一方面又怕孩子太善良到社会上会被欺负会被骗。心里矛盾重重，下面的对话将帮您分析这个问题。

家长：唐老师，为什么善良的人总是会受到伤害？

唐：善良的人总会受到伤害吗？

家长：是啊！社会这么复杂，坏人那么多！如果只教会孩子善良，别人欺负他，骗他怎么办？但如果不教孩子善良，又不符合社会道德。唐老师，到底应该让孩子做什么样的人呢？

唐：嗯，这个问题问得好！很多家长和老师对此也有疑惑！今天我们来一起把这个问题分析一下。

家长：好。

唐：嗯，我们明确一个问题，孩子善良就会有人欺负他、骗他吗？

家长：……应该是吧。这就像善良的小羊羔，如果遇到大灰狼，大灰狼当然会骗它、吃它啊！

唐：好，这个例子举得好！小羊羔是因为善良才被大灰狼骗和吃的吗？

家长：对啊，如果不善良，大灰狼怎么敢吃它？

唐：好，请问小羊羔的善良表现在哪里？

家长：比如，它性情温柔，只是吃草，与世无争，不侵犯别的生命……

唐：好，那么你说的这些特点，是不是大象也具备？大灰狼为什么不去吃大象？

家长：大象那么大，大灰狼吃不了啊！

唐：对，那么，大灰狼吃小羊羔的原因是因为它的善良吗？

家长：嗯，好像不是。这个问题还真没这么考虑过！

唐：那是因为什么？

家长：因为它……太弱了！

唐：对，小羊羔是善良的，比如它只是吃草、与世无争、不侵犯别的生命，大象同样善良，但大灰狼没有吃大象而去吃了小羊羔，说明大灰狼吃小羊羔不是因为小羊羔的善良。与大象相比，小羊羔非常柔弱，所以，大灰狼才去吃它！那么，小羊羔的柔弱和大象的强大，在人类社会中分别代表了什么？

家长：两方面：一方面代表了力量；另一方面代表了知识。

唐：说得好！那么我们回过头来说您刚才问的问题：孩子是因为善良才会被欺负、被骗吗？

家长：嗯，不是。

唐：孩子如果被欺负和被骗，是因为他们的弱小和无知！那么我们是不是要停止教孩子善良？

家长：不用了！与人为善才能得到友谊，才能有好的人际关系，还是要教孩子善良！

唐：您想：同样是没有能力的人，一个善良，一个不善良，如果有人要骗，他会发现骗善良的人会冒更大的良心风险。如果同样是有能力的人，人们会发现欺骗善良的人付出的成本会很高，不如与这样的人合作更加合算。只是我们在教孩子善良的同时，别忘了要教会孩子变得强大和智慧。

家长：嗯，这样我心里就不再觉得矛盾了！

唐：很多时候我们在分析问题时，会把问题的答案想当然地做一个认定，而这个认定就会严重地影响我们的生活和学习。比如，这个案例中，我们就把善良认定为弱小。其实善良也可以强大的，对不对？

家长：嗯，很有道理！

三、单破不立的操作训练

大家可以去查一下什么是实词，然后试着随便在哪一本书上找一句话，把实词都画出来去提问。就像针对"破除一切无缘而起的东西"提问那样，什么是缘？什么是无缘而起的东西？什么是破除？大家去练习提问。

有了单破不立这个工具，说话就会越来越有力度，看问题会越来越深入。

单破不立是一个法宝。真正掌握单破不立，一个人的智慧才会提升，才会慢慢地减少你的小人心。一个不会单破不立的人，他的小人一定很强。为什么？因为他会常常想表达。无论想表达什么，都是在立，都是小人的自我在起作用。

一个问题提出来，最好的解答，不一定是回答问题本身，而是帮提问者分析透问题背后的那颗心。

案 例 | 高二学生成绩不好，该不该复读？

在网络课上，有一位家长提问：孩子现在读高二，成绩很不理想，眼看就要上高三了，家长担心孩子会跟不上，就想和孩子商量，问孩子需不需要复读高二。但心里又有两个问题，担心和孩子沟通不好会引起不好的结果，所以想请教唐老师：①如果孩子不愿意重读高二，家长该怎样和孩子交流？②如果孩子愿意，家长又该怎样和孩子交流？

唐老师解答

这位家长问了两个问题，回答这两个问题，我只需要提一个问题就行了，这就是我们的单破不立。这位家长只需按我提的这个问题去思考，就可以得到答案。

大家思考，我提什么问题，这位家长只需要思考，就可以得出答案来了。

家长回应：

家长一："孩子会跟你说真心话吗？"

家长二："问题是自己现在先有成见了。"

家长三："好好沟通孩子是怎么想的，你认为复读有用吗？"

家长四："孩子成绩哪里不好了？孩子觉得自己的成绩怎么样？"

家长五："复读高二是孩子的想法吗？"

家长六："孩子的好是什么？"

……

我们先来分析一下这位家长的问题。这位家长的话里是带着自己的成见的，但是她一直在隐约地、左右摇摆地说话，也就是说她是不清晰自己的问题的。

这里面要单破不立提问的一个问题是，什么是她说的交流？什么是交流？这是我们做单破不立可以破的一个点。

"如果孩子不愿意重读高二，家长该怎么和孩子交流？"

什么叫交流？其实在这个问题里，家长说的交流是"我怎么能够说服他，让他重读"。

"如果孩子愿意，家长又该怎么和孩子交流？"这个交流是什么意思？是如果孩子愿意复读，我该怎么帮孩子复读更好？

家长在这两个问题中都用了"交流"这个词，但是她自己对"交流"的认识是左右摇摆、不清晰的。

这个问题核心要解决的一点是，复读高二就一定能解决孩子的问题吗？家长确实清楚孩子问题的原因在哪里吗？如果不是，复读高二再出问题怎么办？如果他还跟不上怎么办？所以，其实这个孩子要做的是一个学习能力的诊断，他的学习能力是不是能够跟上现在他学习的内容的难度？也就是他的学习能力能够胜任现在这个难度、这个量的学习吗？还有一点要注意的是，孩子的功课落下多少了？复读高二，那么高一的知识落下了吗？初中的有没有落下？如果说高一到初中都没有落下，只是高二落下了，那么回到高二重读也许是好的。但是还有一个问题就是，一般高二在我们的理解上要比高一的内容相对更难、更多、学得更快，以孩子现在的学习能力，重读能不能胜任高二的更难、更多、更快的学习状况？他能胜任吗？如果能胜任，也许会行；如果不能胜任，那么复读高二就是在碰运气。

所以真正解决问题不是简单的复读不复读，而是帮孩子把学习能力提高，让孩子对自己的学习有信心，一旦到了这种程度，是复读还是不复读都是非常简单的事情。所以这个问题的本身不在于是否复读，也不在于孩子想不想复读你怎么跟他交流，而在于帮助孩子提升学习能力，让孩子对自己继续学习下去有足够的信心。当他有信心的时候，如果以前落下得多，那么也许需要复读来把以前落下的补过来；如果落下得不多，就可以直接补一补继续读高三。

怎么提高孩子的学习能力？培养认真的能力。按照我们的语、数、外学习十步法和各种三步法操作，只要他按这些方法操作，做到了就可以提升学习能力。

对于各位家长来说，在帮孩子的时候，不要着急马上给出一个声音做答案，而是要看清楚问题的实质是什么。平等思维会帮大家练就一双慧眼。希望大家能好好学习单破不立，学习平等思维，练就一双慧眼，更清楚地看问题，更轻松地解决问题。

第二节

❀

答 疑 环 节

问题1：孩子觉得每天重复生活无聊怎么办？

家长提问

唐老师好！上二年级的儿子问我们：每天都重复做相同的事情，吃饭、上学、下学、睡觉，好无聊，什么时候是个头啊？我们该怎么回答才好？我们该怎么做才能让孩子的生活充满快乐和满足？谢谢！

唐老师解析

这个问题可以用单破不立来解决。

孩子问这个问题是因为他不清楚，他有了困惑。他困惑的核心就是"重复做相同的事情"。

吃饭、上学、下学、睡觉是相同的事情吗？如果吃饭吃着很香，吃饭就不是相同的事情；上学有好朋友一起玩、有老师表扬，上学就不会枯燥；如果今天过得很开心，到晚上已经累坏了，作业又做完了，很充实，睡觉就不是相同的事情。

什么叫单破不立？单破不立就是一个问题提出来后，您只要把问题中的关键点点出来，把这个点弄明白了，这个问题就会豁然开朗，您一下子就知道答案是什么了。

家长不能解答这个问题，是因为他看不到问题里边的关键点，他不知道他的问题是什么。孩子的问题：吃饭、上学、下学、睡觉，这是同样的事情，很无聊。这句话本身是什么含义家长是不清楚的，他可能已经被孩子"带沟里"了。孩子说这些是"重复的事情"的时候，您就已经认为是重复的了。如果重复的是无聊的，您再回答这个问题，就没法回答，因为您会觉得：真的是啊！每天上学、每天放学、每天吃饭、每天睡觉，就是很无聊啊！这个时候您想回答，但是您却无法回答。

然而，每天早上吃好吃的东西就不是重复，就是快乐的事情；每天上学被夸奖，上学学到东西有收获，就不是相同的事情。大家想是不是？所以说，是因为您不清晰孩子所提问题的前提条件，所以他就一下子把您"带沟里"了，您想回答他的问题就根本无法回答。这一点只要点破，这个问题就不用回答了。

有位家长说这个孩子很厉害。这个孩子要是厉害，他就不会先把自己"带沟里"，又把妈妈"带沟里"了。他不厉害，是爸爸妈妈不够智慧，不够清醒，被他"带沟里"了。孩子在"沟"里，爸爸妈妈一伸手要拉孩子，孩子一把就把他们"带沟里"了。

在我微博中的"平等思维词典"里有一句话：有很多问题大家看似理解，但是实际上是不理解的。同样的话，看似表面上没有人不理解——就像这个孩子所说的这样的大白话，您可能会说：我怎么会不理解呢？但是您真的不理解，如果理解了，这个问题马上就能解决。我把这个问题点明白了，大家一看马上就清晰了，但是不点明白，您就看不清这个问题到底是什么。

在"平等思维词典"里我曾经说过：在我眼里，很多词都是有80种含义的。这个词的很多意义可能连说话的人自己也不清楚，但是他自以为很清楚，这些自以为很清楚才把自己引向了死胡同，就是被"拽沟里了"。

大家慢慢地学习平等思维，常常去感受"跳出来"看这件事情的感觉，这个"跳出来"是什么意思？"跳出来"就是您可以同意，但是您不是真同意。可以同意又不是真同意是说假话吗？不是，是"大直若屈"。您说的全是真心话，但是您真心里没有话，这就是"应无所住而生其心"，这就是随顺而转，这就是接纳、理解、建议，这就是我们的和谐沟通三大步骤。

大家理解透了单破不立，问题就很容易解决了。像刚才说的那样的问题，我们就能够不假思索一下子找到单破不立的点。只要大家把单破不立的点找到，把这些点破掉，问题的答案一下子就出来了。

问题的答案永远在问题本身上，找不到答案不是您找不到答案，而是您搞不清楚问题，这就是单破不立的机制。

问题2：孩子在家不做作业，经常被老师罚怎么办？

家长提问

儿子龙龙这次考试进步了很多名，他对我说：妈妈，就这我还没有发挥好呢。他还说：妈妈，你看我的手。我一看他的手指头，发现他的中指比别的手指头粗那么多。我问他是怎么回事，他说：这是因为我在家没做完作业，到学校后老师就罚我做作业，一遍又一遍。我说：为什么不做完作业呢？做完老师就不会罚你了。他说：反正在学校也不能玩，在家能玩就玩一会儿。我怎么才能帮到他？

唐老师解析

各位家长，对于这位家长的问题大家有什么建议？如果用单破不立，破哪一句？

家长回应：

小同妈妈：在家做完作业老师还会罚吗？

小郭妈妈：帮他什么？

小郭妈妈这句说得非常好。不是怎么帮他，而是你先要确定帮他什么。你是想帮他更开心地玩，还是帮他在家里也不玩？

其实我提出这个问题来，这位家长自己心里就明白了，所以这位家长说"我怎么才能帮到他"就是此地无银三百两了，这句话一说问题就出来了，这位家长你要好好地反思自己的心，你确定了要帮他什么，你就知道怎么帮他了，这就叫单破不立。

"帮他什么"，这是单破不立的关键，不是怎么帮到他，而是帮他什么。不是怎么帮他在家完成作业，其实是帮他在家里可以多玩一会儿，帮他在老师罚之前把作业做完做好，这就是你们共同的正向了。

家长让孩子在家里写作业，学校里也不能玩，这其实是在剥夺孩子玩的快乐了，这对孩子来说就是负向的。什么是共同的正向？就是在家里玩，但是你不要等着到学校里挨老师罚，咱们看什么时间把作业做完，可以不被老师罚？把这个问题跟孩子商量意义就大了，这就是建议，建议需要正向。

如果帮他在家里做作业，学校里不能玩，家里也不能玩，各位家长，这就是死路一条，这就是我们觉得正向，但孩子不觉得正向。如果你是这样的心态，你跟孩子怎么商量都会发现他不同意的，为什么？就是因为你给他出的主意是馊主意，他觉得馊。

家长会说，我给他出主意了呀，他不在家做完作业老师会罚他，我这样帮他在家写作业，老师不就不罚他了吗？不是，孩子是宁可被罚也要玩好的，所以帮孩子玩好这一点雷打不动。如果你把这一点动了，孩子就不听你的了，提这个问题的家长说"怎么才能帮到他"，其实是不清楚帮到他什么，帮孩子是不能以损失孩子的玩而帮他的。

有一位家长说得对，动了孩子的蛋糕无从商量。孩子的蛋糕就是玩，不要动了孩子的蛋糕。

第三节

❋

作 业 点 评

试着在沟通中使用单破不立。

作业1：放下了执着，为什么还是帮不到别人？

学员反思

唐老师，我们学习平等思维，是要放下心中的执着，从而消除心中的烦恼，这个烦恼可能涉及我们的工作、生活等各个方面。那么，放下了执着，我们在工作上应该是能更好地解决问题，或者说生活和家庭方面应该更和谐，并且能够自觉觉他，帮助他人的。但我发现当我们自觉之后，不一定能觉他的。为什么我放下了执着，还是帮不到别人呢？

唐老师点评

当我们放下执着时，烦恼是自然在慢慢消除的，智慧也自然会提升。但是"自觉觉他"中的"觉他"是有更高的智慧才能做到的。帮不了别人，是因为智慧不足。

提问中的"放下自己的执着"是很笼统的一句话。什么是放下执着？对于这位老师来讲，他感受到现在开心一点了，就叫作放下执着了，而在我这里，"放下执着"可以有80种解释。你是放下了那种非常大的执着，后面还有很多相对小的执着。有的人放下执着，是放下像喜马拉雅山一样大的执着；有的人放下执着，是放下像泰山一样大的执着；有的人放下执着，是放下像碗一样大的执着；有的人放下执着，是放下米粒一样大的执着。当你放下山一样大的执着的时候，你还有很多的执着放不下。这时候，你虽然体会到一点点的快乐，但你的智慧还远远不足，帮不了别人，当然是正常的。

在这个老师的话里存在着自以为是，他自以为自己已经放下执着了，应该有智慧了……而实际上，放下执着是一连串地放下执着，是连续性地放下大大小小不同的执着。当你放下山一样大的执着，其他的执着还很多时，你的智慧水平还是相应地在一个愚蠢的水平上，所以你帮不了别人。

比如从"认真工作"角度来讲，一个人工作不好，还爱迟到，总受批评。迟到这样的问题是非常小的问题，他以后不迟到了，那他就不受批评了吗？不是。交给他的工作如果老是做不好，他还是会经常受到批评。这是更细的一个层面。再细下去，这项工作做好了，但是他本来可以做得更好，他只做到了这么好。比如说要求必须达成什么标准，"必须达成"，这是一个及格线，他只是达成了一个必须的，也算是完成任务了。本来就他的水平可以更好一点，但他只做到及格，没有发挥到能力的顶峰，也就是没有做到我所提倡的那种"认真的能力"。如果他在我们基地工作，他还是会受到批评。（所以说，在工作中认真是核心。你能认真做出来吗？每一次能做到你能力的顶峰吗？）这些就是不同层次的"认真工作"。

作业2：如何一针见血地解决问题？

很多朋友跟我的博客很久了，有些朋友会问我：唐老师，您分析问题怎么就能一针见血，那么干净利落？在这里我要跟大家说，一个具有平等思维品质的人就是这样的，分析问题就会单刀直入，还有很重要的一点，就是坦诚，心里怎么想就怎么说，不用拐弯抹角。这就是我常说的"言必由衷，发必中节"。我们的基地开设的平等思维沟通心法网络课就是在帮助大家学习平等思维，同时在受平等思维的熏习中逐渐形成这种品质。

下面通过沟通心法网络课中我和学员的一段对话，帮助大家分析平等思维是怎样单刀直入、一针见血地分析问题、解决问题的。

学员：唐老师，我把我和一个网友的对话给大家读一下，您帮我分析一下我的问题吧。

我：好。

（以下为引用的对话内容：）

知己（昵称）：我最近很不好，我认识一网友，挺聊得来。有点迷恋网络。

学员：很不好？哪儿不好？

知己：你有这种经历吗？

学员：是你自己吗？

知己：是。

学员：嗯。那怎么不好了？

知己：想断，就是断不了。就是，老想上网。对生活、孩子有影响。

学员：嗯。

知己：影响不大。长期下去，肯定不好。

学员：是对那个聊得来的人吗？

知己：对我。整天用电脑，想断很难。

学员：那您上网都做什么？

知己：其实，什么也没做，就是聊天。

学员：那您说的"断"是不是指那个网友？

知己：嗯。

学员：您喜欢上他了？精神上？

知己：我和他挺聊得来。我很喜欢他，他忽然提出想见一面，我有点害怕了。见面，我是不会的。

学员：那怕什么，觉得自己这样很不好是吗？对不起老公？

知己：是的。

学员：那能把他加入黑名单吗？

知己：不想。

学员：好，那就不删。

知己：要是能拉黑，就不苦恼了。

学员：那能不理他吗？

知己：我一上线，他发信息给我啊！我不好意思不回复。

学员：不好意思？不回复会怎样？

知己：不回复，不理他，有些不忍。人都是有自尊的啊！感觉太伤他面子。

学员：您认识他？您认为他需要帮助？

知己：只是网友，生活中不认识。

学员：可是您快乐吗？您不快乐为什么还要这样做？

知己：聊天时快乐，下线后自责。

学员：那您要什么？您要一时快乐？还是长久快乐？

知己：当然是长久。

学员：那还继续吗？您认为您和他断了后，他会不快乐吗？

知己：不知道。

学员：那就是没有后顾之忧了？

知己：道理我明白，就是做起来有点难。我会努力的。

学员：好，为长久的快乐！

知己：嗯，我听你的。谢谢。

学员：好。

学员：唐老师，就是这些内容，您帮我分析一下吧。

我：好。我们来看看这个问题，正好你之前也提到对"打掉自我"比较感兴趣，我们就来看一下你在聊天过程中体现出的"自我"。

尽管你问了一些问题，我们看问得也是蛮好的，但是我们会发现，你问一个问题，对方会否定一个，你有这种感觉吗？

学员：没有，没有这种感觉。我就是感觉，她虽然最后说了要听我的，但是那是一种应付的说法，就是这种感觉。

我：好，我们来看一下。她最后说"听你的"，那已经是聊得差不多了。中间你问的那些"要不要加入黑名单啊？……"那些"要不要"，对方全部都给你否定了，是不是？

学员：第一个否定了，第二个……对，是。

我：所以说，我要提醒你的是你为什么要让人家加入"黑名单"？为什么？

学员：嗯……这就是我的"自我"。

我：对。

学员：就是用我自己的一种做法，去给别人建议。

我：对。就是你在潜意识里认为，或者你觉得"她应该解决问题"，于是，你就给她出了这个主意，帮她彻底解决问题。你没有做到明确一点：她想解决问题吗？她真的想吗？

学员：其实想一想，她应该就是想说一说，她就是烦得慌。

我：她根本就没下决心要解决问题。如果你不帮她做到这一点，后面的话就都没用。对不对？

学员：嗯，我也感觉到了，所以我才向您请教的。那您觉得她的真正的问题是什么呢？

我：我不说她的问题，我说你的问题。

学员：好。

我：第一点，她问你问题的时候，她怎么说的？

学员："我最近很不好，我认识一网友，挺聊得来。有点迷恋网络。"

我：好，针对这个内容。然后你就问了一个问题，说：怎么不好？是吗？

学员：对。

我：围绕这个"怎么不好"，她给你讲了连续好几句，就是你们有好几个回合，都在聊这个"不好"。你这句话，是找到了一个"单破不立""破"的点，对不对？

学员：对。

我：好。我提示一点，如果你试着问另一个问题，我们看，她说，"有点迷恋网络"。你如果问："你是迷恋网络，还是迷恋人？"一下子就进入主题了。而你围绕着"很不好"，"不好"这个点就很笼统。你绕来绕去，对方也在绕来绕去。说话非常没有效率，你发现没有？

学员：嗯。

我：她怎么会迷恋网络呢？一个大人怎么会迷恋网络呢？一个小孩子也不会迷恋网络的。为什么？小孩子所谓的迷恋网络不是迷恋网络，而是网络游戏。网络没有什么好迷恋的。不是网络，而是"一个网友挺聊得来，我迷恋这个网友了"，是不是？

学员：对。

我：所以说"你是迷恋网络吗？"一句话就扯到，她是迷恋这个人了。而这句话中她在逃避。

我们看，实际上她说的是：我认识一个网友，挺聊得来，我有点迷恋他了。但是她的潜意识在逃避这件事情，所以她说我有点迷恋网络。这个"网络"背后有一个大的冰山。这个冰山就是"迷恋这个人，但不承认"。而你的平等思维如果学得好的话，一下子就抓出这个来，直接捅到她的痛处。是不是？

学员：是。

我：嗯，这是第一点。聊到这儿，那么接下来就是，要帮助她认识到，她想要什么。比如："你很迷恋他，他说要见面，那你们就见面嘛。你担心什么？担心你的家庭被破坏吗？你想要什么？想要家庭的美满，还是出轨，想去找一把刺激？到底要什么？你真的想清楚要什么了，我再给你出主意。"在这儿你是没帮助对方想清楚要什么，然后就"瞎出主意"，对不对？所以你会说：你是不是能把他拉到黑名单？……几种建议她都不接受，是不是？

学员：嗯，是。

我：我不知道这样说你能不能明白。

学员：明白了，这回是明白了。

我：好，那我们来看，跟这样的人交流的话，怎样提建议。你刚才的情况，依照我们这节课的内容"建议"来说，是你没有找到一个共同的正向，是不是？

学员：但是她中间有一句话，原话是：自己知道老想上网，对孩子、对生活有影响，这样长期下去肯定不好……她是知道这个的。

我：我问一个问题，她的担心真的是因为上网耽误孩子吗？还是她要变心会影响这个家庭的幸福？

学员：担心因为上网变心后对这个家庭有影响吧。这个是她担心的。

我：嗯。也就是说你根本就没有明确这个问题，是不是？

学员：对。

我：你没有明确这个问题，她在回答这个问题的时候，就可以左右地绕，所以说你始终打不到正点儿上去。

学员：可是我感觉她是明白的，她知道这样对家不好，她为什么还要做？您说她是明白还是不明白？

我：她要是明白，跟你绕什么？还有就是，她明白不明白是一个问题，你明白吗？

学员：她说得很清楚，她说这样不好。这件事作为一个旁人，谁都清楚，这样做……

我：谁都清楚，为什么要绕半天？

学员：这就是我的一个困惑，她自己知道这样做不对，她为什么还要去找这个刺激？我是不是把您也绕进去了……

我：明确她要什么，如果你不明确这一点，她就可以随时改变她要什么。比如，你说要她不理"他"。你说这个的时候，她马上改了一个目标，就是她不能让人觉得尴尬，然后你马上被绕进去了，是不是？

学员：呵呵，对啊。我被她绕进去了。

我：我们在乎一个网友是不是有面子干吗？你是想给他面子，还是想要家庭的幸福？

学员：对。

我：那个时候你就忘了她要的是家庭的幸福，是不是？

学员：对，对，是。

我：她也忘了，是不是？

学员：是，都绕进去了。

我：所以说，不是你把我绕进去了，是你被她绕进去了，她自己也把自己绕进去了。

学员：关键是最开始我就不是很明确这个问题。我一开始就没有把这个中心给明确下来。

我：所以说你分析的时候就看两点，第一点就是，你要单刀直入，一针见血地给她把这个问题揪出来；第二就是要让她明确她到底要什么。只有她明确要什么，才能给建议。如果一个人不明确要什么，你给建议，她就会左右摇摆。对不对？

学员：嗯，对。谢谢唐老师。我应该是明白多了。看到这种情况，我感觉智慧的提升挺难的。

我：好，那我再提示你，这个所谓的智慧提升很难，难在哪儿？就是你的"自我"在作怪。你根本不知道，根本没有明确对方要什么，就开始乱提建议，这就是"自我"。你认为你知道了问题，然后你就认为你的建议可以帮助她解决问题。而对方一绕，就把你绕进去了。

学员：唐老师，那是不是所有看不清楚问题的情况，都是因为"自我"呢？

我：对。如果不是"自我"，你根本没有明确问题，为什么要提建议呢？如果明确了问题，她只要一说，"我要是不理他的话会觉得不礼貌，会让人尴尬"，你马上就知道了："你到底想要对他礼貌，还是想要你的幸福？"这样你就不会被带跑了。而你就是不明确这一点，又自以为是地去给别人提建议，才会让别人把你一下子绕进去，对不对？

学员：对！好！唐老师，那这个"放下""破除自我"，除了学习平等思维以外，还有什么途径？

我：除了学习平等思维外，还可以读我们的国学经典：比如《金刚经》《坛经》《道德经》《大学》《中庸》等。读经典是一个非常好的提升人的智慧、破除自我的办法，再有就是可以听我周四网络公益课讲经的部分。要好好听，常跟着我，常看博客，受这种影响，逐渐就好了。

学员：嗯，好的，我会的。

我：大家看，我刚才在跟这位学员对话的时候，有很多话非常不客气，在座的学员应该能感觉到。如果你是这位学员的话，可能会觉得非常没有面子了，而我这些话，每一次这么"打击"你的话，都是在帮助你"破除自我"的。如果哪句话你觉得没有面子了，都是你的"自我"在升起了。大家想是不是？

大家看，就刚才她的问题，她们讲了那么长一段时间，其实两点就可以解决问题。她之所以看不到，就是因为这个"自我"。包括后面我们说到破除"自我"，她也可能会有一点不大觉得自己是因为有"自我"而不能分析好这个问题。我说的话非常不客气，可能会让她有不舒服的感觉。而任何时候我说的这些话，你觉得不舒服的时候，都是你的"自我"受到打击了。

其实破除"自我"最好的方法，就是有一个好的老师，每时每刻，就是你说话一带"自我"的时候，就是当头一棒。这是让你破除"自我"最好的方式。否则，你学平等思维，学了一段时间以后，你会发现身边的人都不如你，你一看就知道他们的毛病，但是你却不能帮人家解决问题。你看到他们的毛病的时候，你就会"自我"升起——你看我比他们高明，他们那么愚蠢，他们那么偏见，他们那么自以为是，他们那么情绪化，而我不是。每一次这样想的时候，你的"自我"就会越来越大。你是越来越执着，而不是越来越放下。

同学们如果学习一阵平等思维后，肯定会比别人强的，肯定会远胜于别人的，但是你却帮不了别人，你就会发现你的生活不幸福。你可能会发现，很多人依然会带给你痛苦，你想帮别人却帮不了。所以我提示大家，就是每一次老师在给你分析这些问题，就是让你觉得痛的时候，尤其是这位学员在我们刚才的对话当中，什么地方你觉得不舒服了，你就去想：为什么不舒服？唐老师这一分析是不是一针见血？我怎么会不舒服呢？我哪儿不舒服了？就是我的"自我"不舒服了。各位学员也是一样，你去看：唐老师的话怎么说得这么不客气？怎么会这么让人难受？各位同学，咱们这么上课最大的优势、最大的好处，就是大家跟我这个对话。每一次你们的自我，我都会毫不客气地抓出来，狠狠地一棒子，这就是破除"自我"的最好的方式。而如果你是自己去看，自己去做什么，就很难发现这个"自我"。我们基地的老师也是一样，他们每一次有问题的时候，我会当头一棒，都是让他们在当下去放下"自我"，所以基地的老师进步就非常大。

第四章

矛盾解决之道
（家庭矛盾万能解决三步法）

发生不好的结果，多往自己身上反思，就必然会找到好的解决方案。

第一节

❀

内 容 讲 解

一、家庭矛盾万能解决三步法

矛盾解决之道，又叫家庭矛盾万能解决三步法。

家庭中往往问题出在矛盾上，而不是出在事情本身上。矛盾的意思是什么？是大家互相之间出现了抵制。比如孩子学习不好，家长本来想帮孩子，但实际上骂了孩子，这就是矛盾。家长想帮孩子，费了很多劲儿没帮到，不要紧，可以再去找方法。但是，如果家长想帮孩子，帮着帮着把孩子惹烦了、惹生气了，跟家长的关系越来越差，家长就没法帮孩子了。

无论遇到什么问题，我们的解决方法一定要起到正向的促进作用，而不能负向地引起更多麻烦。

家庭矛盾万能解决三步法是万能的，凡是家庭矛盾都可以用这个思路解决。这个三步法解决的是矛盾，而不是问题。所以，并非所有的家庭问题都可以解决，有一些家庭问题确实没有办法解决。即使能找到合适的人，他们可能会帮助把问题解决一部分，但总还会有一些问题是解决不了的。

而家庭矛盾是可以解决的。比如一个家庭破产了，在破产时，这个家庭中的成员能不能不因破产而产生矛盾？能不能相对平和地去面对破产的问题？破产的问题一时不能解决，我们不能让资金在短时间内快速地从多少增加到多少，但是大家可以不闹矛盾，可以同舟共济、互相扶持。这是用家庭矛盾万能解决三步法可以做到的。家庭矛盾解决以后，家庭问题就会相对容易地走向解决。在生活中，我们常常是因为出现了家庭矛盾而导致家庭问题无法走向解决。

家庭矛盾，矛盾往往在于发现问题时大家不去解决问题，而是走向了关系的恶化。在这里我要提示大家：不是你想走向关系的恶化，而是你不自觉地开始做一些事情，使关系走向恶化。

比如孩子学习不好了，家长往往会说："你看看，让你好好学你不好好学！说你多少遍你都不听！"或者说："你是怎么学的？学到最后学成这样！"这都是在埋怨孩子。孩子学习不好了，我们要做的是帮他轻松快乐地学好，而不是去埋怨他。孩子学习不好是一个结果，是由一些原因导致的。如果想让孩子学习好，就要思考一个问题：什么是孩子学习好的正因？埋怨孩子肯定不是，帮助孩子才是。把因果关系厘清，家长就知道该怎么做了。

上一章我们讲到小人自我，其实每一个人都是小人心态，他会认为：第一，我是对的。第二，即使错了也不怨我。

所以，当孩子学习不好的时候，不需要家长来责备，他还觉得很委屈呢！家长能够理解这一点，就能帮到孩子；理解不了这一点，就帮不到孩子。

我们的家庭矛盾万能解决三步法，要比这个更绝对。怎么更绝对？就是"孩子学习不好，怨我"，怨家长。家长指着自己的鼻子说："怨我。"接下来，我做什么能帮助孩子改善？

家庭矛盾万能解决三步法：

（1）结果不好

发现了任何不好的结果，先看这个结果。

（2）怨我

常人凡遇到问题都是怨别人，但真正修养好的人，真正想解决问题的人，都会返归自身，怨自己，从自己出发寻找出路。只有做到怨自己，才会想着自己做什么改善；如果先想到怨别人，接下来就不会想着自己做什么改善，而是想着怎么收拾别人。

（3）我做什么能改善

记住是我做什么能改善，而不是我让对方做什么改善！改善是操作，而不是一个目标。只有到操作，才有改善意义。

如果大家学会了家庭矛盾万能解决三步法，生活质量会明显地提高，家庭矛盾会明显地减少。家庭矛盾万能解决三步法看似简单，只有三句话，为什么我们要特别提出它来呢？因为太难做到！家庭矛盾万能解决三步法，它和一般人的心态恰恰相反，跟小人自我的心态恰恰相反。

发现问题后，家庭矛盾万能解决三步法的思路是怨自己，而一般人绝不会怨自己的。作为小人，出了问题他根本就不觉得自己有错，他会觉得对方错了，所以他不会怨自己，而总是怨对方。当一个人怨了对方、怪了对方后，接下来第三步，他就该想着怎么收拾对方了，往往就是这样，所以说心里怨别人、怪别人就帮不到别人。要想帮助孩子，家长必须改变心态。

在工作关系中，问题是可以明确归罪的，谁的问题就是谁的问题。而在家庭关系中，不能这么清楚地对问题进行归因。比如孩子的问题，明明是孩子有问题，我们要归因到家长身上。尤其是各位学习平等思维的家长，家庭中的各种问题都要归因到你们身上。这么归因，是不是让大家很委屈呢？

二、家庭矛盾万能解决三步法的案例讨论

请看我在网络课上和家长、学员的对话实录。

我："发现问题，家庭矛盾万能解决三步法的第二句是'怨我'。有家长说：'凭什么啊，明明是他错了，凭什么怨我？'大家说凭什么？都来说一说。发现孩子不好好学习，怨在座的各位家长。凭什么？夫妻沟通不好，怨各位在座的学员，凭什么？大家都来回答一下。"

学员一："凭那是自己的孩子，凭你要解决问题，解决矛盾。"

学员二："凭你想解决问题，凭你想过好日子。"

我："怨别人就不会有好结果。也就是说，你怨他没有好结果，你不能帮助他。"

学员三："就凭你想过好日子，你想改变。"

学员四："因为你想好，于是就怨你。"

我："大家说得都非常好。因为你想好，于是就怨你。为什么要怨你？你为什么这么倒霉？因为你想变好，因为你来听课了，你就有可能去做一些改善工作。为什么不让他改呢？因为没机会。比如各位的老公（听课的以女学员居多），明明他有问题，为什么让你改？因为我改不到他，他不来听课。我改不到他，所以我就改你了。

"那你说'凭什么我就这么倒霉，明明是他的错，我为什么要改？'

"你当然也可以不改，但是不改对你的家庭会好吗？

"比如有两个小朋友一块儿出去，他们俩抬着一个桶，桶里装着水。抬着抬着，一个小朋友说累了不想抬了，于是他就撂下跑了。这时候，另一个小朋友如果不想负责任，他可以说'那我也不管了'，他也可以撂下就跑。如果他想负责任，他就必须很辛苦地把水桶拎回去，因为他是愿意负责任的人。

"各位家长，各位学员，大家就是这样的人，不是这样的人不会来听课的，不是这样愿意负责任的人不会来听课的。"

学员五说："凭我自己的幸福，想幸福。"

我："如果自己不去改，还揪着别人，自己就继续不幸福。你想不幸福吗？"

实际上，当时我在讲道理，在劝这些听课的家长和学员。按说不需要劝的，但是劝了会让大家心里想得更开一点。为什么要劝大家？为什么不劝大家心里就会想不开？因为大家都是小人！小人是极难做到忍辱负重的，而这些听课的家长和学员都在忍辱负重。凡是能跟着我听课学习平等思维的，都是能忍辱负重的人，这是很难得的。

这个世上很多女人会说："男人都不负责任，是女人在负责任，为了孩子、为了家牺牲自己。"其实这话只说对了一半。很多女人想负责任，但是根本没有能力负责任，或者说没有智慧负责任。学习平等思维，就是在通过提升智慧，让自己变得更能够负责任。

提升智慧的过程是一个让小人自我忍受疼痛的过程，因为他必须面对自己的愚蠢，要看清自己的愚蠢并像挤脓液一样去除它，内心的感受可能是很苦很痛的。有很多家长在忍受这种苦痛，通过改变自己，来努力帮助自己的家庭走向和谐，帮助自己的孩子成长，最终走向幸福。所以，虽然我经常在课堂上毫不客气地指出大家的愚蠢，但内心对大家是充满敬意的，因为敢于直面自己改变自己、敢于承担责任的人是极难得的！

前面我们说过，家庭幸福之道的学习，重在帮大家解决生活中的问题，而不是增加知识量。所以，我们会在每一次的课程上尽量让大家直接受益，直接解决家庭问题，一步步走向幸福。

以下是我在网络课上带领家长和学员用家庭矛盾万能解决三步法来解决家庭问题的对话实录。

我："现在，凡是有家庭问题的，比如孩子有什么毛病，老公或老婆有什么问题的，大家直接用一句话打出来。"

小明妈妈："孩子很害怕英语。"

我："这是第一句。第二句，指着自己的鼻子说：怨我。怨自己了，家长就不会找孩子的问题了。第三句，我做什么能帮孩子改善？

"家长要去做一些工作帮孩子改善。孩子之所以害怕英语是因为英语学习不好，又不得不面对这个状况。孩子已经在用基地的方法学英语了。他学了之后肯定有进步的，家长要看到孩子的进步，鼓励孩子，让孩子的学习由此逐步走向更好。"

小郭妈妈："孩子语文基础不好，怨我。我做什么能改善？我与老师沟通，请教老师后，带孩子做抄写练习。"

我："做抄写练习是比较容易操作的一件事情。小郭妈妈说得非常好，做抄写练习有操作性。如果说我要求孩子把字词一定学好，就没有任何的操作性。第三句话'我做什么能改善'，一定要落实到操作上。"

小帆妈妈："老公爱喝酒，喝完酒后特爱说话，情绪时好时坏，我都不知道怎么和他沟通。"

我："小帆妈妈，你后面这句话，说你都不知道怎么和他沟通，这已经在抱怨了。用家庭矛盾万能解决三步法应该这么陈述：老公爱喝酒，喝完酒后特爱说话，情绪时好时坏。这是问题，第一句。第二句，怨你。第三句，你来回答，做什么能够改善。你现在就来回答。所有写过自己问题的学员，按我刚才说的，重新以三句的方式来写，什么问题，怨我，我打算做什么改善。现在大家都来写。"

学员二："孩子做作业慢，怨我，我让他把作业分先后次序完成，先写数学、英语、语文，最后写副科。"

小岳妈妈："丈夫回到家就不停嘴地和我说话，像汇报工作一样，我烦。"

我："'我烦'两个字是不该出来的。'怨我，我应该认认真真地听他说话，让他心里满足。'小岳妈妈，你说'丈夫回到家就不停嘴地和我说话'，这话里带着抱怨。后面说'我应该认认真真听他说话'，这话里带着敷衍。小岳妈妈，你好好反思吧。"

小红妈妈："老公有时会否定我，怨我，以后在表达的时候要说清楚。"

我："有一个问题是，你表达清楚了对方还会否定你吗？你在把对方否定你的原因归之于表达不清楚，其实也许你已经表达清楚了，只是对方不同意你的观点，也可能是这样的。如果这样，还怨你吗？这更是问题。"

小林妈妈："孩子数学学不好，怨我，我和老师沟通，找到问题并逐步解决。"

我："小林妈妈可以把问题说得更具体，给出可以操作的解决步骤。你说找到问题并解决，你找到什么问题了？学校的老师怎么说？基地的老师怎么说？你决定怎么做？具体做法是什么？甚至可以继续追踪下去，做了效果怎么样？"

小宇妈妈："孩子改错不认真，怨我。以前他都不改错，现在开始改错了，有很大进步，鼓励他。怎样改错对自己帮助大？不知道怎么用单破不立。"

我："小宇妈妈这句话说得有点急躁了，对自己的反思远远不够。大家看一下这句：'孩子改错不认真，怨我。以前他都不改错，现在开始改错了，有很大进步，鼓励他。'对孩子的进步要特别特别强化，你去做好鼓励就够了。后边的'怎样改错对自己帮助大'，这个可以由老师们帮助。再一点呢，'不知道怎么用单破不立'，其实当你去鼓励孩子时，单破不立可以放下。因为你已经清楚，孩子以前不改错，现在开始改错了，这就很值得鼓励了。而我从你的话里可以看到你认为孩子改错不认真，你心里没有接纳孩子。你说'怨我'，其实还没有怨到自己，还在怨孩子。"

小丽妈妈："孩子考前紧张，怨我，我做什么改善呢？我帮孩子找到紧张的原因，主要是知识学得不扎实。我与基地老师沟通，加强对孩子的鼓励，多给孩子正向的心理力量。"

我："如果家长能够接纳孩子，能够多鼓励孩子，孩子自然地就会很有力量前进的。这一点大家去多想，多反思。"

小阳妈妈："孩子数学没学好，怨我。我联系张老师，教他学习数学定义理解三步法。"

我："好。请老师教数学定义理解三步法就是具体的操作。'我做什么能改善'，接下来的改善方法要有操作性。大家要去落实这个。今天我给大家分析这些，不是在讲，而是在帮大家真的知道该做什么来解决问题。以后，大家对自己今天写下来的问题要追踪，看问题是不是在慢慢得到解决。"

小薛妈妈："孩子不去基地学习，怨我，我一定破我的小人心。"

我："破小人心怎么做？操作性在哪里？你希望多长时间能见到效果？'我一定破我的小人心'，这一句几乎没有操作性。"

小薛妈妈："接纳孩子。"

我："接纳孩子怎么操作？比如孩子说不去基地学习，你怎么接纳的？为什么你接纳这么久了，还没有让孩子认识到要改变？你提出来的解决措施，要具体地落实下来。"

均益妈妈："孩子学习不好，各科成绩都不好，怨我，我和基地老师沟通，先帮助孩子把某一门课学好，再带动其他学科的学习。"

我："非常好！每一个孩子都有不同的情况，均益是个多才多艺的孩子，很聪明。用适合的方法帮助他，他的成绩会慢慢上去的。"

小雨妈妈："孩子今天期中考试，中午回到家对我说，题目太难了，他的数学和物理可能考不及格，怨我。我对孩子说，你难别人也难，只要能做对就行。"

我："你这样说了，有没有起到对孩子的鼓励作用？有没有给孩子提供心理上的支持？效果怎么样？你要反思这一点。在反思的同时，希望你提供出相应的支持，也就是你准备怎么帮助孩子。"

小薛妈妈："孩子不去基地学习，他说是因为我改变不大。"

我："妈妈改变不大，那么，孩子当然就没有力量改变。'因为我改变不大'，用单破不立来提问就是，孩子为什么说你改变不大？比如是因为脾气还大、还爱发火，还是什么？把这个弄清楚。"

小薛妈妈："因为我啰唆。"

我："孩子说你的啰唆总改变不了，那你接下来就做到再也不啰唆。接下来怎么做到不啰唆？大家看，我在帮助小薛妈妈解决问题的过程中，既是在真实地解决问题，又是在让大家看明白什么叫落实，就是'我做什么能改善'这句话怎么落实。

"说'我要改变'，'我还是小人'，'我不能去好好提高自己'，这些话都不叫落实。孩子认为我啰唆，我以后就不要啰唆了。怎么能不啰唆？如果我已经啰唆起来了，怎么发现？发现了我必须停下来，怎么停下来？"

小赫妈妈："少说多听。"

我："怎么做到？你可能不知不觉地已经在说废话了。大家知道，啰唆是习惯，你会不知不觉地就啰唆起来了。怎么办？我们来帮小薛妈妈落实一下，因为到了这儿还没有落实。"

美羊杨："跟孩子商量，你认为妈妈啰唆时就提出来。"

我："美羊杨说的这一点可以，这是在给孩子监督权。"

兰溪妈妈："如果孩子发现妈妈啰唆，要奖励孩子。"

我："对，比如妈妈请孩子吃饭。我们要找出具体可操作的办法来。如果妈妈能够这样下决心改变，孩子看到妈妈真的在痛改前非时，他会受到影响，他也会跟着改变的。我相信小薛妈妈会下决心改变的。"

小智妈妈："可以把想说的话写出来，多余的不说。"

我："在跟孩子说话之前打草稿，总结出几句话来，把自己想说的内容用几句话说清楚，不去啰唆。这是一个操作性很强的方法，这样就可以做到不啰唆，也就是把'我做什么能改善'这句话落到了实处。"

从以上的课堂对话实录中，大家可以体会到家庭矛盾万能解决三步法的实际应用，它不是一个什么高深的理论，而是一个解决实际问题的法宝。用好这个法宝，家庭矛盾几乎都能解决。这个法宝的关键词在于"怨我"。提醒大家：反思问题反思到自己身上，就是在找方法；反思到别人身上，就是在找麻烦。而在找方法时，一定要注意可操作性。

第二节

❀

答 疑 环 节

问题 1： 怎样帮孩子改掉做事磨蹭的坏习惯？

家长提问

孩子做事很磨蹭，怎样帮助孩子改掉这个坏习惯？

唐老师解析

家长想帮助孩子，首先要做到接纳。接纳就是你心里不烦他。如果你烦孩子做事很磨蹭，你老去唠叨他，孩子就会烦你，而当孩子烦你的时候，你就帮不到孩子了。这位家长问"怎样帮孩子改掉这个坏习惯"，当你把它定义为坏习惯时，就无法帮孩子改掉，因为你已经不喜欢孩子了。所以说这个问题解决的根本还是家长要接纳孩子，做不到接纳的时候就没办法解决。

接下来怎么帮助孩子？家长觉得孩子做事很磨蹭，那么，家长要弄清楚什么是磨蹭，你怎么做能够教孩子快速完成。家长知道什么是磨蹭了，清楚到底孩子哪儿磨蹭了，然后去帮他改变那一点，就可以帮到孩子了。

家长如果能接纳孩子就会看到，孩子这样很正常，他是遇到困难了，他不知道怎么做能不磨蹭。大家不要觉得好像孩子磨蹭是他有毛病，他故意要磨蹭。孩子是想做事利索但不知道怎么利索，所以家长要去帮孩子。

解决这样的问题，我们有一个法宝，就是家庭矛盾万能解决三步法。什么是家庭矛盾万能解决三步法？第一，结果不好；第二，怨我；第三，我做什么能改善？

针对这位家长提的问题我们来使用万能解决三步法就是：第一，孩子磨蹭，这个结果不好；第二，怨我（怨家长自己）；第三，就是我做什么能帮孩子变得不磨蹭？依这个三步法解决，大家会发现问题解决得很好。与这个做法相悖，往往就不能解决，而我们家长的做法往往很自觉地与万能解决三步法相悖。

为什么我们往往会选择与万能解决三步法相悖的做法？参加过家庭幸福之道课程的家长朋友都知道，这就是人性的本能，人性的本能就是与万能解决三步法相悖的，就是"万不能"，而大家就非要依"万不能"来做，这样做的情况还常常出现。

万能解决三步法几乎是解决家庭中所有矛盾问题的一个法宝，大家只要依这个做就会发现，矛盾会一下子消除，马上转化为对解决问题的引导。有很多朋友以前一说话就吵，而开始使用万能解决三步法后，马上就开始不再吵而是商量怎么解决问题了。尝试过，就知道这样做了非常有效。

问题2：跟老公始终对不上频道怎么办？

家长提问

老公很少有耐心听我讲完话，然后呢，没听我讲完话就开始起反应，总表现为不耐烦的状态。我该怎么办？

唐老师解析

这个问题的关键在哪里？关键是这位女士在抱怨。

大家看她怎么问的，全是抱怨。老公不耐心，自己没说完老公就开始起反应，总表现为不耐烦的状态。这位女士在抱怨老公。

这位女士，看到这一点后，如果你能有一个"怨我"的心态，接下来，有一个问题就是，"我做什么能改善"。这就是我们的家庭矛盾万能解决三步法。为什么叫万能？家庭出现矛盾，凡用这个方法，就没有不能解决的。

但我这么讲了，大家听完以后，还是不愿意用这个方法。为什么？痛啊！

谁痛啊？大家说谁痛？

小人痛嘛！自己那个小人自我在痛。

因为这事儿它怎么能怨我呢？怨我，这是非常难做到的。我们的课程就是帮大家回归到自心去解决问题。

有家长问：为什么要回归我这儿解决，他为什么不解决？各位家长，对方如果能解决，你们来上什么课？你们认为对方能解决吗？我们的老公、老婆、孩子，你觉得他们能解决问题吗？不可能的。为什么对方不解决？他不是小人吗？小人怎么可能解决问题！而听课的各位家长和学员，你们能解决问题。

为什么你们能解决？因为你们认识到了自己的小人，不想再做小人，所以你们能解决。

当你的心越来越清净，逐渐破除掉自己的小人时，你就可以随顺家人，轻松化解家庭矛盾，让自己和家庭都走向幸福。

第三节

❀

作 业 点 评

找出一个问题，尝试用家庭矛盾万能解决三步法来解决。找出解决方案后，看有没有可操作性。如果有可操作性就去执行，在执行中注意情况有什么改善，还存在什么问题，思考下一步如何改进。

作业 1：班主任打电话说孩子表现不好

孩子班主任兼语文老师打电话告诉我孩子课间喧哗，还扔纸飞机。老师说孩子自控力那么差，纪律不好，影响班集体，让孩子待在教室里，不让孩子到外面去玩。并告诉我孩子第一单元测验成绩不理想，作文没写完，扣分多。不过老师也告诉我孩子最近作业写得很认真，看得出来是很用心写的。

在电话中我用唐老师教的"家长和教师沟通三步法"肯定和感激了老师，说孩子给老师添麻烦了，让老师操心了。前面老师讲到的这些结果不好，我也明白孩子遇到事情容易起情绪，也和孩子沟通过这方面的问题。孩子说有时候在班级大叫大嚷是因为班里有两个调皮男同学老扔他的笔袋和书，老师也知道这个事情，教育了那两个同学，但课间那两个同学还是会联合起来烦他，他有时候被逼急了才大声叫喊。老师对他说不要老怪别人，要管住自己。

用家庭矛盾万能解决三步法：

1. 看到结果不好——不好。孩子遇到不如意事起情绪，这个结果不好。孩子语文考试作文写不完，这个结果不好。孩子说讨厌语文考试，讨厌写作文，孩子在语文学习方面遇到问题了。

2. 承认原因在我——怨我（为什么怨我）。怨我的第一点：遇到问题，我总是在向外求，总是埋怨别人，没有向内求，没有静下心来想想是不是我自己错了。言传身教，孩子在无形中也是受到愚蠢妈妈的影响，遇到问题马上就想着是别人的问题，不是自己的问题。怨我的第二点：我的小人心很强大，总觉得我是对的，和我不一样的都是错。我贪嗔痴具足，贪着孩子的好，当孩子不好时容易起情绪嗔恨孩子，容易陷在不良情绪中。孩子是父母的镜子，在妈妈的污染下，孩子遇到问题也容易起情绪，面对捉弄他的同学起嗔恨心，这学期一直和这两个同学有摩擦。怨我的第三点：孩子说讨厌语文考试，讨厌写作文，他其实是在语文学习方面遇到困难了，我能力不足帮不到孩子。

3. **我做什么改善——改善。** 针对第一点向外求的问题，我现在遇到事情先停下来想想是不是我自己出问题了，反思自己的想法和做法。平时在生活中，面对孩子和老公，结果不好时我会主动说"我错了，对不起"，特别是对孩子说的最多的是"妈妈错了，这事怪妈妈，我不应该对你这样"。在平时生活中操作结果不好，怨自己。针对第二点贪嗔痴具足的问题，我现在尽量用唐老师教的一旦看到孩子表现不好先停下来，不起情绪，或者揉揉自己的脸，让自己的心柔和起来，再实在不行，离开孩子蹲厕所去，严格按照"要么肯定，要么闭嘴"做。一旦起情绪向孩子发火，我就自动交罚款，目前孩子已收到 800 元罚款了。同时每天持咒 108 遍，让自己的心清净起来；每天听唐老师的讲课录音，做让自己智慧起来的正因。针对第三点我没能力帮孩子学好语文，我给孩子报了两期语文训练营，还有语文模块课，平时督促孩子用语文十步法学习语文，给孩子限时写作文，当孩子用 35 分钟时间写了将近 500 字作文时，狠狠鼓励和奖励他。

我愚蠢之极，请唐老师狠狠棒喝我。还有一点我不明白，我一直用和谐沟通三步法接纳、理解老师，上周给老师送了 1000 元的卡和感谢信，老师退了回来，说以后不用这样做，我不明白为何老师不收。请唐老师扒皮指正。

唐老师点评

这位妈妈接到班主任兼语文老师的电话，老师显然是觉得孩子表现不好，相当于在向家长告状，家长听了容易起情绪，容易不开心。

老师跟家长说的话基本上都是孩子的一些缺点，像自控力差，纪律不好，影响班集体，又是什么测验不理想，语文考试作文没写完等。不过老师也告诉家长，最近孩子作业很认真。大家听得出来，孩子很难从这些话里边得到鼓励、得到力量，很难很难。

家长听了老师这些话以后，一般正常的反应就是觉得孩子又惹祸了，孩子又不好好学习了，急了就会跟孩子吵。

我们学习平等思维，学完了以后就一定要开始去做正因。听了老师的批评、告状，就去找孩子的麻烦，这是愚蠢的，这是做错因，这样会让孩子更加对抗，不想好好学习了，结果不好。

这位家长显然没有这么做。

她先用我们的"家长和教师沟通三步法"肯定、感激老师，让老师跟家长之间的沟通变好，让老师的情绪平复好，慢慢地因此不再去跟孩子对抗。

家长怎么跟孩子沟通？

其实孩子是一个受害者，他是属于老师批评、惩罚了的人，所以他内心肯定是有很大的委屈的。家长跟孩子聊能够把这些聊出来，孩子能把事情告诉妈妈，这是好的。也就是说，孩子有时在班里大叫大嚷其实不怨孩子，怨另外两位同学来找事儿。老师也知道这个情况，但老师教育孩子的是不要怪别人，要管好自己。同时我们也知道，老师说的是对的。

这是很麻烦的。

如果老师是对的，家长就很容易跟老师一起去批评孩子，就很难接纳到孩子的心态。所以，这个地方是一个陷阱，家长就容易说："老师还不是为你好吗？"这样说是很麻烦的。这样说孩子就会觉得很讨厌："那两个同学找事儿，你们不去管他，就怨我。为什么怨我？"这是一个很大的陷阱。

我们看，这位家长说，家庭矛盾万能解决三步法，第一，看到结果不好。孩子成绩不好，学习不好。第二，承认原因在我。怨我，怨我的第一点，遇到问题我总是向外看，这是自己的问题，孩子也是这样的。

这里面有一个情况，家庭矛盾万能解决三步法的第一步，看到结果不好。孩子遇到不如意的事起情绪，这个结果不好。孩子语文考试作文写不完，这个结果不好。孩子说讨厌语文考试，讨厌写作文，孩子在语文方面遇到问题了，这个结果不好。其实结果不好还有一点，就是家长帮不到孩子。

承认原因在我，怨我。为什么怨我？我就爱埋怨别人，孩子也学会了这个。孩子的爱埋怨别人体现在大喊上，一次一次地大喊，觉得自己委屈。我的小人心很强大，我总觉得我是对的，和我不一样的都是错的。那么，孩子也容易学会这个。家长做什么改善呢？开始说：我做什么改善？

看到不好的时候，自己先停下来，自己开始改善。这一点这位家长做得是非常好的。因为每一个人，只要我们看到别人的缺点，去看别人的错，我们自己就很难改变。因为别人错了，要改变的就自然是别人。

我们的家庭矛盾万能解决三步法，第二步是怨我。怨我的意思是，向我找解决方案，向内找，向自己找解决方案。

向内找解决方案，必须是向内找问题。

如果问题不在内部，你就不可能从内部找到解决方案，所以这是一个指向问题。

一旦开始怨我，一旦开始指向自己，好了，问题的指向就开始由往外指向往内指，同时，问题的解决就从指责外面、引起对抗，到改善自己、引起合作。

这位家长说了很多的方法，为什么有时候效果还不够好？我们看她写的，"一旦起情绪向孩子发火，就自动交罚款，目前孩子已经收到了 800 元了"，她这么写是在说："你看我每一次管不住自己我就会交罚款的。"但是你这么多次管不住自己，反思了没有？

应该是，发现自己管不住自己了，下不为例，一定停下来！

但是呢，你一次一次地管不住，然后交罚款，交给孩子 800 块钱。

各位家长，如果一个小孩子有 800 块钱，就会闹腾得他学习也学不下去的。

罚款一方面是减少孩子因为家长起情绪受到的伤害，另一方面是警告家长：你不能再罚下去了！因为你如果再罚下去，你就把小孩子惯坏了，你要害孩子了！

大家想，一个小孩子有 800 块钱会怎么样？他会不会闹腾？他会不会想着怎么花它？所以各位家长要下决心改变，就是一定不能再出问题了，不能再起情绪了。有的家长是生气了不认账，很愚蠢。有的家长是生气了认账，但一次一次地重复犯错，这也是愚蠢的。

孩子的语文，在基地报了两期训练营，这是好的。这里面有一个情况，就是说，当孩子用 35 分钟时间写了将近 500 字作文，狠狠地鼓励和奖励他。这个鼓励是有问题的。问题在于，35 分钟时间写完 500 字作文，这是一个结果。

家长们应该更多地在一些小的因上去鼓励孩子。

比如孩子越写越多了是好的，从半小时写 200 字到半小时写 220 字，这是非常非常值得鼓励的，而不是到 35 分钟写了 500 字是非常值得鼓励的。

家长要学会去鼓励因，要更多地去看到这些因。越能看到因，鼓励的好结果越容易出来。

至于说给老师送的钱和感谢信老师退回来，其实啊，如果大家好好地去学习，好好地去帮助孩子改进，这个也可以不做的。这个方面我没经验，没法告诉你什么。你好好地配合老师，把孩子教好，老师能够觉得孩子在不断地进步，孩子不是一个带来麻烦的因素，而是一个带来正向榜样的因素，那么，老师就会喜欢孩子的。不一定要通过送礼的方式来解决问题。

作业 2：父亲在我女儿百日宴的夜晚大吵大闹

家长反思

女儿百日宴的当天晚上 11 点多，醉酒的父亲怒气冲冲地拉着帮我带孩子的母亲连夜收拾行李要回老家。

事情的表面起因仅是睡在上铺的儿子因睡在下铺的外公一直和外婆喋喋不休，导致他睡不着，喊着爸爸想到爸妈房间睡。老公到儿子房间喊儿子下床。这时，父亲爆发了，在屋里大吵大闹，骂老公不尊重他，进屋都没喊他。和他同来喝喜酒的他的两个朋友睡眼惺忪地从书房出来劝他别闹了，和他讲道理，都没有用。

大度的老公拉着他到厨房一起抽烟，向他道歉，说自己错了，也没用。我也对父亲说："是我们不对，他进屋里应该要叫你一声。"父亲依然不依不饶，从晚上 11 点多到凌晨 3 点多一直在屋里骂骂咧咧，我们被折腾得都回各屋睡觉去了，父亲闹腾得更厉害，他来踢我们的房门，一直忍着的我受不了了，厉声地说："你干吗？"父亲攥我头发追着我打，我逃到书房，他的两个朋友被惊醒后赶紧拉开，然后一直在做他的思想工作。

最终凌晨 5 点多，软弱的妈妈跟着父亲一起离开了我家。老公白天要上班，我只好自己一个人带着两个孩子，真的是体会到了什么叫含辛茹苦。老公说我父亲在釜底抽薪。

如果没有学平等思维，我想我会一辈子不理我父母，也不会去老家看他们。因为学了平等思维，我必须用后娘养的原理，包容别人的小人，反思自己的小人。对的永远是他们，错的是我。这件事结果不好，我必须用"家庭矛盾万能解决三步法"去解决，怨我，我做什么改善？否则家庭裂痕会越来越大。

老公气得放出话来，说不会再去我父母家。①结果不好；②怨我——没让家人安心；③我做什么改善——我要让家人安心，要让老公和父母在我身边都安心，温暖他们。

具体操作如下：1. 我调整好自己的心态，把家里的活儿都自己承担起来。这时候，老公是最需要安慰的，他一直赤诚地对待我父亲，处得犹如朋友般，父亲这般一闹把老公伤得最深。我对老公做好接纳、理解，当老公抱怨我父亲不讲理、赌气说以后再也不回我父母家时，我同情同理，和他一起抱怨着、愤慨着，陪着他让他的不良情绪发泄出来。老公推掉所有饭局、牌局，一下班就接孩子放学、回家做饭、打扫卫生等，还和他的同学们打招呼说以后有牌局别叫他了。

爱是在乎他的在乎，老公在乎、珍惜一周一次的牌局，他这样放弃他的爱好时，我很心疼，偷偷地瞒着老公和他的同学们约好打牌时间，推着老公出去打牌、聚餐。就这样，一家人比以往任何时候都齐心协力。

2. 我逼着自己对父亲做到无条件接纳，他这样做有他的道理，不需要知道他为什么这么做。不接纳他，就是拿着我自己的自以为是在卡他。父亲有父亲的委屈和苦楚，为了使他最疼爱的大女儿和可爱的小外甥女有更好的照顾，他把相依为命的老婆送到我们的小家，自己和老婆过着劳燕分飞的生活，一个人在老家很孤独、寂寞、清苦。而我这个父亲眼里的乖乖女心安理得地接受着父亲的安排，还自私地认为这是理所当然，对父母亲没有感恩之心，父亲那天晚上骂我大大咧咧、不理解一个父亲的苦。父亲是对的，我的不懂事把父亲伤到了。

3. 我积极做正因愈合家人的伤口。不断地打电话给父亲，刚开始几天，父亲没接电话，他还在气头上，我知道父亲最放不下的还是他的小外孙女儿。我的女儿是缓和彼此关系的突破口，恰好女儿那阵子因为那天晚上的事受惊了，一到晚上就不正常地大哭，哭得声嘶力竭，我和老公晚上轮番抱着她睡觉。我把女儿晚上哭闹的事告诉了我的大姨妈，让大姨妈转告父亲。父亲了解情况后，很担心小外孙女，我再打电话过去，父亲接了电话，声音低沉地询问我女儿的情况。我每天都打电话，告诉父亲家里的状况。

又过了一阵子，父亲不是那么排斥我时，我向父亲认错，感激他为我们做的一切。后来，父母亲又回到了我家，宽容的老公和父亲彼此包容了一切，冰释前嫌，又互相小酌起来。

唐老师点评

这件事这位家长处理得蛮好。为什么呢？因为结果好了。

各位学员，我们的课是一个真实地解决问题的课。真的解决问题了，就叫做好作业了，而不是你写什么。比如写完了前面的过程，说我准备做什么，准备怎么做怎么做，还没开始做呢，我就不会评价这份作业好了。这个问题解决了，这份作业就好。

我们就是要拿平等思维来帮助自己生活得更好。生活得越好，说明学得越好，这是我们的唯一的指标，而不是把什么背得怎么样。

你不要说你把《糖宝书》（唐老师语录）从头到尾背下来，那没有用，不考你这个。大家现在的学习，是学习怎么把这些内容领会透、用得上。

这份作业我要特别提醒一点：一开始，说孩子要到爸爸妈妈那儿去睡，然后说孩子的爸爸去叫孩子，然后说我的父亲，也就是这位外公，就大吵起来，而且一再地大吵大闹，一再地不通情达理，别人都表现得特别好，唯独他表现得不顾外人的情面，还要动手打自己的女儿，女婿特别礼貌，他还不顾忌，一个劲儿地找事，到最后走了。

我想问大家，这正常吗？

这位家长在写"我的父亲就不是个好人，别的人都好，唯独他一样一样地不好，一个劲地连续不好下去"。这怎么可能？就是"你们怎么对我好我也不好"，人怎么可能是这样的？

一定是他心里有什么事，你不知道。你觉得你在包容他，其实是在包容吗？

我们看，后来父亲听说外孙女那样以后，尽管他很生气地回去了，但他依然会不断地问孩子的情况，会用低沉的声音跟女儿说话，并且后来不计前嫌再回来。这样一个父亲，怎么可能在那个时候那么不讲道理地就走了？所以你在讲那个过程时肯定带着偏见，用一种带偏见的眼光去看你的父亲，也就是说你最前面的描述一定是有问题的。

我一听你最前面的描述，我就知道，他肯定要走的，肯定矛盾很大的。因为你写了大家都是通情达理的，唯独他就是一个无赖。这世上怎么会存在无赖呢？

大家一定要注意，没有你就是很好很好的人，然后你就碰上一个特别不讲道理的无赖，你怎么通情达理他都无赖，没有这样的道理。

这是不对的。

这不是真实的情况。

我提醒大家，如果那天晚上的事，由这位家长的父亲来描绘，他会怎么描绘这个事？他会说，外孙觉得我们两个吵，要走，然后他爸爸来接他走，他进门居然不叫我一声爸爸，我就生气了，我就跟他吵，女儿来我也跟她吵，当着外人的面我也跟她吵。然后她不管我了，我又跑到他们屋里，我要打女儿，然后气死我了，我要走。

大家觉得这是正常的吗？他会这么说吗？会吗？

所以我提醒大家，这位家长尽管这个问题解决了，但是她没有理解她的父亲到底怎么了。从她的描述上就看得出来，她根本不了解父亲到底出了什么问题。如果她父亲把这个故事讲出来，我们一定会看到一个老人非常受气、非常委屈，一定是这样的。不用让他讲，就一定是这样的。

这是一个忍辱负重的老人，一个忍无可忍最后被女儿从家里赶出来的老人，一个悲惨的老人的故事。

大家听完这个老人讲的故事之后，都会觉得他的女儿女婿，至少是他女儿，忤逆不孝、不是东西。应该是这样的。

而这个女儿写出来的故事，说这个老人是蛮横不讲理的，反倒是所有的孩子都通情达理。

所以，为什么说听人讲话不能偏听，因为大多数人都会带着太大的偏见在讲问题。

这位家长在包容她的父亲的时候，明显地带着委屈，觉得"我学过平等思维了，我当然要去反思自己"，那句话说得非常委屈。她在逼着自己去接纳父亲，心里对父亲的孝顺几乎没有，没有体谅一个父亲半夜都睡不着，没有人理他，到最后他要离开这个家，走的时候自己辛辛苦苦的功劳全没有了，这些年轻人都不理他，还说以后一辈子再也不理他。他心里会什么样？

而一个女儿去对父亲道个歉，居然是要逼着自己向父亲道歉，自己要委屈地去向父亲道歉，觉得自己学了平等思维很伟大、很委屈，觉得自己不能让老公吃亏，不能让老公觉得不舒服，于是特别体贴老公。

要不是孩子那个样子，估计她一辈子都不理父亲了。

各位学员，大家要去看人性。

所以，尽管这位家长已经觉得很委屈地在自己没有错的情况下认了错，但是我依然要帮她扒这层皮，自我反思远远不够，还很不是东西。

如果这位家长听完我的课，能把我讲的内容讲给父亲听，或者说把这一段录音让父亲听，然后请父亲讲一讲那天晚上他到底怎么了。如果你真的能听到实话，你和你父亲之间才能找到那种亲生的父女关系，否则依然是有非常大的隔阂的，这个问题没有真正解决。

希望大家从这份作业里边能够学到更多，更深地理解人性到底是怎么样的，智慧到底是什么。

其实咱们这位家长缺少的是慈悲心。慈悲心不能生起，所以，当时她尽管在容忍，但是对父亲那种受伤的感觉体会是远远不够的。

父亲是一个受害者，不是一个肇事者。你把他当成一个肇事者，自己就会委屈地去道歉，去改变。为了自己还有孩子，为了减少自己含辛茹苦，让他们更多地含辛茹苦，然后去请他们回来。

大家好好体悟这个故事，好好体悟这里边的细节，就是人性当中非常细的那些情感，还有一个被宠坏了的女儿的那种自以为是和冷漠。

第五章

接　纳

——和谐沟通之道（一）

接纳是初步的肯定，它会让对方感到轻松自在，愿意把心里话说出来。

第一节

❦

内 容 讲 解

和谐沟通之道，我们将分三章来讲。和谐沟通分三大步骤：接纳，理解，建议。接纳是人所有幸福的根本。

每一个人都是自以为是的。他总觉得自己很对，喜欢人们肯定他，讨厌人们否定他。我们在看到对方犯错的时候要说怨我而不能说怨对方，就是因为他喜欢肯定、讨厌否定。你如果怨他，就必然是在否定他，接下来，一定是他要改什么。如果怨自己，就是自己要改变什么，主动权就拿到了自己手中。

主动地否定自己，肯定对方，这个做法符合小人自我的理论，符合人性的特点和沟通规律。

认清人的本质、人的小人自我的禀性，大家自然地就会接纳对方。没有接纳，就谈不上帮助。接纳是和谐沟通的基础。若想让对方听我们的，首先就是接纳对方，也就是说，他这么做是有道理的，是对的。进一步，我们把这个想法表达给他，让他感受到我们认为他是对的。不是你觉得他对就行了，而是你要让他感觉到你认为他对，让他感觉到他在你这儿能够得到真心的接纳和肯定。这样，他会觉得在你这儿很安全、很自在。

当孩子犯了错误或者做了什么不好的事情时，要在我们面前自在是很难的。谁难？我们难。

为什么？

因为我们看到他犯错了，我们看到他做了不好的事。我们的心是小人自我的心，是非常自以为是的。对别人的错误，我们特别善于明察秋毫，特别喜欢一针见血地指出别人的过错，所以我们每一个人都愿意去揪别人的辫子，而不是接纳对方。

一、什么是接纳

接纳最大的问题在于小人对小人，不能接纳也是因为小人对小人。一颗自以为是的心去对待另一颗自以为是的心，就像两只刺猬，靠近了就互相扎，不是你扎我就是我扎你。接纳是非常难做到的，一般人根本做不到。

有很多家长听了课后对我说："唐老师，接纳很简单，我就是不会提建议。"这不过是自以为是。如果真的做到了接纳，建议是自然会出来的。

接纳是什么？是让事情依它本来的情况而自然存在，不去评判和反对它。

接纳是让对方以现在的情况感到自在，不需要改变什么就要感到自在。

做不到接纳，就会给自己带来烦恼。

下面这个案例是我和一位网友的聊天记录，他是一名大三学生。

大三学生："唐老师，我考上大学是因为看了您的微博。现在我遇到了新问题，觉得自己掉入了怪圈。我总是注意我的竞争对手在做什么，而不能静下心来做自己的事情，很是苦恼。"

我："把心思放到做自己的事情上。"

大三学生："我知道，但在做自己的事情的时候，总是不由得就会想我的对手在做什么，似乎不可控制。"

我："如果不能控制，就拿出时间来想好了。"

大三学生："但是想了，又做不好自己的事情，好矛盾啊！"

我："你想别人在做什么，想别人哪有做好做不好？"

大三学生："好像没有。"

我："那应该怎么着呢？"

大三学生："还是得做自己的事情。我的烦恼就在于我知道自己应该静下心来做自己的事情，但怎么也静不下心来，控制不住想别人在做什么。"

我："静不下心来就先想着。"

大三学生："那就没法做事情了。"

我："想完了该做什么做什么。"

大三学生："好吧，好像问题就是这么简单。"

从对话中我们看得出，这个大三学生的问题在于他不接纳自己。如果他能接纳自己，虽然他本身的状态确实不好，但他就不会这么苦恼了。而不这么苦恼，他才能够平静地去面对问题、解决问题。

他实际上是自己在跟自己过不去：处在一种状态，认为这种状态不好，想改变又改变不了，于是陷入苦恼。我在接纳他现有的状态。我不说他做不到不想对手，不行；而是说他做不到不想对手就先想着，想完了再干自己的事，这是他可以做到的。我和他的对话，是可以有的一种引导方式。对话，是因对方的情况而决定说什么话的。

二、三种语言教化方式

大家知道，有三种语化（语言教化）形式：庆慰语化、方便语化和辩扬话化。我和他的对话在方便语化与辩扬语化之间。他是一名大三学生，他的知识水平和理解能力决定了跟他是可以讨论问题的。但是，因为他没有听过我的课，只是读过我的微博，所以我不跟他讨论智慧和愚蠢的问题，更多的是直接引导。

在我的引导中接纳了他的现状，比如我不说："你想这个有用吗？这不是愚蠢的吗？"这样的话对他来说是没有用的，因为他心里没有愚蠢和智慧的概念。我只是引导他接纳自己：既然你非要想对手，既然你不能改变你不可控制地想对手这个愚蠢的状态，那你就先想着，先接受自己的愚蠢。你接受了自己这样一个愚蠢的状态，就可以不难受了。而不难受了，你就可以解决问题了。在整个对话过程中，我是在很直接地帮他解决问题。

如果提出这个问题的是学习过平等思维的家长，我会带着他把问题归到智慧与愚蠢上，让他看清楚自己这个想法的愚蠢，破掉愚蠢，从而解决问题，提升智慧。

换一个条件来说，如果这个大三学生说他跟着我的博客读了很久的话，那我就会引导他看到事情的因果关系，让他发现自己的愚蠢，帮助他提升智慧。但是，他只是说几年前读过我的微博，从他的话语中我估计他现在心理很脆弱，所以我只是直接地去跟他讲事情本身。我只是让他看到，他没有不对的地方，他面对的是一件很简单的事情，完全可以不苦恼的。

在我和他的对话过程中，实际上把和谐沟通之道的接纳、理解、建议三部分都融入了其中，最后等于给他建议了。建议是自然而然出来的，它本身就在接纳之中。我们会发现，在整个对话过程中接纳和建议几乎是不可分的。这是一个规律：接纳对方之后，就能自然地做到理解，而建议也会随之而出。家长越能接纳孩子，就越能帮助孩子解决问题。

语言有教化的功能。

在运用语言进行教化时，哄孩子式的，比如："你真聪明！""你太棒了！""你的字写得真漂亮！"这叫庆慰语化。

提问讨论，直接去就事论事，这叫方便语化。

指出对方的矛盾，就事论人，这叫辩扬语化。

其实问题之所以成为问题，都是因为人的愚蠢，问题本身原本没有什么问题的。

对事不对人，说这话是从沟通和谐角度出发，为了让对方心里减少压力。但事情做不好，一定是人有问题，要想真正解决问题，必须从挖掘人自身的问题入手，找到人深层次存在的问题，从这个层面加以纠正，才能奏效。所以，真正做事情要"对人不对事"。这也就是所谓的辩扬语化的就事论人。

我们还以这位大三学生的事为例，来帮助大家理解一下三种语化。

这位大三学生自己在跟自己较劲，事情本身是没有问题的：做事的时候会想对手，那就想好了，想完了再做事情嘛！就是这么简单。但是他会认为：我想对手了，我不该想不能想，我这么想不对。于是，他就开始谴责自己，让自己难受。这就是他的思维死角。他觉得有一个问题很矛盾，其实不是问题矛盾，而是他这个人矛盾。把问题给他剖析到这个层面，就是辩扬语化。

直接把事情本身的矛盾揭露出来，让他看到这个问题是很简单的，这是方便语化。

听他倾诉完内心的矛盾后，告诉他："你开始思考很多问题了，这非常好，说明你正在走向成熟。"这叫庆慰语化。

家长对孩子，运用庆慰语化比较多。庆慰语化是以接纳为前提的。那么，辩扬语化里有没有接纳呢？表面看，它似乎是揪对方的错，比如说着说着就指出对方的愚蠢了。有人会说："这和一般的批评不是一回事吗？"

当然不是。

在运用辩扬语化指出对方的愚蠢时，其实真正有智慧的人是心疼对方的，这是辩扬语化和批评的区别所在。一般人批评孩子是觉得他表现不好，你想揪他的耳朵，恨不能使劲儿照他脑门儿上点一下，最好让他感觉到疼。这时候，你心里带着对他的反感、讨厌、不接受，你在生他的气。而辩扬语化的出发点是，我们很清楚人是有小人自我的，人是愚蠢的。当我们看到对方因他自己的愚蠢而导致自己痛苦时，我们会心疼他，会为此而想帮助他。

辩扬语化是因接纳而出的，庆慰语化、方便语化也是如此。为什么说语化而不说语言？从教育的角度来说，用语言给对方带来正向的改变叫作语化。语化的本质，或者说语化的根本都在接纳上，不接纳对方，这三种语化都无法运用。

一般的批评，一般的以对抗方式来实现的对对方的改变，都没有接纳在其中。《道德经》中说："夫兵者，不祥之器。"我们可以理解为兵者是不祥之兆、不祥之事，"兵"的意思就是大家用对抗的方式解决问题。什么叫对抗？我对你错，我善你恶，我活你死。凡用对抗的方式去解决问题，到最后结果都是不祥的。所以说，大家可以记住这么一句话："夫兵者，不祥之兆。"你只要用对抗的方式来解决问题，就一定会导致不祥。这也就是我无数次地跟家长说过的那句话："只要家长跟孩子对抗，家长就永远是失败者。"

接纳孩子，你的心是慈悲的、包容的，看到孩子有什么问题时你会这样想：第一，他做错事情了，他那么做有他的道理。第二，他不还是个孩子吗？他做不好事情太正常了。这是一个包容、接纳的人基本的心态，他会永远用这种心态来面对一切，所以对他来说什么事都没什么大不了的。他是孩子不懂事，所以，我来帮他改变。

当家长以这种心态看孩子时，就会永远笑眯眯的。比如孩子正做着作业不想做了，找个借口要出去玩。你会看着孩子笑一笑，慢悠悠地逗上他两句。你不会心里气愤着："哎呀，他又要不写完作业就跑出去玩了！"然后压着火琢磨怎么跟孩子斗智斗勇。那样不会有什么好结果的。

做到接纳，孩子会在我们身边很自在、很开心。接下来我们就能帮助孩子了。

有一句英文短语是：Let it be。也就是说，要允许一个人做他自己，要让事情依它本身的规律来发展。

我们要允许别人以他现有的状态存在，如果你说："我就是不允许！"你不允许别人也是这样的状态，只不过你变得难受而已。如果你能允许别人以他现有的状态存在，不去否定他，他会因此而对你充满好感，你就可以带着他从现在的状态走向更好的状态。如果你不允许他那样，非要扭转他，非要矫正他，当对抗产生后，你就可能怀着一片好心把他带到沟里去。

我们要允许别人做好他自己。

什么叫做好他自己？

他认为怎么做好他先这样做着，然后我们帮他变得更好。

什么叫帮他变得更好？

让他知道怎么样会对他自己更好，帮他找到方法，鼓励他去做对自己更好的事情，鼓励他用我们帮他找到的好方法去做对他自己更好的事情，这就是帮助。

接纳，是为了帮助对方变得更好。

如果跟对方沟通不好，那肯定是自己没有做到接纳。大家千万不要说："我哪儿都好，怎么结果就是不好呢？"结果不好，一定是原因有问题；沟通不好，一定是自己没有接纳对方；孩子不好，一定是自己的教育有问题。

与人沟通要做到接纳，教育孩子要做到接纳，自我成长要做到接纳。接纳，会让一切从好走向更好。

真正做好了接纳，就不会怨对方，就可以从自己出发提出解决方案。这就是我们的矛盾万能解决三步法。

三、接纳的极端案例和有关训练

有些学员学了多年平等思维，对接纳依然不能体悟。现在，我拿一个最极端的案例来给大家讲什么是接纳。

一个孩子对妈妈说："妈妈，我活够了，你掐死我吧。"接纳是凡事说好，这时妈妈能不能说好？绝大部分家长认为不能说好。

有一位家长说："这个时候我觉得孩子是一种负面情绪，我真的说'好'的话，他会怎么办？会不会……"

我问她："你不说他会怎么办？他就不做了？"

她说："可能表面上不说了，但心里还是……"

其实，孩子是这么说了，但真的是你一句话，他马上就死了吗？

我来告诉大家，怎么叫无限接纳。

孩子说："妈妈，你掐死我吧。""好啊，妈妈可以掐死你，但是妈妈有什么理由呢？你讲讲为什么你想让妈妈掐死你。"

记着，接纳不是去执行，是觉得对方这个态度有他的道理。

他说出这句话来是他现在很烦，你说"好"相当于接受他现在很烦的这个状态。他说这句话从他的角度来说有没有道理啊？当然有的。

不是你真的去执行、去掐死他，接纳是心理状态、心理工作。他这么想是有他的道理的，但不是你马上过去掐死他。大家要分开。心理状态，就是对他的态度的认可。

一个人想自杀，一定有他觉得活不下去的理由，他肯定是觉得"我活不下去"才想去自杀的。那这个理由对他来说有没有道理？当然有道理的呀，但是这个表示你支持他死吗？不是的，这根本就是两回事。

为什么我说极端，就是大家要分开来。为什么我说"你掐死我吧"，是因为大家常常认为"我一接纳你我就得按你说的掐死你"，这根本没有关系。

接纳是，你想死有你的道理，但我不会掐死你的。你再有道理，最后你证明完了我也觉得你死是有道理的，但我永远不会掐死你。

因为掐死对方这是一个违法犯罪行为，这不是你接纳对方的一个简单的心理过程的事。

怎么叫接纳？接纳是你说的有道理，不是我就按你说的做。

很多时候家长说孩子玩游戏，我们学了平等思维，就让他多玩吧。最后惯得孩子沉迷于游戏就是平等思维教的，不是的。

"不是说无限接纳吗？你不是说凡事说好吗？"

孩子说："我要死，你掐死我吧。"于是妈妈就把孩子掐死了，然后说："唐老师，你不是教我们无限接纳吗？"你掐死孩子成了我教的了。这是哪跟哪啊？

孩子要死有他想死的理由，但是你掐死他，跟这个他要死你觉得他有理由，是根本的两回事。

这个接纳，大家要分清楚的。

也就是说，他只要做负向的、损害自己的事情，你支持他，就相当于纵容。但是他那么做是有他的道理的，这叫接纳。

沟通是什么？

沟通是他现在做着损害自己的事情，你先接纳他没有办法才这样做，然后再帮他一块认识到还有更好的做法对他有利，帮他去选择更好的做法。这就是沟通。

他说："你掐死我吧。"

"啊，你现在很烦，想死是有道理的。"这是接纳。我们要理解他任何的想法，大家知道，如果一个人心里真的产生了一个死的念头的时候，那么那个死的念头是有非常强大的背景作后盾的。他不会没事，比如说杯子"啪"掉地上了，然后他说"我要去死了"。不会是这么小的事，他一定有好大的事，遇到了他过不去的坎儿，他才会想着去死。所以从逻辑上来讲，他那个逻辑是存在的，是合理的，或者说至少在某一个角度上是合理的。我们可以认同这个角度，说"你有这个想法是有道理的"。

然后说，"妈妈怎么可能掐死你呢？妈妈特别想知道，你到底遇上什么问题了？你把问题说出来，咱们一块聊聊这个事。"他讲具体的问题。了解了情况，你就可以和他一起分析："我们看你遇到的情况当中，这个事是怎么回事，他那句话是什么意思。他是一个好意，但让你感受到的是一个歹意，是一个比如批评、讽刺、挖苦。"这时你再和他讨论这个问题，就不一样了。"想明白了你就发现，你身边的好多人都很关心你的。"做好了接纳、理解之后，再提出建议："哎，这件事，你那么做不就行了吗？那么做，又轻松又开心，好不好？"他会说："好的。"这时，他还有"你掐死我吧"这一说吗？就没了。

大家去好好理解这些内容，理解接纳到底是什么。

在操作接纳的过程中，有一些学员出现了偏差。下面我们来看在2017年8月份举办的第108期认真能力训练营上，一位家长学员和我的对话。

案　例　｜让孩子昼夜颠倒打游戏是接纳吗？

家长：唐老师好！我以前特别怨恨老公，现在，这种感觉真的放下了。我就想跟老公一起，来面对孩子的状况。但老公认为我学了平等思维后特别地放纵孩子，他心里一直是这个知见。

上学期孩子请了一段假在家自学。在快要放暑假的时候，老公对我说："放假你赶快回家吧，他是准备撸起袖子大干一场，把家里的网络也通了。"他认为孩子是沉溺游戏才这样的，他的意思想把孩子别过来。

我当时一心想着要和他一起来面对情况，我不认同他的观点，但我也没说什么，我把手头的工作处理处理就回家了。

这样过了一个多星期，孩子的班主任老师办了一个学习班，是我老公帮忙找的场地，我孩子就跟着上了。在孩子上学习班的这一个多星期里，我每天给他们做好后勤，老公对孩子说："这个暑假，你付出多少得到多少。得到就是指你玩电脑玩游戏啥的。"老公给了孩子一个苹果电脑，如果孩子上午不想去上课，老公就用他那一套，不让孩子玩电脑了。他上午这样做，孩子下午就不去上课了。然后又出现过一次这样的情况，我就跟老公讲："你看上一次你说没做就得不到，结果孩子下午就不去上课了。今天让我试一下吧。"他就说："你去试。"我就是给他们做饭，买孩子喜欢吃的东西，然后中午喊孩子起床，正常起床吃饭。吃过饭，我啥都没讲，没谈怎么得到什么的话。我们睡午觉的时候，我说："儿子你不睡了吧。"他说："我睡了一上午了。"我说："那你不睡觉，你玩吧。"结果下午孩子就自己跟爸爸上课去了。老公觉得神奇，其实我知道就是这么回事。

孩子跟我说了一个心里的想法，他说这个暑假要看一个游戏世界大赛，时间是 3 号到 13 号。我想，可能上这个课儿子并不是真心想去的，但是他惦记着后面这个游戏大赛，这可能是他的上课动力之一。

就这样，到了我们上幸福之道中级班家长课的时间我就来北京上课了。上课的第二天，晚上七八点我跟老公通电话，还一切都正常。到了夜晚 11 点的时候，我收到短信，是儿子让别人发给我的，说："妈妈你上 QQ。"我上 QQ，他就和我说他从家里出来了，拿着爸爸的笔记本电脑，跟爸爸发生冲突了。我仔细一问，还是这个原因，他上午不上课，爸爸给他啥都断了，他就受不了了。因为联想到可能他在家里，游戏大赛马上开始看不了，他就跟我商量这个事。后来我说："要不你到北京来吧。"他特别愿意。我说："你回家跟爸爸收拾行李，让爸爸送你来。"他坚决不干……

我：要快点。

家长：现在的问题是什么呢？孩子在我跟前，我明天就回家了，孩子的游戏大赛还没看完，要看到 13 号。昨天我和孩子商量，我说："还没看完，怎么解决这个问题？"孩子也问我："妈妈，怎么解决？"我说："那你说说怎么办？"我 10 号到 13 号不在家，要去外地。他说："我想在家看，但爸爸也在家，家里又没有网。"我问："那怎么办？"他说："那就我到网吧去看，你给我钱。"本来我想，孩子的需要首先要满足他。后来我又觉得，如果我把孩子放到网吧，老公肯定不能接受。要放在家里，我觉得比较安全，可能老公也能看好他。但是我考虑到，老公一看到儿子十几个小时都在上网，可能心里就比较堵。而且，现在有个情况，就是老公非常非常焦虑，身体方面也因为这个原因吧，不太好，而且只要谈到儿子……

我：（打断）好。问题？

家长：问题是，我怎么解决？

我：你这样吧，孩子如果有一些好的表现，那么你老公那边就可以配合他看一些。如果你跟孩子一块儿说："我们在这儿，如果你除了看这个大赛之外，还上了什么课学了什么东西，这样我跟你爸爸商量，他就会同意了。"这样的话，孩子就在进步，又在学点东西，然后看这个大赛也就容易了，为什么不这么做呢？老公这个所谓的阻力，就是你跟孩子一起来对抗的一个压力。那么，不是对抗老公，而是拿着老公的要求我们一起去满足。这样的话就可以让孩子因为疏解了这个对抗，得到他自己想得到的利益。你这儿可以让他退一步，你不需要逼他。

家长：嗯。

我：让他退一步去学习一些东西，这不是很好吗？

家长：哦……

我：我问你，你回去以后跟你老公说，孩子这一段在这儿做了什么？不会他就天天玩游戏，在你这儿玩游戏玩得特别开心吧？

家长：目前状况就是这样的。

我：如果是这样的话，孩子为什么交给你教育呢？你为什么不跟孩子商量商量上一些课呢？

家长：因为那个比赛是夜晚开始，要看到早晨七八点。他白天的时候就要睡觉。

我：你确定他拿不出两个小时来上一次课吗？

家长：我跟孩子……

我：（打断）你确定吗？

家长：不确定。

我：所以，你记着，你跟孩子商量，说："你回去那几天，你爸爸他得同意，要不咱没法做。"对吧？

家长：对。

我："那这个时候，我们适当地做一些学习上的事情，就为你将来看这个大赛留下一个出路，是不是啊？"这不是一个很好的路吗？对不对？

家长：那孩子要不听我的呢？

我："那你爸爸那样，我也没有办法。你也知道你爸爸一生气这么厉害，对不对？所以我觉得如果咱们能够退一步，你呢，该玩的玩了，能够适当地学一点，那么，将来我也好跟他商量。如果你一直这样玩，他要生气，我也没办法。

你目前这么一个状态，作为妈妈，我把你教育成这样，我觉得我也很失败，我是没有办法的。如果你爸爸拿着这个说话，我确实没得说。你适当地学一点，那我就好跟他沟通了。"同意吧？

家长：同意。

我：那你就这么做。

家长：孩子说："你给我钱，我到网吧去。"我怎么跟他聊？

我："那你能天天不回家吗？"

家长：就是这样。

我："如果你爸爸问我你去哪儿了，我怎么说啊？你天天住在网吧，你觉得当妈妈的我能这么做吗？"

家长：不能。

我：你是没有智慧才这样做。

家长：对，是的。

我：家里有一个对抗的力量是非常好的，我们就跟孩子一起，来柔和地跟对方合作，这样的话，也就是压力不需要你来出，你不需要逼着孩子学习，他就逼着孩子学习了，对吧？然后你帮助孩子达成爸爸的学习要求，这个逼迫就没了，而孩子又可以学一些东西。我们又可以进一步沟通，在接纳的情况下，帮助孩子去做一些事情。这不是很好吗？

家长：我现在是担心我跟孩子的沟通也不够好，孩子如果听不进去……

我：你就对孩子说："回去以后，咱们怎么跟爸爸说，爸爸可以允许你接着玩？你告诉我。"对吧？"你想想。如果你想不出来，那我有个办法试试看。在这儿的几天，你可以拿出时间来，每天上两三节课，这样我回去就可以跟爸爸说，你在那儿，除了玩，还学了些东西。对不对？如果他不同意，那你再想想，我也没有办法，你想出办法来我就可以配合你。不损害你的健康，不损害你的前途，妈妈就可以帮你。"

家长：嗯。

我：记着，你没有智慧，孩子跟着你，就一定受你的害。所以自己变智慧才是根本。你看你在这个事上有一系列的问题，你可能有无限的事，都需要做判断的，但我不可能天天跟着你，是吧？如果我要帮助你解决问题，我需要拴在你裤腰带上，天天陪着你。大家想怎么可能？

（对大家）所以你们需要变智慧，就是在每一个这样的时候，你的处理是恰当的，那慢慢地孩子就变好了。孩子在变好的时候，他的每一个不好，你再要么把不住放纵，要么另一个又极端的打击，这么揉来揉去，到最后孩子就完蛋了。所以大家好好学习是根本。

大家同意吗？

她这个问题很典型，我相信在座好多的家长都可能面临类似这样的问题，大家要一块儿商量，达到一个平衡，这个平衡要有正能量，要有负能量。正能量足了，相对的那些负能量的发泄就可以得到一定的满足。所以，孩子的学习时间一定要有一些，这样对孩子未来得到玩游戏的资格是有好处的，是不是？

家长：就是跟孩子说，无论什么事都跟爸爸一块儿商量，让孩子知道有个进退？

我：对。

家长：好，知道了。

我：咱们两个聊的，和你能跟他聊到什么程度是根本两回事。我跟你聊这个，说实在的，我是讲给他们（指现场的各位家长）听的。

家长：嗯。

我：你能做到哪一步，看你的智慧水平。你要是智慧水平足，很快就能达成一个平衡，甚至让孩子主动说："我晚上看了比赛以后，白天睡到下午几点钟，起来之后我安排模块课，上几节课。"孩子主动说了，事情就很简单了。明白吗？"你不说上课学习的事，就说成夜地玩，然后第二天睡觉，爸爸同意不同意？你说他同意不同意？"

一个人能够知进退，能够退一步去跟别人商量问题，这才是最好的。对不对？退步是向前，这个是你的智慧。

你的智慧足够，跟他沟通就很容易。你智慧不足，跟他沟通就达不成。达不成，他就受伤害，你们的关系就受伤害，接下来孩子又是往下走，是不是？

家长：嗯。

我：（对大家）大家听这个故事，要从中得到启发，得到帮助。（对提问家长）

好吧？

　　家长：嗯。

四、"摄像头"式情绪观察法——接纳自我的训练

　　我们有一个课叫温暖智慧课，也就是亲娘班，两天时间，专门教接纳，带着大家做一些相关的训练。因为大家在学习平等思维的过程中发现，接纳是最难做的。我们的老家长，问题往往是出在接纳上，所以接纳是学习的重中之重。

　　接纳可以说是一个愚蠢与智慧的分水岭。学会了接纳，你就开始变智慧了。接纳做不好，一定在愚蠢这边，不论你能力多强。它跟世俗的能力没有关系。你可能是一个有一千员工的厂长，厂子管得很好，但你一样很愚蠢。为什么？因为你管不了自己的孩子，眼看着他不好，你没有办法。

　　接纳是智慧的第一步，做好了这个，大家开始知道人性是什么了。而这个时候反思自己，你会看到不同的东西，就是人开始不一样了。

　　和往期的温暖智慧课上所教的接纳别人不同，在 2017 年 7 月的第 107 期认真能力训练营上，我带领家长们做了一个关于接纳自我的练习。这是我们第一次做这种观察自己情绪的练习，我们用的这个方法可以叫"摄像头"情绪观察法。

案　例 ｜ "摄像头"情绪观察法训练实录

【操作讲解】

　　每一个人想一下，近期或者以前，什么时候你出现了什么样的心理波动，比如说烦恼了、生气了，或者，别人说了什么话是让你最烦恼的。把这个想出来。

　　想出来以后，你可以试着跟旁边的人一起做这个练习。你让他把你最怕、最烦、最容易挑动你的心或情绪的那句话说给你听。他说完后，你就闭上眼睛去体会你自己的心理在发生什么样的变化。

　　记着，只去看变化，不做解释。

比如说你最讨厌的就是别人说你没用，假设他说了："你真没用！"你就闭上眼睛感觉自己的火上来，这个时候不要解释，比如"他那么说我我能不火上来吗？"这就进入思维了，不要这样。

你只体会感受。

如果他说完了你没感觉，毕竟在做练习嘛，你就去想应该找一个什么样的人说可能自己会更有感觉。比如一个男人最讨厌老婆说他没用，那你找个女人对你说"你真没用"，就有感受了，然后闭上眼睛开始体会这个感受，体会你的心理变化。

你的情绪怎么变化，你就随它变化。它要增大你就让它增大，不要去解释，不要去试着说"我压制它"，你只管试着把这个变化过程体会下来就行了。

大家明白了吗？

给大家5分钟，现在就开始做。

如果不好表现的，大家可以回想一个场景，比如说有一次受侮辱，那个时候那个状态，你闭上眼睛回到那个状态去感受那个心情。

不是聊天，大家去感受。（家长结对做练习）

（5分钟到）好了，停下来。

刚才这个过程大家有没有有感受要分享一下的？没有就过去了。（没有家长举手）

好，我们进行下一步。

你再试着去感受一种兴奋的状态，一种开心的状态，那个时候你非常开心。大家记着，不是场景。大家不要闭上眼睛放一个电影，放场景，而是放某个时候的一种感受。你就关注你的心情的生起或落下，或者什么样的话你听完了特别开心，你就请旁边的人说一下，比如他说"你真漂亮"，然后你就开始喜滋滋地陶醉于其中，慢慢地感受这种感受。随着这种感受的生起，去体会它。记着，不要去试着让这种感受增大，你只随着它的变化，它增大就增大，它没了就没了，只是体会就行了。

5分钟时间，开始！（家长结对做练习）

（5分钟到）好了，停下来。

大家来听这个课，该做练习的时候就要去做练习，不然你就感受不到这些。

将来我们在处理问题的时候会用到这些技巧的，你如果现在不练习，将来就不知道怎么做。将来遇到这些问题的时候，可能就会出现我告诉了大家做法，但是大家还会做不下去的情况。所以能去训练的时候，大家尽量地去训练。

刚才有没有谁有感受的，可以上来说一下。

【家长分享1】

家长A：我做第一个练习的时候，是对方当的我老公，她和我说的一句话就是："孩子这么不懂事都是你惯的！"当时我的感受是对老公说这话不接纳，然后心里有一种委屈，想起我付出的种种，感觉心里特别难受。

做第二个练习时我作为对方的老公，和对方说的一句话是"老婆，你辛苦了"。我说完这话以后，看到对方的心被滋养以后显得特别开心。对方的开心感染了我的情绪，我也很开心。

唐老师点评

其实我们每个人都有自己敏感的地方，可能是一句话，也可能是一个场景。比如说大家小时候受过的委屈，有时候回想起那个场景来，眼泪都止不住，那个痛苦，那个激动。

发生这种激动、这种痛苦时怎么办？

你就去坦然地面对这种激动、这种痛苦。

当你坦然地面对这种激动，痛苦时，你会发现这种激动和痛苦会有变化的。

这是一个很神奇的技巧。

这个变化是什么我不能告诉大家，但是大家去感受会有好处的。

【家长分享2】

家长B：做第一个练习时，我的搭档学着我老公的语气对我说："其实最需要改的就是你！"她这么一说，我心里的火腾一下子就上来了。但她毕竟不是我老公，我觉得情绪有点上来但我还能忍。然后她又说了一遍，我的火又上来了，但我还是觉得她毕竟不是我老公，这火我还能压下去。我觉得要真是我老公这么说，我就特别特别控制不住。后来我稍微平静了一点，她问我："你心里什么感受？"这时唐老师说停下来，我就觉得我的情绪好像又下去了，因为面对的不是老公本人的时候，她说这话时我起的气、烦没有那么重。如果是我老公，我肯定就受不了了，会过去劈头盖脸跟他干上了。今天的感受是我觉得还能压得下来。

做第二个练习时我学她儿子说的一句话："妈妈，你吹到风了吗？"（扇电扇）我就看到她的眼圈红了，虽然她是闭着眼睛的，但是她脸上有那种会心的、欣慰的笑。当我看到她眼圈红的时候，我想到我儿子要是这么跟我说，我肯定也会心里有感觉，会很温暖，我也会忍不住要流泪的。我就是这个感受。

唐老师点评

我们做的练习是让你感受它，但是她刚才讲的是"我能压得住"，也就是说，在这个过程中，她在干涉她的情绪了。

其实我们现在要求的是你作为旁观者看这个情绪怎么变化。去看这个情绪，而不是你要去干扰它、引导它，不要让它起来，不要让它怎么样，因为这是不好的。你这里是有评价、有干扰的。

为什么我要提醒大家分享？因为说一个操作大家要做到很难的。我们已经习惯于干预我们的情绪。其实你干预也干预不了的，对吧？但是你又去干预它。

不要让干预出现，而是观察，就是它怎么起来就让它起来。

"我非常烦"，那你就看着它烦就行了。你不要说不能烦，你就看它。明白吗？因为这是我们对情绪认识的第一步，就是它起来了，你就看它，闭着眼睛看它，看它怎么样。

它会火越来越大，你不要管它，你就由着它。

你会有一个发现，你就去看它，而不要说"我压住它了"，"我能不能压住它"，"哎呀发现压不住了，我的火压不住了"。

你不要压它。

那个火是怎么样子，你应该描绘，比如"她一说完后，我的火就起来了，是怎么样的，怎么起来，越来越大，怎么样"。

大家要观察。

什么叫观察？

观察就是，比如炊烟升起来，开始是白色或者灰色，然后开始飘动，风吹着怎么样转弯。这个风不是你要吹它，而是它自然地走向这个方向，你只管看它。你是旁观者，你在观察它，而不是介入要动它。

你希望这个炊烟直着上去，于是它一拐弯你就赶紧用手挡了挡，又挡了挡，再弄个筒子看能不能让它直着上去。这都不是对的。

我要大家做的是观察，是作为旁观者观察。

你就像在一个河边看着河水哗哗地流，那上面"嘣"了一下，因为底下可能有石子有什么的，它上面就会有一个表象，水是这样的。还有的时候水"咕嘟"冒一个泡，你就只管观察。冒泡的时候你不要想"这个底下是不是有鱼"，水起来的时候不要猜"底下有没有石子"，你只管看这个情况。

我这么说是因为我描绘它怎么样，但是大家只管说这个水在流着，这个地方起来了，有浪花，然后冒泡……大家就像流水账一样地去观察它，甚至不要用语言。

我刚才这么说是因为我要讲给大家，我又没法把我想象的放出来，所以我要用语言描绘。

大家不要用语言描绘，要放弃语言，只管观察你的情绪。

【家长分享3】

家长C：做第一个练习时，我当时一下子就想起了工作方面不能接纳的一件事。我的搭档是一个慢性子的人，而我是一个急性子的人。她每次上课的时候，上课铃响了，她才慢悠悠地放下手机，然后慢悠悠地上厕所，再慢悠悠地到教室。下一节课是我的，我去上课的时候她才下课，然后学生们也才出来上厕所。我对这件事特别不接纳，感觉很抓狂。当时我想出来这件事之后，自己闭上眼睛想，感觉到内心非常抓狂又无可奈何。

做第二个……

唐老师：等一下，你看了多长时间？

家长C：看了……

唐老师：就是那个情绪起来多长时间？

家长C：当时我在感受到自己抓狂、无可奈何的时候，一下子就跳出来了，想：我该怎么去解决这个问题？

唐老师：也就是说你又进入一个去干涉这个情绪的状态，其实你要能解决你早解决了。你琢磨这么久的事了，怎么可能你这一会儿就解决了呢？对吧？其实你只管看它。

也就是说，大家做这个练习基本上都没有做到，大家总试图用人力解决它，但是解决不了的。

这就像我们的孩子，我们提醒他好好学习好好学习，他就不学。现在我们要你看你的情绪，你又在想着"我怎么解决它"，你要能解决它，你过来干吗？你根本解决不了的，你应该知道你解决不了嘛！

这就是我们那个头脑的愚蠢，就是让你去看，但是你总想去动它，你去戳动它，但是戳呢又不解决问题，你又不能专注地看它。所以，专注地看，这是大家要做的。就是去观察，观察那个情绪起来了怎么样。大家明白吗？

你继续说。

家长C：做第二个练习时，唐老师一说让找自己听了最舒服的话，我就自己在那儿摇头晃脑地说："我最喜欢听到的就是老公表扬我，说'哎呀老婆你太智慧了，老婆你太棒了'。"当时我就这么一个动作（做兴奋样动作），做完了，我就静下心来，感觉到自己内心的那些小人全部在跳舞。

唐老师点评

你看你这在评价了，你又在评论了。

你只管开心、跳舞，不要说这个跳舞的是小人。明白吗？

因为我们说小人自我是一个愚蠢的自我，对吧？你如果观察，你观察不到愚蠢。大家想是不是？

这就像一群人跳舞，你怎么说这个跳舞是愚蠢？观察怎么可能出来愚蠢？只有评论才会出来愚蠢。是不是？

所以，你只管看"我的心在跳舞"。

你可能偶尔想起来，唐老师前几天说过的那句话：任何一个不曾欢舞的日

子，都是对生命的辜负。（现场家长笑）

我要说的是，你要洋溢出那种感受来，你去感受那种感受，观察那种感受，而不做任何评价。不要说"这是道德的、不道德的，这事情过分了，我应该收敛一点，要不我这张牙舞爪的，会不会让别人看到我有碍观瞻"。不要去想。

你只管由着它，你就去观察，由着它去起落。你只管去观察。

只管观察的时候，没有小人在，也没有君子在，没有贞节烈妇，也没有荡妇。

大家理解吗？

你只管看你的心思，你的心思是什么样的就是什么样的。

比如看到一个帅哥，"真帅"，然后接下来，其实我们这个社会的道德就会进来，这个道德的语言就会告诉你："到这儿，别再说了。"

可能你的心思想："要跟他拥抱是什么感觉？"然后马上说："哎呀，我太淫秽了。"就开始压抑自己。

如果说看着两个人开始亲热了，你会想："哇，这么一个男人，什么感觉？"又告诉自己："不行，我不能这么想。"

你看，你始终在搅，而你应该去坦然地看自己的心，"我的心思是什么样的"，去看，不去做评论。

大家明白吗？

去观察，不做评论。

你是什么样，你去观察什么样。

观察，不做评论，这是我对大家的要求。

我刚才是用极端的例子让大家知道我们要做的到底是什么。明白了吗？

咱们重做一个，这次做得都不行。

现在，大家想想你从小到大被委屈的、最冤枉的、被骚扰的事情，或者有一个特别恶心的人，如果你曾经在电视上看到一个特别恶心的人，你就想象他过来亲你一口。如果想不起来，大家想《大话西游》上紫霞仙子变成猪八戒的那个样子，一个猪头要亲你一口。

要找到这种刺激的场景，最好是你生活当中经历过的。想好以后，闭上眼睛，去感受那个感受，去观察那个感受。你只管观察。

133

记着，刚才我说了什么叫评论。不做评论，不要去压抑，也不要去张扬它，觉得："哎呀太舒服了，再待一会儿吧。"不要。是只管观察。

不要介入评论，不要道德，什么都不要，去这么做。

我这么讲，大家理解吗？

对这个有没有问题？（现场家长表示没有）

没有问题，十分钟开始。（家长做练习）

（十分钟到）好，停一下！这次感受怎么样？来，有没有要分享的？举手！好，举手最高的上来。

【家长分享4】

家长D：刚才唐老师还在说的时候，我脑海中就出现了一个人，然后我的心就开始发抖了，有点毛骨悚然。唐老师说闭上眼睛的时候，我不自由主地肩在抖，很害怕，然后眼泪就流出来。我还没想到他亲过来就已经受不了了，我睁开眼睛，发现自己的手抖得不行，已经没办法闭上眼睛继续去做这个练习。我就坐在那里，发觉自己的手是发麻的。

我就是那种很害怕的感觉，没办法自己一个人跟这样的一个人待在一起这种感觉，就是很害怕很害怕、很惊恐很惊恐的样子，自己又没有力量去摆脱。没人帮助我，有一种很绝望的感觉。（几乎整个过程都是哭着说的）

唐老师点评

她说的这个事情我了解情况，大家不要想象力过丰富了。其实她说的只是她的一个客户而已。那个客户因为帮她赚到钱了，觊觎美色。她很讨厌那个客户，但那个客户老约她。

她只是这么想，大家不要猜得更多了，仅此而已。

她只是心里有这种恐惧感受，这种恐惧里边还有很多其他的东西，如她的分析当中有好多的评论，其实她是进入了这种恐惧状态，而没有在观察这种恐惧。现在她在说，看似在观察，实际上她在回忆。

如果没有进入这种恐惧状态，就是在看着这种恐惧。但是你一旦进入恐惧状态，你就会恐惧，你就会开始发抖，那种难受就出现了。你如果看着，有什么恐惧的呢？

那个事对她来说太严重，严重到她走不出来，以致在她叙述时又进去了。但这是假的。

睁开眼睛你就看到你在这儿，那个人不会在的，他不可能亲到你的。没有那么恶心。

刚才听的时候我还在想，咱们应该准备一些塑料袋，万一她要吐了怎么办？弄个塑料袋，要吐的时候赶紧拿起来。

好，我们要说的是，你去观察你的这个感受，是观察它，不进入它。

你进入它以后就开始发抖，你感觉无助，而观察它的时候你跟她（产生这个感受的主体）是不一样的，她在受害，就是你的身体在有感受，但是你的那个观察的心是没有问题的。

大家理解吗？

观察就有观察者和被观察者，大家想是不是？

那是谁在受罪啊？

是被观察者在受罪，她在难受。

观察者呢？

你在看着呀，你看着这个女人在难受。

那这个看的人难受吗？

你观察怎么会难受呢？

比如说，她刚才说着说着哭了，可能在场的很多男人都想：哎呀这个女人真可怜！这是从男性的心里起了一个对这个女人的感受，这个不是观察。

眼睛怎么会看到什么"真可怜"！

比如我用眼睛看，眼睛会起什么感受吗？

所谓色迷迷的眼睛，是眼睛色吗？

不是，而是心理的一种体现。淫欲之心怂恿我们的眼睛去看，眼睛才变得色迷迷的。

眼睛怎么会有色迷迷？

眼睛观察，眼睛是不会有情绪的，所以我们要试着让自己变成一只眼睛，看着我们自己的心在经历一种情感。

大家理解这个意思吗？

她说发抖、手发麻，就是她陷入了回忆。去观察，那个时候你就一下子跳开来。如果你能做到就跳开来，做不到就进入其中，相当于又掉入地狱了。

但是，如果你看着一个人在地狱，你不会难受的，大家理解吗？

"那看着我的身体在地狱，会怎么样？……"

我不说答案了，说答案就引着大家在思考了。

你们最好观察出来，然后我告诉你们，我来帮助你们调整，而不是诱导你们去往哪儿想，那是不好的。

你们就去观察。

眼睛是不可能有感情的，它就像一个摄像头。摄像头无论看到美丽的花朵，还是看到杀人犯，它不会发抖的。

摄像头不会看到一个杀人犯，然后"得得得"发抖害怕了，它怎么会害怕呢？

也就是你的心在感受一个恐惧、烦恼，但是有一个摄像头在拍摄这个烦恼，大家明白吗？

你要成为那个摄像头。

这么说大家理解了吧？

摄像头怎么会有烦恼呢？

当你变成摄像头的时候，你就可以始终不带任何情感地去看着这个肉身、这个心在经历一个磨难，经历一个什么。大家理解吧？但我们要做的是心，大家不要说肉身了，那个时候你心里在拍电影了。不要拍电影。

我们要观的不是一个场景，是一种情感、感觉。

你要有一个摄像头拍你的感觉。

【家长分享5】

家长F：唐老师刚才说让想一个恶心的人，我听了以后，马上就觉得从这个地方（以手示意胃部）起起起，起到最后我觉得我快吐了。

我：是怎么回事想吐了？

家长F：你说想一个恶心的人，然后我就觉得从这儿（胃部）起。

我：看来大家很多人心里都有一个恶心的人。

家长F：感觉从这儿（胃部）开始起，起到这个地方（喉部），我真的快吐出来了，后来是压抑住了。就是这么一个过程。

我：下一回准备塑料袋，你要想吐直接吐出来就行了，不用压抑。然后？

家长F：到了这儿，我……

我：压抑住了？你知道想吐要压抑住也是一个不舒服的感觉。

家长F：是的，就觉得这个地方（心口）堵得难受。

我：继续呢？就接着堵着？

家长F：后来就慢慢地好了。

我：不想这个事了，就过去了是吧？

家长F：是。

【练习总结】

大家记着，停留在感觉上，不去压抑，不去解决。要由着它，叫信马由缰。

什么叫信马由缰？

就是把缰绳放开。缰绳揪着，马就会受缰绳的约束，它不敢快，它不敢扭头怎么样的。信马由缰就是随它走，它走到哪儿由着它，这个时候呈现的才是真实的心理状态。

大家理解吗？

因为平时我们每个人都是压抑的，甚至我们做梦也在压抑，大家知道吗？

我们做梦也在压抑，因为做梦的时候也有恐惧，那个恐惧实际上是你前面有一个印象带给你的，其实它是没有的。

人做梦怎么会是真的呢？但是你到做梦时一定还是压抑的。

道德也会约束着你。比如说你做梦看到一个美女，一样是偷偷地看，不敢正视。大家想是不是？

也就是说，道德管着你的梦，你的梦也不能真实。

所以我们现在要让大家在一段时间内，就做这种极其真实的训练，逐渐地训练，会把大家从小到大积累的那些甚至压抑到你潜意识里的分裂、变态的东西挖出来，到最后整个儿都解决掉。

这是我们第一次做这个练习，很多老学员，包括她们两个（正能量家长侯春霖妈妈和陆可意妈妈）应该也没有做过。

将来我们会增大这个练习，因为这个练习会起到很好的疗伤作用。

大家看上去好像都是正常的，其实每个人都有病态的一面，打小都是有很多压抑什么的。这些病态的一面你要说给别人听还不好意思，但是你自己想是可以的。

这些东西你不会讲给别人听，但它们早晚会在一个场景中突然出来，会给你带来巨大的伤害。而且，遇到类似的场景时，你无缘无故地会表现得不正常。

平时是好好的，怎么突然间这样？你的苦衷又没法说给别人听。

所以我们要帮大家去疗伤，这其实是对自己接纳的一个根本操作。

我设想将来专门拿出一个课程，用两天时间来带大家做这样的练习，这会对大家非常有好处的。

第二节

❀

答 疑 环 节

> **问题1：怎么正面引导孩子接纳他不愿意做的事情？**

🧍 家长提问

孩子不愿意做某些事情，有情绪，怎么正面引导孩子接纳他不愿意做的事情？

👦 唐老师解析

　　第一，这位家长你自己就执着，他不愿意做非要做吗？第二，他不愿意做有情绪，正常吗？很正常，这就叫接纳。"正面引导孩子接纳他不愿意做的事情。"接纳不需要你怎么做，就是心里你觉得他不做正常。孩子不愿意做某些事情，还有情绪，正常吗？如果你回答正常，你就做好接纳了。这个回答正常是什么？问问自己心里生气吗？他不做我会不会烦？我觉得很正常吗？我在很平和地看待这件事情吗？如果你的回答都是"是"，你就是接纳他了。当你接纳他的时候，你再去跟孩子聊就容易了。

　　小喻妈妈和孩子的对话就很典型，孩子说不想去上学了，妈妈说好啊，那就不去吧。跟孩子聊一聊孩子又去了，其实我们相信小喻妈妈并不是希望孩子不去上学的，但是她总说好。

　　提问的这位家长，我估计你是一位新的家长，刚学我们的平等思维，你的接纳还不足。记住接纳是心的接纳，当孩子做了一件事情你认为他不对的时候，你去问自己，你觉得他这样做好吗？这样他一定是对的。我想想什么能够对，就是我想不起什么理由来他是对的，我也要觉得他这样想有他的道理。他能不能这样想？作为一个孩子他这样想正常吗？当然正常了。这就叫接纳，所以当孩子不愿意去做某些事情的时候你要去接纳他。希望这位家长多看看我们的作业，另外建议你多看看我写的书，从头到尾看三遍，看完了对你的改变、接纳会非常好的。

　　小臻妈妈说："唐老师，这个问题是不是问，如何让孩子接纳不愿意做但必须做的事情，而不是接纳孩子不愿意做的事情？"小臻妈妈你说的问题其实是不够清晰的，你的理解是有问题的，问题在哪里？在于如何让孩子接纳，这个是你对孩子的一个做法，而接纳孩子不愿意做事情是对家长说的。第一是家长的问题，第二家长在接纳孩子以后，再让孩子去接纳不愿意做的事情。我们实际上分两个层次：第一是家长要接纳孩子；第二是帮助孩子去接纳问题。

问题2：语文老师让孩子抄袭网上的作文，我该怎样与这位老师交流？

家长提问

唐老师好！孩子的语文老师常常让孩子抄袭网上的作文，然后让孩子写出评语，有时让孩子抄袭古诗译文，这种做法好吗？该怎样与这位老师交流？要不要让孩子先自己做再与网上的答案作对比？

唐老师解析

这位家长问："这种做法好吗？"但是实际上我们看到，这位家长心里已经有自己的答案了。为什么这么说？因为这位家长是先对老师批评完了，再问"好吗？"我们看看这位家长是怎么批评老师的。

"孩子的语文老师常常让孩子抄袭网上的作文"，说老师让孩子抄袭作文，什么叫抄袭？抄袭是"窃取别人所作文字，以为己作"。用了这个词，说明这位家长是非常反对这种做法的，觉得这不是件好事。尽管反对这种做法，但自己要"平等思维"，所以会问唐老师，这种做法好吗？其实这位家长早已经觉得不好了，这就是她的心态。

很多时候，家长自己看不清楚自己。家长好像是在提问题并寻求一个答案，但实际上早已经判断好了。别人如果给出答案，你会去判断、辨别。如果给的答案符合你心里的答案，你会觉得这个人挺好，说得很对；给的答案不符合你的答案，你会说，"不是这样的"，并且一直讲到对方同意你为止。这就是在带着偏见去问别人。

另外，如果家长没有机会去跟那位老师交流，还可能会私底下说："这个老师明显不行，这样的事情，他居然能说好，我就觉得不好……"

所以说，当你已经有一个成见再去问别人的时候，你往往问不到真正的答案。你问到的只是与你心中一样的答案，或者说其实你不是在问别人答案，而是在要求对方同意你的答案。当你的观点别人不同意的时候，要么对方一定要同意，要么你会继续去跟他辩论，直到他同意。大家想一想，自己身边是不是经常有这样的情况，自己也许就常常是这样的。

比如，有的家长问孩子："是先看电视，还是先做作业？"孩子如果说先看电视，妈妈脸就拉下来了，然后说："我觉得还是先做作业。"既然你已经想好了，为什么还要问人家呢？家长是想做个好人，好像很公平，其实不是。

也有这样的情况，家长问孩子："你是这样做，还是那样做？"其实孩子也知道，你是非要他这样做不行。如果孩子说，"我那样做"，做妈妈的嘴上不一定说什么，但是脸马上就拉长了，非常不开心的样子。下一回妈妈再问，孩子就会觉得：唉，你这样问得我很累。孩子会非常讨厌妈妈问，而妈妈还自我感觉"我很平等的，我每一次都要征求孩子的意见"。你是在征求他的意见，你也允许孩子说不行，只是说完了以后，你会让他觉得很对不起你。你会跟吃了苍蝇似的，非常不开心。表面上你在问，实际上你在强迫。这样的沟通方式，没有任何的平等可言。这是一个很典型的问题，可能很多家长都曾有过这样的情况。

在这位家长提出的问题中，她的一个"抄袭"，已经把自己的不满说出来了，然后又问唐老师："这样的做法好吗？"带着这样的偏见，是问不出真正的答案来的。

这个问题给大家揭示清楚了，大家就会知道，原来我们可能经常是带着这样的偏见在跟别人说话的，我们问别人话其实不是在听对方的意见，而是在要认可。

那么，带着偏见和别人沟通，会有什么不好的结果呢？

你如果带着偏见去与人沟通，就无法帮助别人，并且还会沟通不下去。比如这位家长在问，该怎样与老师交流，但你已经认定，让孩子抄网上的作文是错的，认定老师的做法是错的，这时你还是去交流吗？你是去教训老师去了，你是去教育老师去了，你是去指导老师去了，你是去帮老师反思、改正错误去了，你是去自己帮老师去了。以这种心态去找老师交流，估计结果会让你很不爽。如果你遇到一个比较世故的老师，他会很圆滑地绕过去。你交流回来以后会发现什么也没解决。如果遇到一个不够世故的老师，当时就可能跟你吵起来。老师会觉得："我的课程需要你来指导吗？我教了这么多学生，这么多学生家长还没有人说我呢，我们校长也没说我什么，你来指导我？！你算老几？你凭什么来跟我说？你来跟我交流，你是在交流吗？"这就是常人最最容易想到的。当然这里有一个假定，那位老师是普通的老师，修行水平没有那么高，而一般老师的确没有那么高。只要你觉得老师不好，他教学不行，再去跟他交流，提建议，几乎你都会碰一鼻子灰回来的，就是因为你不同意他的做法。这就是我们普通人。"你要指导我，我会很不开心的。"这就是人心，这就是典型的"小人"心态。以前我们提到过什么是"小人"，这里的"小人"不是在骂人，是在说人的心态。"小人理论"是人性最核心的理论。理解了这一点，大家再看问题就能看得更清楚了。

所以说分析这个问题，最重要要讲的是沟通问题，大家最终要解决的是沟通问题。如果沟通不好，什么问题都解决不了。比如这位家长，如果按原先的心态跟老师去聊，就注定会得罪老师。

我们再说一下，抄网上的作文好不好。好不好，关键在于怎么抄。如果只是写个评语之类的，就没有用。按我们的"语文学习十步法"，去学习网上的满分作文，比如高考的满分作文、中考满分作文，就可以明显地提高孩子的作文水平。

问题3：孩子要求家长帮助做作业能说好吗？

家长提问

对接纳的"凡事说好"，感觉自己一直没有理解透。昨天，孩子要求我帮他做作业（用纸做圆柱体），我没有说好，我说："你这么说是有道理的，但是这是你的作业。唐老师说，家长要帮助孩子开心地、独立地学习和生活，如果我帮你做作业，就违背了唐老师的话。我可以帮助你准备原料，拿纸。"孩子笑着同意了。我的问题是，这个"凡事说好"在操作中是不是不一定对方提要求时说"好"？在面对孩子不同的要求时，自己是不是要分情况去当下说"好"或者"你这么说是有道理的"？如果是，说"好"和说"你这么说是有道理的"应该依什么原则去区分？

唐老师解答

大家记着，因为家长们要否定孩子，我才提倡大家"凡事说好"。

其实，孩子对家长说："你帮我做这个圆柱体吧。"能不能说好？大家说能不能说好？

绝大部分的家长都说能。

孩子说："妈妈，你帮我做圆柱体吧。""好啊。那你告诉妈妈，圆柱体应该怎么做呢？"接下来，就是我们跟孩子一起做圆柱体了，大家想是不是？

但是，动脑筋的地方全是孩子来做，准备纸和工具，咱们家长帮助孩子不就行了吗？怎么就不能说好呢？

很多时候我们认为好像"凡事说好"是一个死胡同，其实并非是死胡同。

想想看，如果很简单的事情孩子怎么会让妈妈帮他呢？

孩子一定是要么觉得难了，要么现在很烦不想做，这个时候你就凡事说个"好"，说个"好"就一定要做吗？

不是的。

大家可以一起做嘛！

"那妈妈也不会呢？"

妈妈要问孩子："怎么做啊？"

各位，大家真的知道一个圆柱体要怎么做吗？

老师要求的圆柱体是多大的圆柱体？

圆柱体有几个面？

怎么把这几个面做好？

我们做家长的怎么知道呢？当然是要孩子教我们了。孩子教我们，我们做不就完了吗？

记着，大家千万不要以为"凡事说好"就是一个死胡同了，说"好"了我就要去做。不是的。

说"好"了你还可以不会做嘛。

那你说"我会做"怎么办呢？

你怎么知道孩子的老师要求怎么做呢？

各位家长，你知道孩子的老师要求怎么做吗？要让孩子教我们嘛！这不就行了吗？

大家是可以很灵活地解决问题的。

第三节

❀

作 业 点 评

试着在沟通中做到接纳，觉知自己不接纳的地方。

学习平等思维一年多了，接纳不足显而易见。首先，我和儿子的沟通不好是长期存在的问题。我的家庭虽然有变化，但并不明显。一方面，接纳老公和孩子的现状，我不痛苦了，不再烦恼了，心态明显平和了。最为重要的是，我终于接纳了自己。我知道，由于我的不智慧，导致家庭不幸福，孩子学习不好，我罪孽深重。对于老公，我由原来的态度强硬，而变得更能听从于老公，对于他的想法和做法有所理解。每个人做事都有他的道理，对他的朋友和家人都一律认可，不再对他的家人和朋友存在偏见。老公喝完酒后，我也不再骂他了，并且主动为他倒水。

现在由于身体原因他不能喝酒了，在家时我也不去烦他，并想着唐老师的话，能为对方做什么。我主动做家务，特别是做饭。我知道老公不欠我的，虽然工资他也不交给我，我也不再强求。

我知道在他失意时，我把钱看得太重了，对他说了过分的话，他记恨在心，不原谅我。我自作自受。我和老公在花钱方面想法不同，各执己见，他总是说我乱花钱，对家人的资助，特别是我弟弟，不情愿；在帮助孩子上明显不足，还是觉得孩子不好，对孩子有看法，如果这样就帮不到孩子。

几次说服孩子去基地学习无果，孩子进步不大。反思到自己身上，就是对孩子说话仍然有大蒜味儿，急躁，让孩子讨厌，孩子不愿听我说话，听到的只是"闭嘴"二字。

另外，家人也不喜欢我的啰唆，我只好想好了再说。孩子已主动要求唐老师在课上棒喝我，以快速提高。在学习上，我只能监督孩子每天写 10 个单词，连作业检查三步法我都没有做到。不接纳孩子买衣服、网购、交际，这都是我的偏见，心里想着让他把心思全放在学习上。我对孩子花钱也有看法，总想着让孩子跟我一样少吃零食。反思到自己身上，就是尊重别人就是尊重自己。每个人都有自己的活法，不去强求别人，不要觉得自己是对的，让孩子按照家长的想法去活。只有觉得孩子好，才能让孩子变得更好。

唐老师点评

孩子要求对这位家长棒喝，我们就开始棒喝了。

棒喝一定要清清楚楚地、一字不落地扎到耳朵里去，才能有效。

大家认为，这位女士够接纳家人吗？

"我和老公在花钱方面想法不同，各执己见，他总是说我乱花钱。"这是接纳老公吗？

"对家人的资助，特别是我弟弟，不情愿。"这是接纳吗？

"在帮助孩子上明显不足，还是觉得孩子不好。"这是接纳吗？

"老公对孩子有看法，如果这样，就帮不到孩子。"这是对老公接纳吗？

显然这位女士对老公的接纳还远远不足。上面这些话，分明是在抱怨老公、批评老公，谈不上接纳。大家说是不是？所以说这位女士跟老公之间的沟通肯定不好。

小正妈妈说我只关注了前面。我们要关注，应该关注哪儿？

你看最后，这位女士确实也说了："反思到自己身上，就是尊重别人就是尊重自己。每个人都有自己的活法，不去强求别人，不要觉得自己是对的，让孩子按照家长的做法去活。"

我提示大家，这些都是废话！

总结的时候说这些话有什么用！

一说起自己的老公来这么多毛病，然后总结的时候说我们要尊重别人，这话有用吗？

大家应注意这一点，自己总结的时候说的全是废话，你在评价别人时怎么评价才是关键。

总结的时候是小人，所以呢，得说得好听。而真正在说起老公时，老公的方方面面都是有问题的，所以，这位女士跟老公会经常发生矛盾，老公跟你的关系一定不好。

这就是棒喝。

为什么我是棒喝，而不是我是小人在去揪大家？因为我说的这个情况八九不离十，肯定错不了。

大家记着，在这个课上，如果我说了狠话惹你烦的时候，你不要烦我说的话有多难听，而是你要认真地去考虑一下：你的生活好吗？如果你们夫妻恩爱，如果你们亲子关系很好，那我说你小人就错了。记着，如果你们关系真的很不好，我说话很难听就是应该的，大家想是不是？因为我是要帮助大家变好的。

如果你们夫妻关系不好，我还老说你好，结果会怎么样？结果你会觉得你自己很好，回去接着揪对方的问题。

我可不可以说你好？当然可以的。大家看我怎么说。

"老公总是说我乱花钱。"你的工资不交给我，我自己花自己的钱，怎么了？多管闲事！大家想有没有道理？

还有，对家人的资助，特别是我弟弟。我弟弟他需要钱的时候，你怎么不帮助他，这还是一家人吗？所以他很不对！

"在帮助孩子上明显不足，还是觉得孩子不好。"你是个父亲，要尽到做父亲的责任！还有呢，你觉得孩子不好，你对孩子有看法就帮不到孩子。

各位，我这么说，这位女士就全对了。

但是，如果这位女士都对，你跟丈夫的沟通不好，原因是什么？

大家记着，如果你都是对的，你跟别人沟通不好，原因是什么？就一定是别人有问题。所以这是典型的小人想法。

小正妈妈，你刚才的判断是非常有问题的，你觉得这位女士对老公很接纳。小正妈妈你要反思自己这一点的。

刚才大家应该一看这个问题马上就能觉知到，这位女士对老公的接纳几乎没有，后面那些都是糊弄人的。为什么？因为真正做到接纳的人，前面这些话就说不出来。大家明白吗？

真正做到接纳的人，你不会有时候说对方哪儿都是对的，然后又有时候去抱怨对方。你只要还在抱怨别人，你就不可能是接纳的。

这一点小正妈妈自己要去反思的，为什么这些你没看到？

我们继续说。

"几次说服孩子去基地学习无果，孩子进步不大。反思到自己身上，就是对孩子说话仍然有大蒜味，急躁，让孩子讨厌，孩子不愿听我说话，听到的只是'闭嘴'二字。"接下来怎么做，没有。

"家人也不喜欢我的啰唆，我只好想好了再说。"大家看，想好了再说，把要说的写下来，对于一个啰唆的人来说是不是必要的？是不是应该的？一个爱啰唆的人，他是不是应该想好了再说？但是这位家长是怎么说的？"我只好想好了再说。"

"只好"是什么意思？"不情愿。"申申妈妈这个词用得好，是非常不情愿。所以说，这位女士尽管在这么做，但是很勉强，很不愿意这么做。

"孩子已经主动要求唐老师在课上棒喝我。"各位学员，在这个课上，咱们就是要棒喝的，不棒喝怎么能起作用？

我提示大家，自己做得越差，平等思维学得越差的人，越会觉得自己好，自己哪儿都好。大家说为什么？一个人越没有智慧，越觉得自己好，为什么？小正妈妈回答得对："小人。"这就叫小人。越觉得自己对，他的小人心越重。越没有智慧，小人心越重，就越觉得自己是对的。

被棒喝的感觉肯定会很不舒服，但是各位家长想一想，你们是希望我说好听的话让你舒服，还是说难听的话，将来你因这个难听的话改变了，得到一个幸福的家？

你是要一时的舒服还是要一个幸福的家？前者还是后者？大家好好地反思。

想要幸福的家，你就要难受的。为什么会难受？得不到幸福的家，是因为自己还是小人。

只要你是小人，就不可能有幸福的家。

所以，凡是没有幸福的家的人来听课，一定会常常受棒喝的。因为对小人不棒喝怎么办？你怎么帮他？

大家记着，这话是我对你们说的。各位学员回家后，不要看到自己的孩子、老公是小人，你就对他们也棒喝。在咱们这个课上，就是只许唐老师放火，不许各位学员点灯。我可以棒喝你们，但不允许你们回去对家人棒喝。

唐老师经常用两种标准对待大家。就是大家跟我学，只要觉得唐老师错了，你就错了，唐老师说的就永远不错。为什么？因为这样你才能改啊！大家记着，你埋怨别人没有用的。

你改了，全家一起幸福。如果你不改，那你就接着难受。

我提示大家，你难受就是你难受，谁也替不了你。你继续抱怨别人你就会接着难受。郭典妈妈说得非常好："改了就不难受了。"

有一位家长曾经跟我说："唐老师，我用了你的方法非常好，但有时候还是控制不了自己。"我说："你只要用平等思维的方法做，你马上就会变得开心。只要让你的思想占领你的思想阵地，马上就会难受。所以说，让自己的思想去死！不要用你的思想，用平等思维的思想。"

各位学员，尤其是新来的，只要你心里想"我觉得应该"，你马上就该难受了。把我们的平等思维名句一百句整理出来后，大家天天读，按照那个去想去做，就会很快变得开心幸福起来。

作业2：如何做到更好地接纳别人？

这个周二，婆婆和老公的弟弟、弟媳从老家一起来看望儿子，儿子在我们这上学已半年有余，住校，一般没事不回家。老公弟弟一家平时在东北打工，到冬天才回到老家。休整了几天就来到宜昌和儿子相聚，他们来之前并没给我打电话，只是给儿子说了。我想，他们想来就来，因为是亲戚，没给我讲，也没关系。但婆婆大人，老公一再叮嘱，来宜昌看看半年前在此安放的假牙，婆婆就跟着一起来了。

我家的情况是，我爸爸、孩子和我常年在家，老公长期工作在外，偶尔回家几天。因为老公在外工作不能回来，婆婆来了，肯定由我跑前跑后，这也是应该的。但家里突然多了几个人，生活规律都被打乱了。孩子正好在初二的关键时期，虽然他们来了，时间上还是要以孩子为中心，周末该补课的照补，他们有事安排在孩子的空余时间段上。

可能心中存有他们来前没有给我打电话却要住在我这儿的芥蒂，对他们在家的一些行为心中有反感，如早上一起床就开电视。弟媳来也不帮忙一起做做饭啥的，一整天抱着暖水宝坐在沙发上看电视，倒是婆婆一看到我做饭就跑过来帮忙。

我心中很是烦，本来老公不在家，啥事都是我爸帮忙做。可一下平添这么多人，我爸做我也让他做，婆婆又是七十多岁的人，年轻人不做事，却要老人忙，感觉弟弟一家对老人不孝顺。我后来就直说：我工作上的事情比较多，还要管孩子，你们就以做饭为主，我有空来打下手。弟媳算应承下来：你忙你的，我们来做饭。可她嘴上这样说，但到了做饭时间仍不动弹，还是婆婆主动去做饭了。我很是厌烦：哪有这样的年轻人啊！

可能带着这样的偏见，从心里反感弟弟一家。好歹他们走了，走前，弟媳很勤快地把被套床单全拆下来洗了，说我忙，她回家了也没事做。呵呵，我心里一阵温暖，原来弟弟一家也不是很讨厌，还是很善解人意的啊。

分析其中原因，可能是我喜欢用自己的行为习惯和标准来要求别人，从心底没有接纳别人。别人做事肯定有他的道理，没有必要听从或顺从我意。个人的经历不同导致行为上的差异，万事万物，何求皆顺我意呢？

虽然明白这个道理，但现实生活中却经常因为不接纳别人而发生一些摩擦。有时因为生活中的一些小事和父亲发生小的争吵，因为做事习惯不一样，无法从心底接纳。有时当着孩子的面，父亲就会生我的气不理我，影响了孩子的学习心境。

我心里委屈，与老人住在一起，真的很烦，很难相处。

接纳别人，从嘴上说理解别人容易，但在行为上做到还是有很大难度的，请唐老师帮忙分析一下，看看究竟我是哪种心态，怎样调整能做到更好地接纳身边的人。接纳别人的法宝是什么？

唐老师点评

其实这个问题比较简单。怎么简单？就是你不接纳别人，自己难受。就这么简单。

像这位家长，难受了半天，觉得这个不好那个不好，不好了半天怎么着了？也没怎么着。最后还是觉得弟弟一家蛮好的。中间你生了那么多气、觉得人家不好的那个过程，你说你多难受！

所以说，接纳其实是对自己的一个原谅。

大家记住这句话：接纳是对自己生活不开心的一个原谅。

别让自己不开心，因为你不接纳是自己难受，并且对别人还没有帮助。所以大家要接纳，不需要理由的，你就该接纳。

为什么呀？要不你自己就难受嘛！

接纳是什么意思？就是人家现在就很好。比如说年轻人不做饭，那人家在家里天天就这样，就是老人做饭，老人就是这么养的孩子，老人自己做饭做习惯了。你有什么办法？你想让他们一下子改变，很难。

再一个，如果在家里不是这样，人家是认为就应该由主人做饭。

而且，你还要想一想，如果你不原谅他们，他们一家人走后，你跟老公抱怨：你看你弟弟弟妹的毛病……说半天，老公会开心吗？所以说这样做对自己没有任何好处。

有智慧的人一定不抱怨，而是去接纳。

那么，有一个问题了：唐老师，你棒喝的时候有接纳吗？

这个问题要问大家。唐老师在棒喝家长的时候，有接纳吗？棒喝是接纳还是不接纳？大家说有接纳吗？有还是没有？

我告诉大家，棒喝绝对是基于接纳。

小达妈妈说："没有接纳，有慈悲。"呵呵。

我告诉大家为什么有接纳。

棒喝是什么？是揭示因果关系。

如果你很难受，我接纳你听了会很难受；如果你觉得唐老师说话真不中听，我也接纳你认为我的话不中听。但我揭示的是因果关系，你这样做就会让自己难受。这样做结果不好，你还不断地重复，这是愚蠢。

批评是心里觉得对方不好，我很生气，我只说你不好，而棒喝是告诉你怎么才能好。

批评是说你不好，棒喝是说怎么做好。

如果我已经揭示了正确的因果关系，而你非要不做正因，那当然可以，你就接着难受嘛。

大家要知道，棒喝一定基于接纳。记着，棒喝的背后没有情绪在，没有不满在，只有因果关系，并且它里面有很大的慈悲存在的。

为什么？其实看到很多的问题时我会心痛的，大家知道吗？就是明明可以那样做就会好，但是你不知道那么做。告诉你怎么做好，你还不去做，还要让自己难受。

这位家长，你要接纳别人做他自己。如果人家觉得这样很好，你能改变的去改变，改变不了的，你就允许别人做他自己好了。你想是不是？

第六章

理　解

——和谐沟通之道（二）

理解是进一步的肯定。

理解是让对方更加有力量去做正确的事情。

第一节

❦

内 容 讲 解

我们的沟通对象都有小人自我，都是喜欢肯定、讨厌否定的。接纳是最基础的肯定，如果你想肯定一个人，第一就是接纳他，你先不觉得他错了。如果你心里觉得他错了，无论你嘴上怎么说都不是接纳，你只是在耍嘴，没有用的。

接纳之后，肯定的力量还不足，所以我们要给予对方进一步的肯定。小人自我是需要肯定来给力的。什么意思呢？小人自我需要滋养，就像干枯的花需要浇水、需要施肥。什么是水和肥？就是肯定的力量。

肯定的力量分两层，最基本、最低层的是接纳。所以接纳是智慧的开始，是沟通的开始。没有接纳，其他的都不说。

接纳之后，我们进一步要做的是理解。接纳，是内心的一种坦然，一种平和。而理解要产生出积极的、正向的力量，让对方的小人自我得到更多的滋养。

一般情况下说的理解，比如"我真的理解你"，在英文当中是 understand，就是你懂我的意思吗？是这个意思。

我们现在说的理解不是这个意思，它和"理解万岁"中的"理解"意思相似，就是"我懂你的心""我理解你的心"，或者更上一层是"我赞同你的心""我支持你的心""我鼓励你的心""我爱你的心"。大家要把这个理解搞明白，它跟我们一般情况下说的那个理解不一样，它是从心理上理解。

　　理解是理解心，不是理解事，大家一定要弄清楚这一点。我们理解是要理解那个人的心，不是要理解那件事，不是把那件事弄明白，是把那个人的心想明白，这个才是关键。

　　提醒大家，做事情要落到把握人心上。对一个事情，我们去琢磨的时候，琢磨与事情相关的人的心，要把人心弄明白，不然你想去和对方沟通把事情解决就很难。

　　当你理解对方的时候，问题就容易解决。如果你不了解对方的心，你只是把事情弄清楚了，没有用的。很多家长都知道事情是什么，但是孩子根本就不听家长的。孩子不听你的，你给孩子再好的建议都没用。

　　很多家长通过各种方式、各种渠道来见到我，告诉我他们的孩子出现了什么问题，比如不上学了、和家长闹别扭了、不想考学了、不想学习了，等等。想解决这些问题，我首先要问家长跟孩子的沟通怎么样。如果家长跟孩子的沟通不好，那么我们要给孩子建议就很难。

　　家长要帮孩子，第一步是把话说到孩子心里，孩子愿意听你讲话，你能够接纳、理解孩子。大家要特别清楚这一点。

　　从理解的角度来说，我们自己一定可能错，而对方所有的做法一定有他的道理。

　　我们自己一定可能错是什么意思？为什么说可能？对方为什么一定有他的道理？

　　对方是一定有他的道理的，这个不用想，这里面没有可能。没有可能的意思是你连猜都不要猜，不用判断，对方一定有他的道理。

　　我们一定可能是错的，为什么加"可能"？这个"可能"有两点：一是如果我们相信对方一定有他的道理，我们就不错。二是如果我们认为对方错了，他做得没有道理，我们就一定是错的。没有可能，是一定是错的。大家要理解这一点。

　　永远给别人说话的机会。

　　我们的所见所闻，我们的见解很可能是偏见。当我们的见解跟对方不一致的时候，理解怎么做？就是首先接纳对方，接纳了以后对方会把心里话讲给我们听，我们就可以更多地理解对方，理解他为什么要那么做。因为理解，我们就会从心底里愿意积极地帮助对方，对方也会愿意接受我们的帮助。

　　理解有三个层面：同情同理，鼓励，爱。

一、同情同理

同情就是跟对方有相同的感情、相同的感觉，同理就是跟对方有同样的道理、同样的想法，所以赞同对方的道理、赞同对方的感觉。"你这样想，我也这样想。""你这样说太好了，太对了！"这叫同情同理。

达成同情同理之后，对方就会愿意把心里话告诉我们，我们就会知道他曾经做了什么努力，他有哪些正向的做法。正向的做法就是可以得到好结果的做法。接下来，我们就可以帮助对方看清因果关系，肯定对方做的正因，鼓励对方继续做正因以得正果。

二、鼓励

鼓励是发现对方的优秀做法而去肯定，优秀做法和好的结果之间是正因正果的关系。也就是说，其实对方已经做了一些事情是可以得到好结果的，只是：①他可能想了想没做。②他做了，只做了一点，没坚持下去。③他坚持下去了，但是中间又有别的东西影响他使他走偏了。不论是哪一点都不要紧，他都曾经做过正因，比如他曾经想、曾经做、曾经坚持，这些都是正因。我们鼓励这些正因，那么对方会愿意继续做正因而得到正果。

鼓励时鼓励什么？

鼓励对方做的正因，也就是鼓励对方优秀的做法，但不鼓励天赋。比如我们不鼓励孩子聪明，不鼓励孩子漂亮，不鼓励孩子眼睛大、皮肤白，不鼓励他一看就很机灵、很水灵。这些都不鼓励。

不鼓励孩子的天赋，鼓励他的努力。

鼓励天赋容易让孩子翘尾巴，不愿意学习，所以我们要鼓励他的努力，让他因为自己的努力而得到肯定，得到快乐，让他的小人自我得到滋养。

可以这样说，孩子的学习好坏跟聪明程度几乎没有关系。很多孩子很聪明，但学习不好。也有的孩子不聪明，但学习很好。所以说，所有的孩子都可以学习好，只要他找到合适的方法又努力去学习。

在 2017 年寒假第 106 期认真能力训练营上，我们拿出了一个新的方法：鼓励三步法。

第一步：找正因（要么肯定，要么闭嘴）。

第二步：谈正因（肯定孩子做的正因）。

第三步：续正因（帮孩子理出因果，持续做下去）。

在 2017 年五一的平等教育"书香门第"家长课上，有一位家长就如何操作鼓励三步法提问，我们的对话过程如下。

家长：唐老师好！我是不会鼓励的妈妈，你在课上提到鼓励有三个层面，第一个是找正因，第二个是谈正因，第三是续正因。我不知道我理解得对不对。

我：不是三个层面，这是三个步骤。

家长：是三个步骤的话，你能不能就具体的例子说一下怎么操作？

我：可以啊，你说。

家长：我家孩子上小学二年级，他数学考 100 分，我应该怎么鼓励他？

我：找正因，这是第一步吧？

家长：对。

我：什么正因使他得 100 分？告诉我。

家长：他认真地做每一道题。

我：好，认真地做每一道题。他是怎么认真做每一道题的？比如认真体现在哪儿？

家长：看题目，审题认真。

我：非常好！这就是找正因。第二步。

家长：谈正因。

我：谈正因就是你刚才说的："你看你这次考试，很认真地审题，审完以后认真地检查，这里面有没有哪个题目是你原先第一次写错了，后来检查出来的？有没有？"问他，跟他聊。这叫谈正因。第三步。

家长：续正因。

我：续正因怎么续？"你看你这么做，本来你要不好好检查，有可能扣掉几分。如果你没有好好审题，像以前那样糊里糊涂一扫就过了，落下这个条件那个条件，那你就只能考80分，而现在你考了100分。原因是什么？原因就是你很认真地审题，认真检查，这样你就可以从80分到100分。那你说你接下来打算怎么做？"他肯定说"我还要认真审题，还要认真检查。""太棒了！"这就叫鼓励。

明白了吗？

家长：明白了。第一次这样讲，假如第二次他又考了100分，我怎么鼓励？

我："太好了！你告诉我你这一次怎么做的，这次题目这么难你怎么做这么好的？"让他讲一讲。你可以逐渐从审题到难题的解决，行不行？到哪个题目老师出的有什么拐弯的地方，他怎么破掉的。

家长：唐老师，我知道了。

我：好。

（现场家长掌声）

刚才我们以一个小案例告诉大家怎么做鼓励。鼓励不是说考了100分，"啊，宝宝考了100分，你真聪明！你是世界上最聪明的孩子！妈妈真爱你！"这些都不是鼓励。大家明白吗？

鼓励一定是在正因上做。你是在正因上做，考100分可以鼓励，考30分你也一定可以鼓励，鼓励的效果一样好。

100分是很难鼓励的，30分也是极难鼓励的。但是你知道了，你去找正因，然后说正因。你能这么做的时候，好的结果就会不断地出来。大家好好地回想一下刚才那个案例，我相信大家听完这个案例就知道怎么鼓励了。按那个做，孩子自然地就会考了100分绝不翘尾巴，为什么呀？因为你根本就没提这100分怎么样，而是说他做了什么使他考100分，"你下一次得到表扬就是你继续好好做这个，好好干活我就表扬你，你不好好干活我就不会表扬你。明白吗？你得到表扬是因为你好好干活，不是因为你得到了什么结果。我表扬你是因为你做了什么，绝不是因为你有什么，不是你脑瓜子聪明"。大家理解了这个，就知道鼓励是什么了，就可以把鼓励落到实处了。

鼓励需要三个条件：

（1）真诚

直心为真，言而有信为诚。没有真诚，鼓励就起不到滋养的作用。很多家长跟我说，他们鼓励孩子的时候，孩子会反映家长很假，因为家长根本不是真的觉得孩子做得好，只是听说鼓励可以帮到孩子，于是就昧着良心说孩子好，孩子听到这种虚情假意的廉价的赞美，只会觉得很恶心，根本不可能从这种"鼓励"中得到力量。

（2）接纳

一颗接纳的心，就会包容孩子的一切缺点。要知道，每个孩子都会有这样那样的缺点，没有一个孩子是完美的。孩子有缺点怎么办？很简单，既然每个孩子都有缺点，那么我们的孩子有缺点就是正常的。有就有吧！接纳了孩子，我们就容易看到孩子做得好的地方，找出来，鼓励孩子，继续发扬，这就是教育。一颗阴暗的心，撑不起发现优点的眼睛。

有智慧的人，会关注当下。当下的种子中蕴含了无限的未来。孩子本身就是一颗种子，我们不需要多考虑未来孩子会长成什么样，不需要为了塑造孩子成为什么样不断努力，只需要发现孩子身上优秀的品质，让这种品质不断发扬光大。反过来，家长如果能不断发现孩子身上的优秀品质，自己也会非常开心。教育本来就是一件让人开心的事情，如果您做教育已经不开心了，要提醒自己反思自己的教育了！

鼓励就是发现孩子优秀的做法，并不断肯定。

（3）帮助

当孩子遇到突破不了的问题的时候，家长要帮孩子一起找到解决办法。单纯的口头鼓励，力量是非常微弱的，尤其是当孩子竭尽全力也不能解决问题的时候。比如，孩子连续几次考试都是倒数，极度没有信心，这时候，家长无论怎么说孩子聪明，都无济于事。当孩子竭尽全力也不能学习好的时候，帮孩子找到学习中的问题，找到行之有效的解决方案，用孩子的实力证明孩子的潜力才是关键。信心来自实力。这也是我研究学习方法的原因所在。用我们的学习方法，我们帮助了许许多多这样的孩子，我博客中这样的案例到处都是。

三、爱

更高层面的理解是爱。爱会给对方更大的力量，并且是无条件的。

我们所说的爱与世俗意义上的爱不同，它有三点。

(1) 爱是一种能力

爱需要学习，它不是一种情感的自然表达，不是说你心里觉得爱对方就是在爱对方了。

(2) 爱是让被爱的人感受到爱

爱是让被爱的人感受到你特别理解他，特别包容他，特别在乎他，你能给他很安心、很温馨、很自在的感觉。

(3) 爱是在乎对方的在乎

什么意思？爱不是在乎被爱的人，因为你在乎对方，就很容易陷入这种心态：我很在乎你，但是你不能这样不能那样，如果是别人，我不在乎他，他爱做什么就做什么，我不管。但是我很在乎你，所以你不能这样不能那样。这就像我们生活中常见的，家长看到很多孩子做不好的事情，都不觉得那很丢人，唯独自己的孩子做了不好的事，就觉得丢人了，因为在乎他。这不是爱。

爱是在乎被爱的人的在乎。

什么意思？比如有一位家长说孩子特别害怕被批评，于是就老撒谎。孩子害怕被批评，家长如果爱他应该怎么做？应该不批评他。但是，我们的家长太在乎孩子了，往往一发现孩子有毛病就批评，并且经常会把批评放大，说什么"小时偷针，长大偷金"，"三岁看大，七岁看老"，孩子有一点毛病就放大一万倍去看，整得孩子几乎活不下去。很多家长对别的孩子都很能包容，但对自己的孩子就是不能包容，这不叫爱。

爱是在乎被爱的人的在乎。他在乎什么，你去就着他的在乎爱他。比如一位女士，你要去爱老公。你弟弟家经济条件不好，你想接济弟弟，而老公不认为你接济弟弟是对的，你能就这个来爱他吗？他就是不认为你该接济你弟弟，你怎么办？你要面对的就是这样一个老公，为了家庭的幸福，你只有改变自己。

我曾经对听网络课的家长和学员说："如果我想拆散你们的家庭，我就会老说对方怎么错。我提示大家，对方真的有很多错误。所有在座的家长们、学员们，如果是你们身边的人过来听课，他们一点都不比你们好，甚至比你们差得远了。你们都愿意花费时间和金钱来吃这个苦，来听我棒喝，让我掏你们的肺管子，这是很难得的，对方很难做到。我理解这一点，但是我说这个没用。我说你们很好对方不好，有用吗？你们在家庭中还要面对那个人，你们会接着难受的。

"如果你们连唐老师这种极其挑剔的人，这种鸡蛋里面挑骨头的人，这种你们改变了这么多他还能挑出你们毛病的人，都能包容得了、接纳得了的话，那你们身边的人算什么呀？他们不过是唐老师所说的典型的小人而已，你们想是不是？你们有什么包容不了、接纳不了的呢？"

在网络课堂上点评作业和回答问题时，我常常会用棒喝的方式。

为什么我要棒喝大家？因为爱是在乎对方的在乎。大家要的不是我对大家怎么样，而是要一个和谐幸福的家庭，我就是因为在乎大家的这个在乎，才对大家棒喝的。

我看到的因果关系是，如果大家不去打掉自己的小人，就不可能有一个和谐幸福的家。基于爱大家，基于在乎大家的在乎，我才选择了最快最有效的棒喝方式，所以棒喝就是爱。

我说棒喝就是爱，是不是意味着大家都可以用这种方式去爱身边的人呢？不是的。

对于学习平等思维的家长和学员来说，我的棒喝是爱。但是，大家身边的人没有学习过平等思维，对他们来说棒喝就不是爱。棒喝可以很快地改变人，但是在生活中不能随便拿来用。大家要用的是庆慰语化，对小人的接纳、理解就是庆慰语化。为什么和谐沟通第一要做到接纳？因为对方是小人，喜欢肯定。

爱是在乎被爱的人的在乎。要判断自己爱不爱一个人，可以问自己三个层次的问题：第一，我在乎他吗？第二，他在乎什么？第三，我做什么能够让他觉得他的在乎会让他舒服？我让他因他的在乎变得舒服、幸福了吗？还有，他知道自己在乎什么吗？最后这一句很重要。

有很多来跟我做平等思维对话的家长，他来时知道自己在乎家庭，知道自己想要一个和谐幸福的家，但是，当我在对话中棒喝他时，他就难以接受了。我提醒他："你是想让我帮你一时开心，还是想让我帮你变成一个有能力的人，帮助孩子、帮助家庭变得更好？"你要问他，他会说当然要孩子和家庭变得更好，但一受棒喝就受不了了，又想要自己舒服了。而实际上，一个人的舒服和家庭的幸福是相悖的。

一个人的舒服和家庭的幸福是相悖的。这个道理是不能让很多人一下子接受的。我和学员们在网络课堂上探讨了这个问题，实录如下：

我："为什么自己的舒服和家庭的幸福是相悖的？大家来说为什么。"

小慧妈妈："自己也是小人。"

我："自己是小人。让一个小人舒服，这个家就甭幸福了。小慧妈妈这个'也'字用得不好。为什么不好？小慧妈妈这句话的意思是什么，你自己写出来。"

小慧妈妈："注重个人的感觉属于小人。个人舒服，小人心满足了，对方就不会舒服了。先要打掉自己身上的小人，想要幸福先拿自己开刀。"

小郭妈妈："别人是小人。"

我："个人舒服是小人心，家庭幸福是要自己不做小人，家里有一个人不做小人，家庭就会幸福了。小郭妈妈的回答很好，小慧妈妈说'自己也是小人'，这句话的意思是别人早就是小人了。所以我说大家学习平等思维，自然地会学会读心术、他心通。人一张嘴，他心里的那些个弯弯绕，一下子就看出来了。"

小慧妈妈："我只是随意说，随口说的。"

我："随意说，随哪个意说？随口说，随哪个口说？大家看，这就是单破不立。你说我是随意说的，随哪个意说的？随你那个不自觉的小人意说的。我在逮着小慧妈妈一顿棒打，揪住她就不放了。为什么要揪住她不放？各位，我们常常觉得自己没有毛病，所以唐老师揪住你一次，一定是痛打落水狗，要狠打的。

"小慧妈妈进步很大，经常受表扬的，所以揪到这个问题绝不能放过她。各位，我们学习平等思维一段时间后，你会发现你的眼睛特别亮，对于你身边的人你一眼就能看出他们的小人来，感觉自己好像越来越没有小人了。很多老学员听唐老师讲课，觉得唐老师讲的好像跟我想的一样，来听课就是温习温习，好像不听也行。甚至会想：让我讲是不是也和唐老师一样？但是，当在生活中遇到问题时，却发现自己并不能像想象的那样轻松处理，自己内心隐藏的小人有时自己是很难觉知的，大家要去更好地觉知它。"

有位学员说："越学越觉得自己不是个东西，但是却越来越幸福了。"

能这么想是很难得的。"越学越觉得自己不是个东西"，说明这位学员正在越来越多地看清自己的小人自我，正在不断地减损自己的小人。当自己的小人受到压制、被逐步斩杀时，一个人就更能接纳、理解身边的人，让身边的人感觉到安心、自在、温馨，让整个家庭走向和谐，走向幸福。

一个小人的舒服和家庭的幸福是相悖的。

而一个能接纳别人、理解别人的人，他的心是柔软的，不会因为看到别人的种种过失而让自己难受，他会自己感觉很舒服、很幸福，也会让整个家庭都幸福。

很早的时候，写过一点东西，现与大家分享：

教育就是传播爱

那么，什么是爱？

爱是平等，爱是和谐，爱是包容，爱是感染。

爱是交流，爱是分享，爱是沟通，爱是善良。

爱是无限，爱是慈悲，爱是从容，爱是清净。

爱是放下，爱是自在，爱是真诚，爱是随缘。

爱是觉悟，爱是自由，爱是智慧，爱是安心。

爱是轻松，爱是平淡，爱是无为，爱是永恒。

爱是静定，爱是平和，爱是相应，爱是完美。

爱是平静，爱是自然，爱是超越，爱是一切。

第二节

✿

答 疑 环 节

理解有三个层面：同情同理，鼓励，爱。同情同理，就是跟对方现有的感情相同，觉得对方这样做是有道理的。鼓励就是发现对方做事情当中的正因，让对方因做了这个正因而开心。更高层面的理解是爱。爱是一种能力，爱是让被爱的人感受到爱，爱是在乎对方在乎的事。

自从十岁的儿子有了妹妹后，似乎更黏糊我啦！早上起床儿子喊着我："主蛇（儿子对我的昵称）快来帮我穿衣服，你不帮我穿就是不爱我。"儿子早上原本自己独自去上学，现在对我说："妈妈，你送我去上学，下午你到学校来接我。"周末晚上儿子说要我到他房间陪他睡，早上起床给他讲故事、刷牙，等等。

听了唐老师讲的"理解"这一课，更明白儿子的这些做法，我要接纳、理解孩子的做法。

孩子这样做是有他的道理的。在孩子前十年的生命里，他是家里的唯一，一大家子人都围着他转，孩子很安心地享受着家人的爱，尤其是我这个妈妈一心一意地呵护着他。如今孩子的生活里多了个似乎会和他夺爱的妹妹，而事实上也的确如此，妈妈会把一部分时间给妹妹。

孩子开始不安了，他更怕妹妹会夺走妈妈对他的爱，于是他才会很多时候原本可以自己做的事都让妈妈来帮他做，由此来感受着妈妈对他的爱。

爱是在乎对方在乎的事，孩子在乎妈妈是否依然全心全意地爱着他。想明白这一点，我不再担心孩子要我帮他穿衣服、帮他刷牙是否会影响他的独立能力，我克服一些小困难尽量多陪孩子，早上乐呵呵地帮孩子穿衣服，一起边听唐老师的《金刚经》中的教育智慧边吃早餐，风雨无阻地送孩子上学，接他放学。周末搂着儿子的脖子缩在被窝里你一句我一言讲着孩子感兴趣的故事。

受着唐老师熏习、基地老师的帮助，孩子越来越正向，在一起编造的故事里，孩子自己构造的人物都是很善良、阳光、积极向上的。我鼓励孩子思想正向，想法很积极，非常棒。孩子做作业时让我帮他听写语文词语和句子，我让孩子四个词语为一组用计时器限时默写，孩子说每组都在 1 分钟以内默完，就奖励他妈妈的吻。孩子在默写前自己认真读课文，不够熟练的字自己再写一遍，孩子的默写成绩越来越棒，妈妈的吻越来越多。我鼓励孩子为默写做的正因，孩子越来越开心，默写成绩都在 90 分以上，甚至 100 分。

孩子做得好的地方我都一一记下来，写成暖言和幸福日记读给躺在被窝里的孩子听。

这样操作的结果是好的，孩子和我的关系越来越亲密，孩子总是说："妈妈对我最好啦！妈妈很爱我。妈妈你对我这么好，我该怎么报答你？"孩子经常把自己开心或不开心的事和妈妈一起分享。

不足：

1. 有时早上孩子让我帮他穿衣服，我心里会烦他，嘴里念叨这么大了还叫妈妈穿衣服，对儿子不接纳，起嗔恨心。改善：平时要多觉知自己的小人，打掉自己的小人，多接纳、理解儿子，让自己的心更柔软。

2. 记得可意妈妈幸福日记里的一句话：我要做的，是再大的事，也用如如不动的状态去面对；再小的事情，也要陪伴孩子感受其中的智慧。我这个妈妈智慧不足，自己经常生气、焦虑不安，不能安在当下。改善：我要一直持咒、听课、写暖言等，让自己知止而后有定，定而后能静，静而后能安。

唐老师点评

这份作业我们可以看得出来，这位家长做得非常好。我指的不是作业，而是从作业中看得出来，这位家长确实是明显地有进步，她在帮助孩子，尤其是在自己的儿子怕妹妹夺走母爱这件事上处理得非常好。

其实孩子在发现自己的母爱受到威胁的时候，在他不断感受到压力的时候，他会去反抗压力，于是做出了看似不合情理的事情。比如让妈妈替他穿衣服，让妈妈陪他睡觉，让妈妈替他刷牙。从理上讲，这么大的孩子应该自己的事情自己做，如果不自己做，就会影响孩子的独立性。

问题看似如此，但问题的本质不是这个，实际上孩子是在担心，担心自己拥有的母爱会失去。

在这种担心的情况下，在这种承受压力的情况下，孩子只是针对这种担心和压力而做出反应，所以对他的反应，大家不要去等同于一般的那种独立性不强的情况。大家不要断章取义。记着，不要断章取义。

这位妈妈对孩子的做法是对的。

她的那些做法看似在惯着孩子，其实是在真正地安孩子的心。

孩子并非是需要惯着，并非是想要惯着，并非是不想独立，而是他想要的是妈妈让自己安心，让自己知道，让妈妈给自己确定：妈妈的爱不会改变。

当孩子知道这一点的时候，问题就不大了。

只要孩子明白了这一点，妈妈对孩子好一点，没有惯，也不用担心孩子是不是独立方面有问题，这都没有问题。

这位家长做得非常好。她在这一点上，我觉得是做得非常优秀的。

《大学》里说："物有本末，事有终始。"在这件事上，什么是本？什么是末？本就是孩子恐惧母爱会丢失，妈妈需要帮他去安这个心。至于孩子的独立性，那个是末。你不需要管的。本理顺了，末自然就好了，就不是问题了。

这个案例是一个非常经典的案例，因为它是家长对溺爱和正确的爱容易混淆的一个地方。这位家长不是溺爱，她是在正确地爱孩子，教育孩子。

作业 2：朋友复制女儿的文身，女儿生气了

今天周日，女儿正好休假，难得一家人都这么悠闲，我美美地睡了个懒觉，女儿安心地睡到自然醒。真好！快到吃午饭的时间，女儿跟我说，一个朋友学着自己在身体的同一个地方文了一个一模一样图案的文身。

她说的时候很生气，我能感受到她被东施效颦的那种恼怒和对朋友的不屑。我脱口而出："真是的！为什么这样？她是什么意思，你明天去问问看，你这样见样学样有意思吗？以前衣服照着你买，你穿什么她学着穿什么，现在连文身也学！我也是醉了！"

"就是"，女儿说，"之前她又不是不知道她跟我买一样的衣服，她穿我就不穿了。现在她竟然连文身也学，纹一样的图案还在同一个地方，我又不能把皮割下来丢掉。唉！"

我说："就是！我的佗佗么样她就学么样，她到底有没有自我？"

"哪个不想自己是独一无二的？她为什么偏偏喜欢跟别人一样？"女儿问。

我说："你这个问题问得太好了！她为什么偏偏喜欢跟你学呢？会不会是把你当作自己的偶像？"

女儿说："她文身的时候还发视频给我，我给一起的姐姐看，那个姐姐也这样说，她说你可以从另外一个角度想，她什么都学你，是把你当偶像一样崇拜，想成为你的样子，这是不是一件值得高兴和骄傲的事情？"

"对啊！明星才被别人当作偶像崇拜，你是她心目中的偶像呢！姐姐的想法真是正向，总能看到事情积极的一面。"我一边说着，一边用手抚摸女儿的后脑勺，感到女儿没有退让，就顺着把女儿的脸捧到面前，用欣赏的眼光看着她："来，给我看看你的明星脸！看她怎么能学到跟我的佗佗一样白？怎么能学到我的佗佗独特的气质？"

女儿开心地笑了，我听到女儿的恼怒慢慢瓦解的声音，真正体会到学习平等思维的好！

唐老师点评

这位家长的孩子遇到了问题，被同学模仿。一个人被模仿的时候可能会觉得很讨厌，很不喜欢这样。尤其是一个女孩子买了件衣服，"我穿得好好的，结果你穿了件同样的。因为你穿了，我就再不想穿这件衣服了"。

这种心态，我们相信大家都能理解。

当孩子烦的时候怎么办？

我们第一当然是接纳、理解。也就是孩子为什么烦、怎么烦，等等，这些内容。

当孩子说出心里话以后，我们如果能接纳、理解，那我们就容易跟孩子搞好关系，孩子就容易听我们进一步的建议。

如果这个时候我们直接去否定孩子，孩子就会因此跟我们戗起来，我们就无法帮到孩子。

这位家长在看到孩子被模仿而有烦恼的时候，做了接纳，做了理解。这个理解其实还是要说到孩子的好，鼓励孩子的好。这样做的时候，孩子的心就越来越安，越来越踏实。因为有这个踏实，孩子才更愿意跟家长不断地沟通，聊到那个姐姐说的话。如果那个姐姐不说那些话，我们家长也可以给一些类似的建议，帮助孩子过这一关，说对方跟我们学，确实让人很生气。那生完气，大家互相理解了，就可以说："对方为什么跟我们学呢？实际上还是我们漂亮，把我们当偶像崇拜。那如果是这样，这不是好事吗？"就把这一念转过来了。

其实后面的结果之所以能这么好，跟前面的接纳、理解是直接相关的。

如果没有前面接纳、理解的铺垫，后面家长跟孩子之间就不可能这么容易、顺利地达成好的结果。

孩子因为被模仿而心里烦，是因为同学的做法让她的心不安了。家长需要安孩子的心。

孩子怎么才能安心呢？接纳，理解。

我们做好接纳、理解，孩子的心就安了。心安了以后孩子才能想到，这个事情还有另一方面，就是"她之所以模仿我，是因为我就像明星"。

后面的这个方法反倒是末节，前面的心安了，后面自然地心里就没那么难过了，事情就容易解决了。

这一点，希望大家弄明白。

我们要去看清楚什么是本、什么是末，然后，抓住根本。把根本做好了，末节自然就好了。

第三节

❀

作 业 点 评

找一个机会去理解自己身边的人。按照理解的三个层次"同情同理、鼓励、爱"来操作，把操作过程、结果和不足写出来。

> **作业1：我不愿意再去批评孩子了！**

近几天的事让我感触很深。也就是上个星期五孩子参加八年级下学期的第二次月考，成绩不理想，孩子情绪非常低落。虽然我自己也不开心，但是我看到孩子的样子，就非常同情孩子。我觉得孩子已经很难受了，我不愿意再去批评孩子了，害怕说出的话会伤害到孩子。

等孩子睡后，我难受得掉眼泪都不敢说孩子。我觉得孩子已经很不容易了，我怎么才能帮到孩子呢？我做错什么了，以至于帮不到我的孩子？

在我没有批评孩子，并且像平常一样地去关心他时，孩子真的出奇地听话。更加关心我，理解我，让我感到非常幸福。基地的老师也给我一些建议，说让我给孩子重复做一些课堂上做过的题，去改正孩子容易遗忘的缺点。

昨天晚上孩子做完家庭作业后，我就让孩子做了基地老师给他讲过的一道题。孩子做了五遍才把那道分式乘除的计算题做得完全正确。整个计算过程中，我都在想老师说过的话，"只要孩子不会的都是难题，哪怕是 1+1=2"，所以心情非常平静，非常耐心地和孩子一步一步检查，每一步都和孩子找到依据，这个地方应该怎么做。前四遍每一遍结束我都问孩子："我们该怎么办？"儿子都非常爽快地说："妈妈我重做。"就这样孩子做了五遍而毫无怨言。这时候已经是晚上 10:40 了。孩子上了一天的课，晚上又上课（英语模块课）又写作业，还能这么配合地做题，真的让我非常佩服，让我更加地理解孩子，知道他是非常想学好的。

最后我告诉孩子："只要我们这样努力，认真的能力一点一点地提升，成绩一定能提高。想不提高都不可能。妈妈相信你肯定能行！"看到儿子懂事的眼神，让我更加地心疼孩子了。

在整个操作过程中，不足的地方还是很多的，就是我脾气急，不会引导孩子。我在孩子身边又帮不到孩子。我肯定还有很多做得不够的地方，请唐老师指正批评。

唐老师点评

这位家长的反思让我很感动。各位家长，大家觉得这位家长优秀不优秀，是不是非常优秀？确实非常棒。大家会发现，她的心很柔软。

大家知道吗？学习不可能一直往上走的，就是所有的孩子都不可能学习每一次都往上走的，一定会有波折的。

这位家长拿出了非常详细的操作、非常具体的步骤，帮助她的孩子。但根本在哪里？根本在于她前面的接纳和同情同理。

孩子成绩不理想，情绪已经很低落了，如果家长不满意，就一定会向孩子发泄的。你只要不满意，就自然会流露出不满意的情绪而刺激到孩子。那么这个时候，孩子感受到的就会是痛苦。

而这位家长说："虽然我自己也不开心，但是我看到孩子的样子，就非常同情孩子。我觉得孩子已经很难受了，我不愿意再去批评孩子了，害怕说出来的话会伤害到孩子。"这就是心疼孩子。

孩子睡了，这位家长自己难受得掉眼泪。大家不要觉得好像这没有什么，我提示大家，就是这种力量才让孩子产生了对妈妈的信任。她的反思是："孩子已经很不容易了，我怎么才能帮到孩子呢？我做错什么了，以至于帮不到我的孩子？"我们看，这种接纳的结果是"孩子真的出奇地听话，更加地关心我、理解我，让我感到非常幸福"。后面一遍一遍让他操作，做五遍，到晚上 10:40。学了一天的课，还要上什么课，这些过程和结果好像是家长比较细心，一步步引导的，其实根本在于最前面的接纳、同情同理，也就是说，最前面的肯定给了孩子强大的力量，让他能够下决心把自己的学习做得更好。

而继续上好家长课，家长们在配合我们的老师帮助孩子把会做的再做一遍，再做五遍，把会做的做得更加扎实，这就是建议，就是帮孩子操作好。而这个过程孩子操作好时，家长再加上肯定，这又是鼓励。这种力量会给孩子强大的支持，孩子会不断地做好。

这就叫做好正因，接下来的正果一定会来到。孩子一定会明显地进步的。各位家长，大家拭目以待吧！

作业 2：表扬谎报军情的儿子

星期三中午去学校接孩子，一出校门孩子就告诉我个好消息，说："数学单元测试我考了 100 分，妈妈你请客吧。"我说："是吗？真不错，发卷子了吗？"孩子说："没有，上午第五节课刚考的，我感觉是，最低也得 90 分。"我说："好，等卷子发下来我得好好看看。"

晚上回家孩子写完作业玩电脑时，我给他送水，看到了数学试卷，孩子考了 90 分。我问："这是你上午考的那张卷子吗？"孩子说："是的。"我说："那考得不错啊！"孩子没说话。我接着说："来，我拍张照片，把这个好消息也告诉杨小伟老师。"看卷子上老师在 90 分的地方画了个笑脸，我就说："老师是不是也表扬你了？"孩子说："没有啊！"我说："怎么没有啊，看老师在你卷子上都画笑脸了，这说明老师对你这次成绩也是非常满意的。"孩子笑了笑。拍完照片后我仔细地看了看孩子的试卷说："你看你这份卷子，字写得非常工整，而且大题的计算步骤也写得非常仔细。一看就是因为会做，胸有成竹很流利地就写出来了。"孩子说："是的，我感觉能考 100 分呢。"我说："没关系，自己感觉和真的考出来有时是有差距的，我平时做事的时候也会有这样的情况。没事，我把卷子给杨老师发过去让他帮你好好分析一下，下次咱们注意点。"

接着我又说："儿子，你知道这次你为什么能考这么好的成绩吗？"孩子没说话。我又说："你没发现你最近的学习很认真吗？尤其是和基地的老师上课的时候，我发现你和老师互动得非常好，学得也是特别投入，而且我还发现你最近的作业也做得比以前强多了。好的成绩都是因为这段时间做了努力得来的啊！"孩子点了点头。我看了看他卷子另一面还有一套题，我说："你试着把这套题也做做吧，正好我也一起给小伟老师发过去，让他看看。"孩子说老师没让做。我说："就当多一次练习的机会嘛，多巩固一下。"孩子说："好吧。"就去做了。

其实我知道孩子在平时的学习中有手懒的毛病，多不愿意动笔去做，平时老师留的作业也不愿意去写。和基地老师上课的时候，也多喜欢口述把题做出来，很少动笔去写。在和老师沟通后老师也发现他有这样的毛病，正在想办法。所以我想利用这次机会让他也意识到想到和写出来还是有差距的，然后再慢慢引导他动笔写，这样成绩就能提高了。

唐老师点评

这位家长在做一个工作，就是帮孩子好上加好。有的家长说，考 90 分也是不错的。其实，家长完全有理由去批评孩子的，因为孩子谎报军情了，孩子其实又浮躁了，他说考 100 分没考到。家长可以一下子很失落，说："你吹牛，你不是说考 100 分吗，怎么只得了 90 分？"

我提示大家，如果这么说了，孩子后面的进步、改变就没了。大家想是不是？

这位家长非常优秀，在整个过程中始终是说鼓励孩子、肯定孩子的话。包括同情同理："没关系，自己感觉和真的考出来有时是有差距的，我平时做事的时候也有会这样的情况。"接下来："儿子，你知道这次你为什么能考这么好的成绩吗？"这些都是在鼓励孩子。家长很明确地肯定孩子："你没发现你最近的学习很认真吗？"孩子小，他们需要的是庆慰语化，庆慰就是多赏识、多赞美。这位家长在这一点上做得非常好。

正是由于她不断地肯定孩子、夸奖孩子各方面的进步，才有后边的孩子动手去做卷子。这个结果来自家长的接纳、同情同理，来自家长的鼓励。

很多家长在孩子出现一点波折的时候，一下子就急眼了。只要你急，你就会给孩子带来负面的影响，孩子就不愿意照你说的去做。

希望大家向这位家长学习。

第七章

建　议

——和谐沟通之道（三）

建议是帮助对方找到他自己喜欢的道路。

建议要有操作性。

第一节

❀

内 容 讲 解

和谐沟通的目的是获得幸福。

在接纳、理解对方之后，我们就会知道问题所在，就可以让对方感受到，我们看到了他曾经做过的那些努力，我们特别理解他，这就是鼓励。对方会从我们的鼓励中获得力量，并且会从他所感受到的我们的爱中获得发自内心的强大力量。这个时候给对方提建议，对方就特别愿意接受。

什么是建议？建议要符合以下三点。

一、建议要正向

正向是对方觉得正向，不是你觉得正向。大家要注意：建议不是意见，是正向的，而且是对方觉得是正向的。建议提出来，对方会觉得："哎呀，你提得太好了！"那么，对方听到什么话会觉得你讲得特别好呢？

有人说是肯定的话，有人说是赞美的话，有人说是对方认为正向的话，有人说是他愿意听的话，有人说是说到他心里的话。这些说法都不够精准。实际上，应该是顺对方意的话。你顺着对方的意而说、而提建议，他会特别开心地接受。

肯定、赞美的话他肯定都喜欢，但是当你提建议的时候，就不是肯定、赞美他，而是顺他的意。他觉得什么好，你就顺着他的意给他建议。肯定对方和顺对方的意是两回事。肯定对方是他那么想是有道理的，他做事情的因果关系是对的。但是，你要提出一个建议来怎么能说对方是有道理的呢？顺他的意是你要给出一个具体的做法来，这个做法是对方所要结果的正因，能够帮助对方达成他所要的结果。

学习平等思维，大家要越来越细地体味一些词语，学会更精准地区分它们，看清它们的不同内涵。我们会记住很多的词语，这些词语看似都是正向的，都是能够满足他人的小人心的，但是，它们其实根本不在同一个层次上。这一点，需要大家好好去体悟。

二、建议要有操作性

操作性包括三点：

第一点，建议和对方所要的结果之间要有明确的因果关系。

有明确的因果关系，就是真正明白了、掌握了相关的因果规律，判断标准就是，按照这个规律操作，一定可以得到好的结果。这样的操作，就是有效的努力。关于帮助孩子学习方面的因果规律，大家可以参考《培养孩子认真学习的能力》一书。

第二点，建议要明确、简单、可操作。

很多时候，我们自己认为很简单，但别人不一定认为简单。所以，帮助对方操作到位才是关键。觉得很简单，但又无法让对方理解，这是自己愚蠢，不是别人愚蠢。

第三点，建议的操作过程要手把手带着对方，轻松快乐地去做。

什么叫手把手？手把手的意思是提建议的人来担责任，保证对方做到。大家学习平等思维，要特别注意一点：对词语的理解要到操作层面，这样的理解才是有用的。理解不到操作层面，你知道这个词也没有用。有家长会这么说："我手把手地教了他三遍，可这个笨蛋怎么就学不会。我怎么办？"这样不叫手把手。

手把手是我们来担责任，我们来确保对方做到。手把手的意思是，你要想办法确保他能学会，而不是说你教过他就算完了，他学不会你就可以骂他是笨蛋了。你要找到让他学会的方法，并且真的让他学会，这才叫手把手。大家要好好地理解这一点。

三、建议是可听可不听的

既然是建议，就不是命令，对方可以不听。什么叫对方可以不听？就是对方不听也没有压力，没有什么严重的后果。

家长往往在提出建议后对孩子说："你可以不听，你自己看着办吧！"这不是可听可不听，而是一种威胁。还有的家长，一看孩子不听自己的建议，马上脸就拉下来了。虽然没说什么难听话，但只要你拉下脸来，就已经给孩子带来巨大的压力了，你所谓的建议已经失去意义了。

和谐沟通的三大步骤：接纳，理解，建议。大家只要好好地使用，沟通马上就会变得和谐起来，和谐的沟通会带给我们很多幸福。

案 例 ｜写完作业奖励看动画片

同事经常为四年级的儿子做作业效率低、时间长而烦恼。她的孩子经常是写一会儿作业玩一会儿，晚上写不完，第二天早上突击写，而且正确率很低，经常挨老师的批评。同事为此事打骂过儿子，但没有任何效果。我问同事是孩子在做作业时遇到困难了，还是有其他原因。同事详细地说了儿子做作业的情况，原来孩子每天回来，妈妈的要求是，除了写完老师布置的作业，还要完成妈妈布置的家庭作业，孩子感兴趣的动画片不让看，所以孩子写作业时边写边玩。我建议同事让孩子在规定时间内而且有一定准确率地完成老师留的作业，奖励他看一定时间的动画片，然后完成课外作业时，再奖励看一定时间的动画片，多做多奖。几天后，同事告诉我按我说的去做了，孩子现在的作业写得又快又对，老师还在班上表扬了孩子的进步，孩子可开心了。现在孩子每天做作业更积极主动了，而且学习的兴趣更浓了。他向妈妈保证，每天再增加背诵诗歌、单词。看着满脸笑容的同事，和前几天愁眉不展的她判若两人。我真心地为同事的改变而高兴。

唐老师解析

我来分析一下这个案例。

这位学员问了同事孩子做作业时遇到什么困难了，这是对情况的一个了解。了解之后她开始提建议。我们按建议的三条来对照。

第一条，正向吗？孩子觉得正向吗？让孩子做完作业以后看一会儿动画片，孩子当然觉得正向。

第二条，这个操作很难吗？一点都不难，孩子很愿意这么操作。符合第二条。

第三条，可听可不听。孩子可以继续全做作业不看动画片，但是孩子当然愿意做完作业后看一会儿动画片，所以他最后听了。

若我们继续详细地分析第二条的话，就是做法和想要的结果之间要有因果关系。我们想要的结果是什么？就是我们的教育法宝，帮助孩子开心地、独立地学习和生活，其实这个建议就是在帮助孩子开心地学习，让他可以增加看喜欢的动画片。你在调动他的学习积极性，让他更愿意学。在整个操作过程中，孩子是快乐的。

这个建议符合建议的三点，结果就是好的。

第二节

答 疑 环 节

家长提问

孩子今年高三了，他在班里的座位在后排，他的眼睛有点近视，看不清黑板，加上周围几个同学上自习课经常说话，孩子觉得影响他学习了，所以他找老师请求调换一下座位。他说自己眼睛不好，看不清黑板，下次调座位时能不能不要把他放在后面。老师说不行，都是这个理由要换座位，你不想坐后面让谁坐后面？老师还让孩子回家问问家长，话是这么说的吗？孩子晚上回来和我讲了他与老师的对话，我觉得可能老师对孩子说的"能不能不要把我放在后面"这句话不满意，觉得孩子在怪老师让他坐在后面。我建议孩子给老师发个短信，道个歉，再诚恳地请老师帮忙，如果老师不为难，请他调一下座位。但孩子不想给老师发这个短信，我该如何帮孩子？

唐老师解析

这位家长分析这个问题分析得很好。其实这个老师的话已经说得比较清楚，

"话是这么说的吗"。一方面，孩子说的话有可能让老师觉得不好听了；另一方面就是"这地方不好，我要换一个好的"，那么就要有另外一个人到这个位置上，就会让老师觉得他会得罪那个人，他当然会不开心。这位家长看到了孩子说这个话可能会导致老师误会，可能会让老师怪孩子，家长是分析出来了一些道理的。

那么，家长要做的一件事情是，让孩子看到这个问题。其实我们知道很多的孩子说话是不注意的。比如在基地上课，有时候问孩子学得怎么样，我是想了解孩子的真实感受，孩子会说："还行吧！"一听这个话就觉得"他是不是没有收获？"我再问："有收获吗？"他说："有啊！很有收获啊！"他会讲有很多的收获。这时我才知道，那个"还行"的意思是他很有收获。但是这样的话说给有些人听，有些人就不一定会喜欢，比如，如果家长去问孩子，学得怎么样？孩子说还行，很多家长就非常担心。这样的话就不大可能让说话的对象开心。孩子会依照他的说话方式，不去考虑对方的那个想法而去说。所以说他确实有可能会得罪到老师。

孩子去提一个要求，倒不如让孩子去跟老师商量一下：我遇到这样的困难，请老师帮我出个主意，我应该怎么做，怎么解决好？这样的话，这个问题的解决上更开放，更给老师一个主动地调整的方法，而不是你去要求。你要求老师怎么做，老师就会想：你说怎么做我就怎么做吗？可能会有这样的情况。

另外家长要注意一点，这件事情要跟孩子聊清楚，让孩子不觉得自己是受到妈妈的批评了，这样的情况下去听我们的话。我们要站在孩子的角度跟孩子一起去想，怎么说老师可能会愿意听，愿意给我们提供帮助。如果孩子临时不想去做，那么我们就再过一段时间再做。事情是商量出来的。

问题2：遇到了讨厌的老师怎么办？

学生提问

唐老师您好！我是小学六年级的学生，这个年级一共有五个班级，我们班从一到五年级语文成绩每次期末一直排列第一，到六年级上学期我们班考了个倒数第一。这学期语文老师拼命地骂我们，说我们班的学生最差，全体同学都很反感语文老师这样的教学方法，甚至排斥她的课，对语文作业也不感兴趣。请教唐老师，面对这样的老师，我该怎样去学习语文？

唐老师解析

这个老师真是蛮讨厌的，自己教不好，居然去骂学生。怎么能这样？这样不好，没有智慧，心胸不宽广，我们不能向这样的人学习。

有一个问题是，面对这样的老师，我们该怎么去学习语文？

记着，遇到这样的老师，我们应该专注地把该学的语文内容一定学好。

如果你不愿意听这个老师的课，就在老师讲哪篇课文的时候，好好地用我们的语文十步法学这篇课文。我们有两个语文十步法，一个是现代文的十步法，一个是古文的十步法。小学应该还没有古文吧？诗歌要用英语的十步法。另外，还可以了解一下我们的作文三步法，用我们的作文三步法学习写作文。你这样去学习，把字词句都掌握透了，摹写课文摹写好了，那你整个的语文水平就上去了，你听不听这个老师的课都可以把语文学好。这个结果对你自己是好的，你是开心的。

记着，你的语文不是为她学的。

越是讨厌这个老师，越要把语文学好。

各位同学，大家记着这句话：越是讨厌哪个老师，越要把那门课学好。

为什么？

不靠他，咱也能学好！对不对？

如果遇到讨厌的老师，他教的那门课你反倒没学好，让一个讨厌的老师批评你，你说讨厌不讨厌，烦不烦？所以越是讨厌哪门课的老师，越是一定要学好哪门课。

那要是喜欢呢？

喜欢当然要学好啊，你得给老师学好。

讨厌呢？

讨厌就给自己学好。

这样才是智慧的。

一个智慧的人，要去做智慧的事情。

什么叫智慧的事情？就是自己做了一个事情，结果对自己是好的，这就叫智慧的事情。

一个智慧的学生一定是做智慧的事情，而不是意气用事，做亲者痛、仇者快的事情。

比如你跟老师顶，不喜欢这个老师，你又正好这门课学得很差，这个老师批评你的时候就批评得很狠，你说讨厌不讨厌？我们可不能这样！

一定要学好，让他想批评你都找不到理由批评，这才是智者要做的事情。

第三节

作业点评一　沟通之前问自己是不是在想帮对方

在沟通之前先问问自己，我是不是在想帮助对方？

作业1：怎么对孩子的无理要求随顺而转？

家长反思

今天孩子跟我说："妈妈，快开学了，我在家没待够，刚装修好的房子还没去住，不想去上学。"

我说："好呀，不去上学，在家比在学校待着更开心，那我们就不去学校。"

孩子想了想说："不行，那我还是去上学吧，但是，我想转回来上学，不想住宿，想和爸爸妈妈在一起。"

我说："行，转回来上，只是这个学校学习进度快，你落下很多课，补不过来，就得重新上七年级。"

孩子想了想说："不行，那我还是不转回来上，在那里也挺好的。"一会儿，孩子好像看出了我的心思，问："妈妈你怎么不高兴？你不高兴，我也不开心。"

我说："我不是不高兴，我是在想，你愿意和爸爸妈妈在一起是很正常的。你要是不转回来上学，因为想家而影响学习怎么办？"

孩子说："要是想你们了，就背课文或者读《心经》。"

我说："这个方法很有效，一定要去做。"

孩子说："我不喜欢班里的语文老师和个别同学。"

我说："你不喜欢是很正常的事，每个人有自己对事情的看法和做法，我们又不能改变他，那怎么办？"

孩子说："那只能改变自己。"

我说："当你看语文老师和个别同学很烦时怎么改变自己？"

孩子说："我要是因为他们的言行心情不好而影响了学习，那我就太愚蠢了，做不了自己心的主人，而成为奴才了。我要做自己心情的主人，不被外境所转。"

我说："你说得太好了，妈妈相信你一定可以做到，自己的心情自己做主。加油！做快乐的自己。"

唐老师点评

孩子说不想去上学，妈妈说好啊，不去上学，在家里待着吧。其实孩子并非真的不想去上学，所以孩子说：不行，还是要去。又想转回来上学。妈妈又提醒，你落下很多课就要复读，就要留级。孩子肯定不想留级，就说在那还是挺好的。一会儿孩子看出了妈妈的心思，说："妈妈你怎么不高兴？"我提示这个问题，妈妈不高兴了。这个不高兴在哪里，这是一个问题。

而后妈妈说："我不是不高兴，我是在想，你愿意和爸爸妈妈在一起是很正常的。你要是不转回来，因为想家而影响学习怎么办？"对这个问题，我倒很想问问小喻妈妈，你当时问这个问题的目的是什么？"是啊，要不我转回来。"如果孩子说这句话，不知道你怎么去接话。你是希望起到这样的作用，还是什么作用？因为你这句话的确有可能会起到这样的作用，这是一个风险，这点要提醒你。为避免这个风险出现，你可以直接引导："想爸爸妈妈的时候你做什么好？是不是可以背背课文，背背《心经》？"直接这么引导，也许会对孩子有更好的作用。至少你这里不会有一个风险，她万一要是说想转回来就麻烦了。

但是孩子说得非常好："要是想你们了，就背课文或者读《心经》。"这是非常好的，说明孩子已经记住我们训练营里对话时提出的把读《心经》当成自己心里的一个寄托，这个寄托可以解决自己心中的烦恼，这是非常好的。这个方法很有效，一定去做，妈妈的引导非常好。

这个过程小喻妈妈引导得非常好，尤其说想转学，能说：行，转回来上，这个学校学习进度快，落下很多课补不过来，就要重新上七年级。这个引导非常好，各位家长都能看到，这个问题一下子打到孩子的痛处，就是孩子是很不愿意这么做的，她那么说的时候，没有注意到这个问题是怎么回事。

"我不喜欢班里的语文老师和个别同学。""你不喜欢是很正常的事情，每个人有自己对事情的看法和做法，我们又不能改变他，那怎么办？"孩子说："那只能改变自己。"这个引导也非常好，其实这么一看，这就是典型的平等思维的思路，就是先接纳，后通过提问帮助孩子反思好的解决方法。当你自己很烦的时候怎么改变自己呢？孩子说了改变自己，其实这是一个单破不立，就是怎么改变自己？你的操作是什么？这个问话进一步地加深。

孩子说："我要是因为他们的言行心情不好而影响了学习，那我就太愚蠢了。"孩子刚才说影响自己就太愚蠢了，做自己心的主人，而不是奴才。这些我们都看到，孩子在暑假参加训练营复训起到了很好的作用，就是不被外境所转了。妈妈说："你说得太好了，妈妈相信你一定可以做到，自己的心情自己做主。加油！"

我们可以看出，孩子和妈妈都在非常明显地改进，这里面对小喻妈妈和小喻同学都提出表扬，非常好。

通过这份作业我发现小喻妈妈进步非常大，暑期的时候我还批评小喻妈妈了，和暑期相比她现在的进步非常大。

我看到家长跟孩子的对话，在引导孩子随顺而转方面，做得简直可以称为经典了。

后来这位家长又发了一段自己的经历，请大家参考：

还有一件事情是在孩子开学两周后，孩子回来就跟我说："妈妈，老师让我和好友写保证书，他把我和好友的座位给调开了，我很生气。"我说："为什么生气？是什么原因？"她就说："我们都写保证书了，保证上课不讨论与学习无关的事，不随便说话，他还是把我们调开了。"我说："既然咱们都写保证书了，就和好朋友约定互相鼓励，提醒对方，好好学习，把成绩提上去。按基地老师的建议去操作，达到学会的三个标准，成绩一定可以提高。让学校老师看看，我们能说到、做到。自己和好友、老师都很开心，这样你还会生气吗？"孩子说："嗯，我不生气了。"我说："距离产生美，你和好友还是在一个宿舍，一个班，你们很有缘。互相鼓励，上同一所好的高中，上同一所大学，多好啊！达到学会的三个标准，做对自己好的正因，加油！"

因为一直写幸福日记吧，孩子在我的眼里真的是一个非常懂事、有同情心、有孝心的孩子。她有什么做得不对的地方，我就觉得有她的道理，她不就是个孩子吗？我想通过自己的学习去提高、帮助她做更优秀的自己。当然自己还有很多地方学得还不够，希望跟大家一块再努力！

作业2：孩子不想去学校了，怎么引导？

家长反思

昨天晚上孩子对我说："妈，明天我不想去上学了。"我说："行啊，但为什么呢？"孩子说："上课老师总是唠叨，说个作业没完没了，说学生还要说半天，占用美好的时光，作业又太多。我心烦，心里难受。"我说："难怪你不想去，叫谁谁也不想去。上学快乐才能学习好，上学难受肯定学不好，不去也罢。"孩子说："那你给老师请假。"我说："那我说什么呢？"孩子说："就说我心里难受。"我说："哦，那请多长时间呢？你自己在家做些什么呢？"孩子说："先请一天，你在家陪我好好想想。"我说："是上课的问题，我能帮你做些什么呢？要不换个班？"孩子说："不，我舍不得我的同学，换老师吧。"我说："换了老师别的同学不干怎么办？如果换了老师还不如这个老师怎么办？孩子你想想，是不是因为暑假长时间没上学，现在刚上学就这么紧，有点不适应呀？"孩子说："有点。"

我说："那怎么做上课就不烦了呢？要不你买笔记本，上课把老师的板书都记下来吧。"孩子说："老师一节课就写十几个字。"我说："还有老师上课重复的话你也记下来。这样你把心思放在这，就不会注意老师的唠叨了。"孩子说："嗯，这倒行，但我不想记。"我说："那我就跟老师沟通一下吧。"孩子说："嗯。"我打通了老师的电话，把情况跟老师说了一下。

老师说："现在五六年级的孩子处于青春期，肯定会出现这样那样的情况，属于正常。我们只要调整好孩子的心态就行，这样，我抽出时间和孩子聊聊。其实问题出现得越早越好。不用担心，我们慢慢调整就行了。"我把老师的话转达给了孩子："老师说你的情况挺正常的，去上学吧，老师和我都会帮助你的。"孩子说："嗯。"

这件事完了，我在反思自己：我是想帮助孩子，但没能帮上孩子。据老师反映孩子的这种状态上学期就有了，只是一直没跟我说心里话，是我以前错得太多了。

唐老师点评

我们的家长在随顺方面都在努力地做或者说都有一定成效了。孩子说："明天我不想上学了。""行啊，但为什么呢？"说行，而不是去拒绝，这是接纳，很好。问为什么也是非常好的，这个问题很有建设性，这个问题会使孩子从刚刚的一个心情表达，走向具体问题的解决。"上课老师总是唠叨，说个作业没完没了，说学生还要说半天，占用美好的时光，作业又太多。我心烦，心里难受。"我说："难怪你不想去，叫谁谁也不想去。"这个是接纳，但是这个接纳当中相对正向的力量是不足的。"上学快乐才能学习好，上学难受肯定学不好，不去也罢。"这句话可以没有，因为好像你在引导着孩子不去上学。

接纳孩子的时候，我们要避免去很明显地朝着负向引导孩子，毕竟我们还是不希望孩子不去上学的。"难怪你不想去，叫谁谁也不想去。"这里面接下来应该有一个正向引导，你没有，所以说这个地方实际上没有力量。如果说完这句话，接下来去引导才好。也正因为你的说法没有正能量，没有朝正向走，你在支持他不去上学，所以孩子说："那你给老师请假。"

说到这里，我估计家长已经比较难受了，你还真去请假吗？

这里家长做得非常好，前面的正向引导没有，这是家长做得不够的，但是这个地方是比较好的："那我说什么呢？"孩子说："就说我心里难受。"我说："那请多长时间呢？你自己在家做些什么呢？"孩子说："先请一天，你在家陪我好好想想。"

另外我要问一个问题："要不换个班？"家长为什么要问"要不换个班"？

这位家长我不知道你的身份是什么，估计你很有本事，可能是校长之类的，换个班这么容易吗？另外还有一句话，孩子说："不，我舍不得我的同学，换老师吧。"为什么我猜你是校长，孩子不喜欢就可以换老师吗？而你明显地在接纳他这一点。说换了老师别的同学不干怎么办？这话给孩子的印象就是，孩子想换班就换班，想换老师就换老师。这位家长你要反思，你的职权带来的力量，会不会纵容孩子，就是会使他觉得他要怎么样就怎么样？你尽管已经找到了一个解决方案，比如说"别的同学不干怎么办"这样的方法阻止孩子考虑去换老师，但是你仍然会让孩子有一个感觉：我想换班就换班，想换老师就换老师，如果有什么事情逼急了我就去换。你给他留了这个后路，而这个后路对孩子的成长是不利的。这位家长要去反思的。

后面的引导："孩子你想想，是不是因为暑假长时间没上学，现在刚上学就这么紧，有点不适应呀？"这个引导非常好，可让孩子通过反思自己的心来反思到底有什么问题。孩子说："有点。"我能看得出这位家长在用接纳、理解、建议的方式做。

接下来的建议非常好，说："你上课怎么做就不烦了呢？"先去设问，然后给孩子提供建议。"要不"这个词非常好，是一个商量，而不是逼迫。"你买笔记本，上课记笔记。"孩子说："老师一节课就写十几个字。"这意思是记笔记不现实。"还有上课老师重复的话你也记下来。这样你把心思放在这，就不会注意老师的唠叨了。""这倒行，但我不想记。"当孩子不想记的时候，他没有去抓这一点进行引导突破。但是有一个问题，实际上这位家长出的这个主意不够好，这点我加一个建议，就是当孩子发现老师啰唆、重复的时候，除了记黑板上的板书，还可以抄写老师正好在讲的那篇课文的生字词、重点的句子或者数学公式、定理。这样孩子既能提高自己，又不会被老师抓到。

家长说："那我跟老师沟通一下吧。"孩子说："嗯。"我打通了老师的电话，把情况跟老师说了一下。这里面能够给我一个印象是，这位家长可能是校长或者是教育部门的干部。孩子不愿意听老师的课，家长能够直接沟通，这是很不容易的，因为一不小心可能会得罪老师。老师说："现在五六年级的孩子处于青春期，肯定会出现这样那样的情况，属于正常，我们只要调整好孩子的心态就行。这样，我抽出时间跟孩子聊聊。其实问题出现得越早越好。不用担心，我们慢慢调整就好了。"要么这位家长跟孩子的老师沟通得特别好，要么就是这位家长是校长，老师不一定开心，但是得罪不起你。这种可能性是有的。我把老师的话转达给了孩子："老师说你的情况挺正常的，去上学吧。老师和我都会帮助你的。"孩子说："嗯。"

这里面在帮助孩子方面要有更多的建议，这些建议也可以是商量式的建议，就是说做点什么更好，既能够学习好，又能够不跟老师对抗，又不让老师的啰唆烦到自己，这是很重要的。孩子的问题跟孩子商量去解决。

这位家长你要避免给孩子一个观念：孩子可以轻易地换老师。不要给他这种印象，这种印象会让孩子很麻烦。再一个你跟老师的沟通，会不会导致老师对你或孩子有负面的看法，你要去反思这一点，因为沟通这件事情，老师不一定乐意。

总的来说，这位家长的接纳做得非常好，而且整体上的接纳、理解、建议整个的一个框架都做出来了，尽管有一些建议不够好，但是有一些已经明显地做得很好了。

第四节

作业点评二　提建议前考虑是否符合建议的三点

给别人提建议前，应先考虑要提的建议是否符合建议的三点，若三点都符合就提，而有任何一点不符合就不提。拿出一个案例来，写出提建议的操作过程。

作业1：如何帮孩子在不愿意学习的时候坚持学习？

家长反思

端午放假，孩子第一天写了作业，第二天上了网络课，第三天没什么安排，我和她商量，马上要期末了，能否把各科复习下？孩子答应要复习，但早上吃过早饭后又继续回到床上去了，不想做事。我则想刚商量的复习怎么做到呢？

我把孩子的数学作业本和平时测试卷找出来，把第一章的错题先抄下来，想让孩子有心情的时候来做一下。孩子说难受，在床上始终不想起来。我试着问她："在难受的时候怎样能克服难受把时间利用起来呢？"孩子一听来劲了："如果这时去玩电脑就好了。"

我说："那去玩吧，只要遵守时间就行！"孩子高兴地跃起来就跑去玩电脑了。我把抄好的数学题放到她的桌子上，等她玩好电脑心情好了来做！一个小时的电脑时间很快就到了，孩子自觉地下机，我则做中午饭，一会过来看她时，孩子已经自觉地在做数学题了。

分析：以上和孩子商量，期末想考好必须先复习，共同的正向是复习；建议的第二点要有操作性，在复习过程中能操作的是什么？不是给孩子讲复习她就自己复习好了，而是找出错题抄好，待她心情好时来做；如果不帮她抄好错题，让她自己找或抄，那样孩子会觉得难度太大，所以抄好错题等她来做就有操作性了。第三点：可听可不听。我抄好题后放在她桌子上，没有强迫，只提示她心情好了再做，这达到了可听可不听的条件。最后孩子玩完电脑心情愉快地去做了，而且正确率很高，不会做的也在动脑筋去想了！但我觉得这其中的过程没做好还是有问题，请唐老师指正！

唐老师点评

这位家长总体上做得很好。正如她的分析，建议的三条基本都考虑到了。

接下来我们分析一下，这位家长没有考虑到的。

我们看到，这个过程中出现了曲折，为什么会出现曲折呢？就是因为，共同的正向没有找到。复习取得好成绩，看似是家长和孩子共同的目标，其实并不十分准确。家长如果能够调整目标与孩子的临时目标相一致，问题就简单了。

孩子放假，当然想玩一玩。如果家长能够帮孩子达成这个目标，接下来再说学习，孩子就不会说什么了。可惜的是，家长没有想到，这个目标是孩子自己提出来并勉强争取到的。本来家长完全可以送孩子一个人情，跟孩子交好的！

试想，如果家长先提出这个建议，孩子的反应会怎么样？孩子还会说难受，在床上始终不想起来吗？

不过，这位家长在后面基本能够随顺孩子的想法，最后还是达成了很好的结果。

作业 2：我把牛奶袋给你打开吧

家长反思

前天早上，孩子还没吃早饭的时候，我已吃完，问孩子："我把牛奶袋给你打开吧。"孩子说："干吗要打开呀？"我马上闭上了嘴，觉知到自己又自以为是了。孩子的意思是"我需要你的帮助吗"和"我不想让你打开"。还有，说"干吗"，就表达了对我这种问话的不满，在反抗我的自以为是。我自以为是在征求意见，实际是在提建议，是在立，在立我的观点，立我的执着于帮助孩子。我在表达一个"我"，不是相应于别人的需要，这种习气总是脱口而出，孩子需要我的帮助和建议吗？我下次可以这样问："你想把牛奶袋打开吗？""需要我把牛奶袋打开吗？"

和孩子聊清明节我的幸福之道中级班家长课的安排，我需要 3 月 31 日出发，孩子爸爸 4 月 1 日也要出门，孩子想到了一个我忽略的事："妈，4 月 1 日晚自习没人接我啊。"我说："哎呀，对啊，我怎么没注意呢？多亏你想到了！那怎么办呢？"孩子说："那你找个朋友接我？"我说："也行。"孩子说："还是不让别人知道咱家的隐私了，再找一个办法吧。"我说："你坐一天校车？"孩子说："我不想坐。"孩子没说原因，我也没继续问。我说："那打车回来？"我俩互相看了一眼同时说："不行。"孩子说："那我晚自习请假吧？"我说："那没办法，就只能这样了。"最后我俩形成这个意见。沟通过程还算顺利，但还是有一个"最好别请假的我"在，这个需要我去破掉。我还是和孩子商量了一个相对最优的方法。

有时孩子玩手机时间长了，我问："需要我提醒你吗？"孩子说："我正要去学呢。"然后马上就去学习了。这时我心里没有觉得孩子有什么不好，就是去提醒一下，就是去解决事情，结果没有什么不好。但是，也有时，我会心里觉得孩子应该学习，执着孩子应该努力，这时，我再跟孩子说同样的一句话"需要我提醒你吗？"孩子会敏锐地感知到我的心，会不耐烦地说："我知道了。"

当接纳不在时，提建议真是否定孩子，给孩子压力。

我现在的临界点是对孩子在学习上的接纳不足，还有执着，心里是不清净的，所以现在不给孩子提学习上的建议。相应于她的需要，等她确有需要的时候，我再提供相应的帮助。

我只是修自己的心，眼睛盯着自己，依此修行。

唐老师点评

这位家长在不断地努力，但是努力得很累。

她累在哪里呢？

有一件事情提醒所有的家长，尤其是这位家长要注意，就是：孩子自己能做的事情，最好是直接交给孩子自己做，我们不再操心。

比如早上吃饭，家长问："我把牛奶袋给你打开吧？""干吗要打开？"孩子急了。后来，这位妈妈反思了半天，说："我下次可以这样问，'你想把牛奶袋打开吗？'"这位家长依然是想：要不要我帮你打开牛奶袋？

很多家长反思为什么反思不到位，就是这个事是你的事吗？

你反思了半天，还是说"需要我把牛奶袋打开吗？"打开牛奶袋是你的事吗？孩子真的不会把一个牛奶袋打开吗？你要不在，人家还喝不了牛奶了？

这些基本的原则搞不明白，就会很麻烦。

这就像我要上课了，我来了以后，你说："唐老师，要不要把电灯给你打开？要不要把电脑给你打开？要不要把话筒给你调一调？"哎哟你要累死我了！

大家明白吗？就是你在做一些根本不属于你的事，那个事情无论做得好坏，都会让人觉得麻烦。

孩子自己能做的事情你应该交给他嘛，要不你就会怎么做都麻烦。

孩子不独立，因为你都替他做了。有时候你又抱怨他不独立，他又烦。你试着让他独立的时候，他又觉得你不管他了，他又烦……

所以这位家长最需要做的、最要弄明白的一点就是：凡是孩子会做、能做的事情，交给孩子，不要管他。

那你说他要是喝牛奶洒了一身呢？不要紧嘛，洒了一身，你去洗衣服嘛！你让他洒两回，他就知道怎么做了嘛！

我们想想孩子在第一次吃饭的时候不都是吃一桌子吃一脸吗？有的还吃一脖子呢！那怎么了？大家不都学会吃饭了吗？

这位家长的沟通当然还不好，接纳还接纳不好，你看动不动说"我放不下那个执着"，你放不下的执着太多了，最大的问题就是，孩子该做的事情你没让他做。

你这儿我看着就差孩子上完厕所以后，你说"要不要妈妈给你提上裤子，系上腰带"，就差这些了。

所以，你记着，只要孩子能做的事情，交给他自己做。

那他要是做不好呢？

不要紧的，慢慢就做好了嘛！连他喝个奶，你都要琢磨半天，到最后还是把那个祈使句改成问句，"需要我把牛奶袋打开吗？"这反思的都是什么呀！

我再给大家讲一个经典的案例，就是厕所门朝哪儿开的故事。

曾经演过这么一个小品，大家一起讨论厕所门朝哪儿开的问题。

有人说要朝南开，为什么呢？因为春天刮的是南风。

有人说要朝北开，为什么呢？因为冬天刮的是北风。

有人说要朝西开，为什么呢？因为西边开阔。

有人说要朝东开，为什么呢？因为东边朝大海。

商量来商量去，几个人打了一通，最后没有决定。

我要说的意思是，这个问题根本不值得讨论。

因为厕所你安排到哪儿，那个地理位置已经决定了厕所门只能朝哪儿开。既然已经决定了，你也就甭改它了。无论厕所门朝哪儿开，大家上厕所也不会去享受上厕所的感觉，这种事情不值得讨论，不值得专门开个会由几个处长一块讨论最后投票决定。

这个事情不要管它，让修厕所的自己决定就行了，只要有个门能进去就可以了。

大家明白吗？

要把"厕所门朝哪儿开"这样的问题放下，不去讨论。

刚才这位家长，要特别注意这一点。

我相信这样的家长肯定很多，就是每天在琢磨、在跟别人讨论"厕所门朝哪儿开"这样的问题。

这样的问题你是不需要考虑的，你说什么都是瞎出主意，让修厕所的人自己去修就行了。

第八章
个人幸福之道

不带期望，就不会有失望。

每天做正因，好的结果就会不期而至，我们就会喜出望外。

第一节

❀

内 容 讲 解

一、个人幸福之道的来源

个人幸福之道是我自己在学习国学经典的过程中悟到的。

在学习国学经典，尤其是读《金刚经》《坛经》《道德经》和《中庸》等书籍并不断地在教育研究中实践并总结的时候，我领悟到了我们那颗心的清净和平等，因此提出了平等思维的理念，同时，我发现自己在逐渐走向幸福。我在慢慢地成为一个内心强大的人，强大到几乎没有人可以动得了我的心，以前引起我烦恼的事情在慢慢地减少，到最后，似乎没有烦恼了。我的心总是处在一种很平和的状态。

有一天，有人问我：唐老师，您是怎么进入这种幸福的状态之中的呢？于是，我就特别审视了一下自己的状态，看自己的心是一个什么样的存在情况，并总结出了个人幸福之道。于是，我试着把个人幸福之道讲出来，很多家长学习了，照着做，他们也能够进入这种让人难以想象的理想的自在状态。所以说，个人幸福之道是一个幸福的人总结出的他所处的状态，而不是理论的推理，也不是从哪本书上学来的，而是在依我们的国学经典尤其是《金刚经》修养自己的过程中，不知不觉地达成的。

二、个人幸福之道的内容

愚蠢的人不可能幸福，有智慧的人才会幸福。智慧的人，会每天做正确的事情，但不带着强烈的期望。不带着强烈的期望，就会心态平和，即使没达成好的结果也不会失望；每天做正确的事情，好的结果会不期而至，因为不带期望，一旦成功就会喜出望外。

第一，不带期望。第二，每天做正因。

不带期望，就没有失望。期望是我们的欲望与现实间的差距所导致的心理趋向，欲望与现实差距越大，我们的期望会越高，因此引起的烦恼会越重。所以说，减少期望，甚至是不带期望，而让我们想要的结果跟我们的做法挂钩，那样，人就变得清净了。每天做正因，好的结果会不期而至，因为不带期望，所以好结果来的时候，就会喜出望外。

其实所谓喜出望外是从一般人的心态来说的，如果真的能做到不带期望，每天做正因，这样的人是不会喜出望外的。他会觉得好结果不期而至，当然应该这样，没什么可喜的，很自然，就像雨点飘落到身上一样自然。

不带期望，每天清净地做正因，这是需要一定的智慧才能达到的状态。

很多人天天想着好结果，但天天想好结果是没有用的。如果自己不去做正因，或者自己所做事情和想要的好结果之间没有必然的因果关系，那么，这个想并不能产生力量，不能促使好结果到来。

有这么一种说法：强烈的期望会帮助达成好的结果。强烈的期望如果是建立在掌握正确的因果关系的基础上，如果是由此而强化了自己做好正因一定得好结果的信心，为自己每时每刻做好正因增加了力量，那么，这样的期望是有积极意义的。但是，这样的期望已经不是大家日常生活中常说的那种期望了。

学习平等思维，慢慢地大家会理解到，其实单纯嘴说是没有意义的，因为到最后道理都是一个，正说反说都是如此。

比如说带期望对不对？带不带都是对的。到根本上是什么？是好的结果必然来自正确的操作。如果一种期望能让你更好地做好正因求得好结果，这个期望是可以带的；如果一种期望对于你去好好做正因没有任何的帮助，这个期望不要带。我们说的幸福状态不带期望，指的是后一种情况。

当大家体悟到智慧的时候，你会发现左也行右也行，正也行反也行，你说正，正有理，说反，反有理，而所有的理都是正理。这就叫"无是无非，乃名为正"。

要不要带期望？要看到底什么叫期望。如果是对做好正因有帮助的期望，可以带；如果是那种带着渴望、带着欲望的期望，会对把事情做好起负面作用，就不要带。

不带期望实际上是人对欲望的放下和超越，它会让你的心处在一种平和的状态。当你用这样的心去看事情时，就能更透彻地看到因果关系，然后每天精进地做好正因，好结果自然就来了。

我们解决各种问题，我解答家长们提出的各种问题，都是用的这样的道理。先分析清楚因果关系，然后帮大家找到做好正因的方法去解决问题。

期望，反倒是大家情绪化的东西，情绪化即是愚蠢，它对解决问题没有帮助，所以要去掉。

比如家长说："孩子不努力学习，我很烦。""我很烦"，这个烦恼从哪儿来的？是从你想让孩子努力学习这个期望而孩子不努力学习这个现实之间的差距而来，不带期望，就没有这个烦恼。而烦恼一定是愚蠢的，因为它对解决问题没有任何帮助。我经常会反问家长："你烦恼有用吗？"

有家长说："孩子很粗心，我很烦。"我要问他："孩子怎么粗心？"这么问，是帮助家长把孩子的问题弄清楚，去找因果关系，找出什么是正因，然后让家长帮助孩子做到。孩子粗心。怎么能不粗心？让孩子认真。怎么做到认真？能帮孩子把认真的正因——专心致志，精益求精——做到了，好的结果就必然来。

我们基地一整套的学习方法，全是帮孩子认真深入地学习的，也就是培养孩子认真能力的。认真是得到好结果的一个关键。好结果，从孩子的学习上体现出来就是好成绩，从孩子的成长角度上体现出来是未来成才。

高效的学习方法是孩子学习好和未来成才的正因，不带期望是帮助大家去掉烦恼，就是接纳，更干净地去解决该解决的问题。学会的三个标准（得满分、熟练化、举一反三）、三个（语文、数学、英语）十步法及各种三步法，其实就是建议。这么一说，大家就知道我们整个的课程体系是怎么回事了。

我们每次说家长怎么帮助孩子总是落到两点上：一是家长要做到说话孩子爱听，这就是接纳，这就是不要期望；二是有用，即用有效的办法帮孩子学习好，这就是建议，这就是做正因。

做好了这些，幸福自然来。这就是个人幸福之道。个人幸福之道其实和我们所有的幸福之道都是相似的。

三、哪里有期望，哪里就有烦恼

生活中的各个方面，只要你对它还带着期望，尤其是带着很高的期望，你就常常感到不满意、不幸福。

关于这一点，我在网络课堂上和学员们共同做了探讨，对话实录如下：

我："现在大家试着来做一个检讨，就是我在哪儿带着期望，所以我常常不幸福。来，大家试着写一写，自己在什么地方常常带着期望，结果导致常常不幸福。"

学员一："期望孩子听我的话。"

学员二："孩子的学习方面。"

学员三："孩子的学习成绩方面。"

学员四："孩子的学习成绩方面。"

学员五："孩子的学习成绩方面。"

学员六："常常期望，方方面面期望。"

我："那你（学员六）的苦就大了。"

学员七："孩子的学习成绩方面。"

学员八："孩子的学习方面。"

学员九："孩子的学习方面。"

学员十："孩子的学习方面。"

我："这么多人都在关注孩子的学习，所以我们要用好的学习方法来帮助孩子。孩子学习好了，大家会更幸福。"

学员十一："别人撒谎我就生气发火。"

199

我："大家看这句话多么愚蠢！别人一撒谎你就生气发火，你的情绪完全被别人掌控，怎么可能幸福？"

学员十二："对自己的能力不满足。"

学员十三："希望老公认同我的想法。"

学员十四："孩子的学习成绩方面。"

学员十五："孩子的学习成绩方面。"

学员十六："孩子的成长是否快乐，是否上进方面。"

学员十七："期望孩子少一些玩电脑的时间。"

学员十八："期望着老公不要动不动就发脾气。"

学员十九："孩子的学习方面。"

学员二十："孩子的学习方面。"

学员二十一："孩子的学习方面。"

冰冰妈妈："什么都没有具体期望，所以写不出来。"

我："呵呵，冰冰妈妈在走向幸福了。大家会发现，哪里有期望，哪里就有烦恼。有一句话说，哪里有压迫，哪里就有反抗。我们说，哪里有期望，哪里就有烦恼。这就是你的欲望的苦，也叫求不得苦。大家越是求不得，越要去求，就越苦。大家会不断地体会到苦。个人的幸福在哪里？你要先去掉期望。为什么要去掉期望？因为有期望，除了给你带来痛苦之外，没有任何好处。那做什么有好处呢？不带期望是减少痛苦，做正因会得好结果，增加幸福。"

四、个人幸福之道既是减少痛苦，又是在增加幸福

不带期望是减少痛苦，做正因是增加幸福。这句话说出来其实是一种诱惑。为什么？因为真正幸福的人没有这些感觉。我总结的幸福之道，是讲给苦中的人听的。而实际上，对于已经达成幸福的人来说，没有所谓的喜出望外，那只是一种欣慰的感觉，他的心是很平和的，他在平和中看着好的结果不断地来。

有人问："不带期望，做事的动力从哪儿来？"

什么是动力？动力就是行动的力量源泉。

如果大家知道一个目标，那个目标是好的，你就自然愿意去为实现目标而做事。把那个目标的因果规律列清楚，做好达成这个目标的正因，就够了。我写过一篇文章——《化目标为结果》，对目标和结果进行了对比。目标是你要盯着去实现的，实现目标的过程有努力在，而努力是不自然的，是扭曲的。

案 例 │一位望子成龙的母亲的心声

来基地学习的学生来自全国各地，有很多家长和学生过来要换几趟车，还有的来北京单程就要花上两三天的时间，可谓用心良苦。而在这良苦用心的背后是一颗颗望子成龙、望女成凤的急迫的心。

但是，我们要的结果，不会因为你的心有多着急就会多好，而是跟我们做了什么正确的原因有直接关系。智者畏因，愚者畏果。我们做到了正确的原因，好的结果自然而至；好的原因没做到，即使是着急，也只是着急而已，对于结果没有任何帮助，相反，还可能会因为着急慌不择路，离我们要的结果更远。

很多家长对孩子有过高的期望，这种期望不仅常常带给自己失望和烦恼，还给孩子带来了非常大的压力，看似孩子在努力学习，但由于这种强大的压力一直压在孩子心头，孩子根本不可能把精力全神贯注到学习上来，甚至连孩子自己都觉察不到自己的不专注。很多时候我们可以明显地看到孩子脸上的紧张，但他却不清楚。

对孩子过高的期望，就是对孩子的不够接纳，这样的家长会给孩子一种感觉，觉得自己现在不是好孩子，自己这样是得不到父母的接纳和爱的，自己只有不是现在的自己了，变得更好了，妈妈才会爱我。那么，妈妈到底是爱孩子，还是爱孩子具备的条件呢？我在讲课的时候总是提示大家接纳和爱是无条件的，有条件地爱孩子，孩子也许根本得不到你的爱。

比如下面案例中的母亲，她一直在着急地等待着孩子的进步，就坐在孩子身边看着，甚至孩子从妈妈眼神里都可以看到妈妈着急想让自己成绩提高的迫切期望。这时候孩子会不由自主地产生一种念头：我学习不好，太对不起妈妈了，我要改变。由于这种心态过于强烈，孩子的心思反倒都放到了"要"改变上，而不是"怎样"改变上。

下面是在基地学习的一位学生家长的感悟。

孩子在基地上课已有一段时间，但他的成绩提高得没有想象中那么大，对此我焦急，也很纳闷。这次元旦去基地学习，唐老师给我深入分析，找孩子没有进步的真正原因在哪儿，这让我油然而生对唐老师的敬意。唐老师对在基地学习的每个孩子都十分用心，每个孩子的进步与否他都很牵挂，而且他还深入分析每个孩子存在问题的真正原因。唐老师有过人的智慧，而且对他遇到的每个问题都能深入思考，这是我所不及的。他给我分析儿子是否放在学习上的心思很有限，经过唐老师的启发，再结合平日看到的现象，我才意识到，虽然每天和孩子在一起，他的这些问题自己是看到了，但没有深入思考，没有想到这是他学习不能快速进步的原因。将全部心思放在学习上，这是他学习进步的首要正因，而我却没有在这一点上帮助他，还一直在期盼着他进步，不做正因，只是期盼结果，这与唐老师讲的只做正因、不带期望是完全相悖的。自己虽然多次听唐老师讲课，也努力按和谐沟通三大步骤去操作，但是自己仍然很迷糊，并没有从本质上理解唐老师所讲的内涵，心中知道要接纳孩子，但是不能从内心深处真正接纳不太优秀的孩子。自从孩子去基地学习以后，心中老是幻想我的孩子马上就变得优秀了，孩子的同学老师都会向我们母子投来赞许的目光，甚至幻想有人会向我们来取经，所以我没有真正做到接纳不太优秀的孩子，而是天天在盼望着他的成绩大幅度提高。我的焦急也感染着孩子，他也在焦急地等待着结果。而且孩子知道妈妈要的是让他好好学习，所以他有时学习不在状态，为了让妈妈开心，他会坐在那儿装着学习，他在演戏，心根本没有放到学习的内容上去，而这一切竟是由于愚蠢的妈妈逼他成这个样子的。正是由于妈妈的长期焦急的影响，使得孩子也是急着向前走，走错了再返回来，返回来连再看一下该向何处去都以为是浪费时间，这使得他不能将当下每一步走稳，而是急匆匆地向前赶。当下做不好，哪有好的结果？而我呢，则是在每天追着、赶着让孩子向前走，而不管他的脚下是否走稳。我现在每天催着、赶着，恨不得基地老师拔苗助长，我着急看到"长高"了的苗，而不能使心清净，做足正因。现在我意识到要给孩子更多的空间，把孩子学习的事交给他自己办，让他在基地老师的帮助下健康成长。同时我也要在唐老师和基地老师的帮助下好好学习，争取进步，只有这样才能与孩子和谐相处，共同进步。

听基地老师们反馈，这位妈妈由于心思都放在孩子身上，平时都很少在自己身上花时间，孩子在基地上课时，妈妈也不会走远。现在这位妈妈应该可以让自己把心放下来，给孩子更多的空间，同时也给自己更多的空间了。

在这里我们也提醒更多的朋友们，无论遇到什么问题，我们只想：做什么对解决问题更有帮助，找到解决问题的正因，然后去做好正因就可以了。

一首布袋和尚的《插秧歌》送给大家，我们共赏：

插秧歌

手把青秧插满田，

低头便见水中天。

六根清净方为道，

退步原来是向前。

五、体会真正的幸福，只需要一分钟

真正的幸福是清净，但是我们的幸福在不同的方面，所以我们给出了不同的幸福之道，如夫妻幸福之道、和谐沟通之道、矛盾解决之道、个人幸福之道等。道是无处不在的。"弥为六合，归为一元"，弥散开，天地六合无处不在；归纳起来，则是道之一元。

明白了道的道理，大家会发现各种幸福之道都是这样的。

所谓幸福之道，其实就是做自己主人的感觉，就是一个人可以做自己的主人。

这一点大家真的能弄明白了，就会发现事情开始不一样了。

那么，什么是幸福呢？

清净是根本的幸福。

我们说过，快乐就像一座山峰，当你努力去达成自己的快乐时，你就会发现，你越来越靠近自己的山峰，即将达成自己的开心，而一旦达成开心，可能四周面临的是山谷，也就是不开心。

我们说的幸福是清净。清净就像平原一样，它是非常广袤的，是无边无际的。它不会达成一个结果就是失去什么，而是无论怎么样它都是好的。这样的幸福才是真正的幸福，也就是幸福是清净。

大家好好体悟这一点。

当大家体悟到幸福是清净的时候，就更容易体会到幸福是无条件的。

如果你还不幸福，那么，接下来的一分钟我给你讲明白，你可以马上进入幸福。仔细听。

过去的已经过去了，让它过去。

未来的，不去幻想。

关注当下这一刻，闭上眼睛，去让自己的耳朵听耳鸣声，或者是听你能听到的任何声音，不要去想。

这一刻，就是清净。

这一刻，不可能有烦恼进来。

大家能体会到吗？

这就是清净的，这就是幸福的。

而这些工作，在未来我们的课当中，尤其是在一些现场课当中，会不断地带着大家去做训练。孩子们的学慧课，也会有相关的训练，用不同的操作方法，带着他们去体会到这些。

现在，我们的现场家长课已经对孩子开放，家长可以带孩子一起来上课。因为我们的家长课从本质上说是智慧课，是教会大家成为自己心的主人的课。

我们应该很期待孩子们都能够接受这样的帮助，让他们变得智慧，变得能做自己的主人。

第二节

✿

答 疑 环 节

问题1：儿子能不能每次考试进步二十名？

家长提问

在孩子的学习方面，我还不能按个人幸福之道操作，做不到不带期望，总期望他能进步进步再进步。咱不期望突飞猛进，不像别人那样进步一百名两百名的，要是每次考试年级排名都能进步二十名多好啊！所以当孩子进步了的时候，我会说继续努力，下次再进步二十名就超过某某某了。当孩子退步的时候，我说没事啊，这样咱们进步的空间就更大了，可心里还是很失落。于是开始积极制定新的计划，而这样定出的计划往往是我的计划，而不是孩子的计划，可执行性及有效性可想而知。

唐老师解答

这位家长说："咱不期望突飞猛进，不像别人那样进步一百名两百名的，要是每次考试年级排名都能进步二十名多好啊！"

我问大家，他这个想法，是不是期望很小？当然不小。

为什么这个期望不是小的？

因为你什么都没干！凭什么孩子要提高？

凡是有这样想法的学员，我都要敲你一棒子的。你什么都没帮孩子做，凭什么孩子要进步二十名？

人家孩子进步一百名两百名，那是家长做了大量工作的。很多孩子进步的背后，其实都有家长不断的改变作为支撑，有家长那种脱胎换骨的辛苦在的。

我问这位家长一句话：你做了什么帮孩子进步？

你说你定了计划，你定计划有什么用？是你帮孩子做到什么，让孩子进步了？没有。那他凭什么进步二十名？所以说你不要以为进步二十名这个期望就很低，你的期望太高了！所以你会失望。

你有这个期望，又没有做正因，当然会失望。

什么叫正因？就是因做了这个，比如说你做了什么努力，帮孩子做了什么，怎么进步了。比如孩子生字容易出错，有家长就每周带着孩子听写生字，到考试时以前听写扣七分现在减少到扣两分，这么继续做下去，也许下次生字就会不扣分。这是在帮孩子做正因。

这位家长自己知道做不到不带期望。知道没用，你带期望就会失望，而且不做正因，所以你离个人幸福就有距离。

我提示大家，大家不做正因，结果就不会好，就是这么简单。

有人说："唐老师，你看我们不照你说的做，我们还不幸福。你讲幸福之道，会不会自己很内疚啊？"我才不会呢！

我告诉你因果关系，你去照我说的做你就一定好，你要不做你就接着难受。因为是每个人在把握自己的幸福。我讲个人幸福之道，你按这个做就会幸福，但你就是不做，那你就该不幸福。

各位家长，不要说"我怎么怎么做不到"，你去想一个问题，就是"我怎么做到"。你不要说"我为什么做不到"，你要说"我怎么做到"。

你不要说："我知道唐老师讲的幸福之道，但我就是做不到。我为什么做不到呢？因为我从小怎么样，我习惯上怎么样，因为我身边的爸爸妈妈怎么样，孩子怎么样，老公怎么样……"这些都是废话！因为你不论怎么样，做不到，你就不幸福。所以，所有的人马上调整心态，就是你怎么做到。

有人说了："唐老师，我就是调整不过来。"我说："那你就接着难受吧。"

一开始讲课，我就讲到智慧和愚蠢。明知道做到这个就可以幸福，你就是不做，这就是愚蠢。

愚蠢的人不谈幸福。

幸福之道是经过实证的，你按这个做就会幸福，你不按这个做，你非要跟这个反着做，就一定不幸福。那你做不做？你说很难。对！一个不幸福的人，你往往是习惯于做不幸福的因，你做出来的那些事就会导致不幸福的结果，但是，由于你的习惯你还老那么做。明知道那么做会不幸福你还老那么做，这就叫愚蠢。

我要提醒大家，愚蠢不是唐老师要指着你的鼻子骂你、鄙视你，而是这样做下去你会自己难受。没有别的。

大家按幸福之道做就会幸福，为什么不做呢？

幸福之道的道，是道路的道，又是到达的到。大家要去做到。

大家做到了，就会到达幸福。

问题2：儿子可以打母亲吗？

家长提问

上周末发生了一件事情，我跟儿子发生口角，在很生气的情况下我打了他，儿子也打了我。我现在很失望，儿子居然打母亲。

唐老师解答

家长和孩子亲子关系不好，你打儿子是失控，儿子也是。妈妈自以为是，儿子学妈妈。

妈妈就能打儿子吗？生气的情况下可以打孩子，那孩子生气的情况下也可以打妈妈。你打人是对的，孩子打人就不对吗？应该对自己失望。妈妈没有心平气和地和孩子商量事情。妈妈自以为是，认为可以打儿子。妈妈情绪失控在先。

家长很生气就是愚蠢。孩子是家长的镜子，家长是孩子的镜子。孩子是家长的产品，是家长影响的结果。孩子的行为是自己的一面镜子。家长要反思自己，反思自己的愚蠢。

这位家长说："孩子对我总有很多反面的结论，冲动是魔鬼。"你和孩子发生口角已经很愚蠢了，还生气打儿子。只有自己不生气、不打人才能正向影响孩子。

我提示各位家长，孩子在慢慢地长大，你早晚会打不过他的。如果你还在打孩子，哪里有压迫，哪里就有反抗。所以说永远不要跟孩子走向这个方向，因为只要大家走向这个方向，就一定是失败的。

妈妈的接纳没有做好，已经和孩子形成了对抗。跟孩子对抗永远是愚蠢的，因为只要跟孩子对抗，妈妈永远是失败者。和孩子对抗，你成功了，孩子失败了，你是失败；孩子成功了，你更是失败。

永远不要跟孩子对抗！

只要对抗产生，愚蠢就产生了。

家长跟孩子对抗，家长永远是失败者。

孩子需要尊重、接纳，我们没有尊重他，所以孩子不尊重我们。跟孩子对抗，家长会输得很惨。

问题3：怎么包容接纳对方的小人心，而不会纵容对方继续不好的行为呢？

唐老师解答

接纳是认为对方这样做有他的道理，纵容是让对方继续以错误的方式做事情。

接纳，就是不要让对方因为做的事情结果不好而在我们身边难过。我们是先让他心里不难过了，但是我们接下来依然会让他看到这个结果是不好的。既然结果不好，我们就要跟对方一块商量做什么会有好的结果。

明白了这个，接纳里面就根本没有纵容在。凡是纵容，必是让他继续做不能得到好结果的事情。

如果对方做了不能得到好结果的事情，结果出来，我们就要帮对方理清楚因果关系，让他明白这样做会有不好的结果。那么，接下来考虑怎么做才能有好的结果呢？这就是建议。

在提建议时，你只要不接纳对方，对方就听不进你的建议，所以要先做到接纳。

第三节

❀

作 业 点 评

拿出时间，就两件事情来反思自己，是不是在按个人幸福之道操作，在操作上有什么问题。比如说在不带期望或者做正因上，还存在哪些问题。

作业1：老公忙着不理自己怎么办？

🧍 家长反思

老公天天在外忙工作，有时打电话关心一下他，他忙得没说两句就挂了，自己心里不免生起抱怨：我一天到晚在家管孩子，你不仅电话很少打，我主动打去还嫌我闲得无聊惹你烦。按照唐老师讲的个人幸福之道，减少或不带期望，我的幸福由我创造我发现我找好感觉，不依靠他了。当这样想的时候，一下就脱开了对老公的情感依赖，也就自然明白老公辛苦工作是为我们在打拼。这周要过生日了，从我俩开始认识到结婚这么多年来，老公从来没有忘记过我的生日。

昨天晚上八九点正在听课，老公打来电话说要回家，钥匙没带，到时给开门。我挺奇怪："怎么突然跑回来了？"老公回来后我就问："怎么这么晚了突然跑回家了？"老公神秘地一笑："知道为什么吗？明天你过生日，我是专门回来给你过生日的！明天想怎么过我来安排！"

顿时感觉大大的幸福降临到头上，喜悦充满心间，感谢老公！今天幸福的超好感觉一直延续，为家干活的每一时刻全被这美好的感觉充满着。

唐老师点评

又是一个傻女人的傻开心！女人真的是很容易幸福的，只要老公真的在乎自己，就会觉得"大大的幸福降临到头上，喜悦充满心间，感谢老公！今天幸福的超好感觉一直延续，为家干活的每一时刻全被这美好的感觉充满着"。

但女人的不开心也很容易！老公忙着，自己打电话关心他一下，"他忙得没说两句就挂了，自己心里不免生起抱怨：我一天到晚在家管孩子，你不仅电话很少打，我主动打去还嫌我闲得无聊惹你烦"，太过分了！

进一步，有的女人还会想，为什么你这么不愿意给我打电话？是不是你有什么不可告人的目的？不行，我一定要再打给你！如果丈夫这时候忙着，他当然就不能接电话，或者又是只说几句话就挂掉了。这时，女人心里就会更加起疑心，就会不断地电话骚扰，最后可能为了好好工作，老公把电话关掉。这一关电话，女人心里就起火了！这时候的女人什么事都做得出来，也许就会跑到丈夫的单位去大闹一场！

我们想，即使老公曾经想过过几天给老婆过生日，这么一闹，在气头上也许就不给你过了。而女人又会想：果然有事！老公以前从没有忘记过我的生日，现在连我的生日都忘了！这样，接下来就不知道会发生什么事情了。这样的事情有没有？呵呵，我们的学员中就有。

而我们这位学员做得很好："按照唐老师讲的个人幸福之道，减少或不带期望，我的幸福由我创造我发现我找好感觉，不依靠他了。当这样想的时候，一下就脱开了对老公的情感依赖，也就自然明白老公辛苦工作是为我们在打拼。"开心了，就会朝着好的方向去想事情："这周要过生日了，从我俩开始认识到结婚这么多年来，老公从来没有忘记过我的生日。"

当老公突然回来说"专门回来给你过生日的"的时候，幸福就降临了。

不带期望，理解丈夫，幸福会自动降临。

作业2：引导孩子做数学卷子

由于中考要占用教室，23日到26日，儿子连续放4天假。

22日中午，儿子对我说："妈，我打算今天晚上做一张数学卷子，再翻译英语，然后洗澡、休息。"

我说："好呀！"（没想到儿子还给今天晚上安排了学习任务，有点出乎我的意料，这也是喜出望外吧。我没有唠叨晚上该做什么，儿子就自己安排了。）

可是到了晚上，儿子先玩电脑，再看电视，准备写作业的时候，说难受，不想写了。

这时，我心里有点不快：中午自己说了，晚上要写作业的，说话不算数啊！（中午，儿子说了计划后，我的心里有了期望，导致现在起情绪了。）我又想：指责不能解决问题，儿子上一天学了是挺累的。做什么能够有帮助呢？

于是，我对儿子说："把数学卷子拿出来，妈妈看看是什么题。"

儿子把卷子递给我，我大致看了一下，对儿子说："第一张大部分是一次函数和一元二次方程的题，这两部分是你的长项，咱们做做试试？"

儿子拿过卷子开始做，有两道题他看着有点长，说："我先做后面的题吧。"我说："行。后面的是一元二次方程，咱们先做后面的。"

我跟儿子一起做，一对答案，不一致。儿子帮我检查，发现了我的错误。儿子做对了！这张卷子很快做完了，而且正确率很高，有几个原先总出错的点，这次都一次性做对了！——这又是个喜出望外！（所做的正因：按丁老师的建议，每天做积累练习。）

平时操作方面存在的问题：①当孩子有了进步之后，会有新的期望或者要求冒出来。②找不到正因，瞎做！

👦 唐老师点评

孩子连续放假，中午就说晚上要做数学卷子，再翻译英语，然后洗澡、睡觉。孩子表现得很自觉，家长喜出望外，然后就开始有期望了。

这个期望本来是没有的，是孩子表现出的自觉给了家长期望。而到了晚上，孩子又管不住自己，最后说难受不想写了。

有期望就一定可能会产生失望，于是家长就失望了。家长不高兴地想：是你自己中午说晚上要写作业的，说话不算数。

说话不算数，是不是让人生气呢？嗨，他是个孩子嘛！

家长要常常把这句话挂在嘴边，成为一个口头禅："他是个孩子嘛！"什么意思呢？他不懂事，他还幼稚，他就是不能为自己说的话负责嘛！

大家把这句话记住了，生气就少了。

这位家长分析得非常好，觉知得非常好。"心里有了期望，导致现在起情绪了。""我又想：指责不能解决问题，儿子上一天学了是挺累的。"

我要提示大家，这位家长说的"我又想：指责不能解决问题，儿子上一天学了是挺累的"这句话，是后来写作业的时候想起来的，并非当时想起来的。这是这位家长爱表现自己的一个点，是她没有觉知到的。

为什么这么说？因为如果家长当时确实想到了"儿子上一天学了是挺累的"，那后面怎么可能说"把数学卷子拿出来，妈妈看看是什么题"，又跟孩子说"咱们做做试试"。

各位家长，大家能看得出来吗？如果你真的理解孩子确实挺累的，那就让孩子休息嘛，为什么后面反倒又让孩子去做题了呢？我不是批评这位家长帮孩子做题这件事是错的，而是她嘴上一套、心里一套，不够觉知，这是她的问题。

有学员替这位家长鸣不平，说："唐老师，为什么人家已经做得这么好了，你还鸡蛋里挑骨头？"就是因为她做得好，我才给她鸡蛋里挑骨头。大家理解吗？而这个鸡蛋里挑骨头挑出来的，也许就是她身上最大的毛病。不改掉这个毛病，接下来就会非常麻烦。大家不要觉得这是小事。

当我们要表现自己的时候，要去见人的时候，往往是要化妆后再见人的，要把自己打扮得漂漂亮亮再去见人，但那个漂漂亮亮的样子不是真实的你。如果你习惯于这样打扮自己，你就会掩盖自己的毛病，就会把自己身上的毒疮给遮住，这样医生就没法找到你的病根，没法给你下刀治疗。

我的眼睛特别毒，像毒蛇一样。我会一眼看到你想遮住的毒疮，然后一针见血地指出来并帮你改正。

有学员说："唐老师明察秋毫。"明察秋毫的眼光来自哪里？这是我要告诉大家的。

我是在观察一个人的动机，一个人一定是依他的动机去做事情。如果你理解孩子学了一天很累了，你就不可能继续让孩子做卷子，而根本不提让孩子休息的事。前面说心里认为孩子很累，后面做的是想方设法让孩子做卷子，这是很别扭的事情。在这个世界上，从来没有人会跟自己的心别扭着来做事的。"法不孤起，必有所为。"

所以，我们就只能说"儿子上一天学了是挺累的"，这句话不是这位家长当时想的，而是后来写作业时补上的。加上这么一句，会美化自己，让自己显得对儿子更加体贴，但是她自己又不觉得是这样，不觉得自己在拿这句话让自己显得更体贴。对这一点大家要觉知到。

这份作业做得非常好，整个过程分析得也非常好。可只有我把这些不觉知的点挖出来，才可以帮助各位家长提升。大家一直跟着我听课，不就是听这点东西吗？它会帮助大家变得更觉知。

这份作业可以让很多家长直接学习的。有很多人会觉得这位家长做得太好了，她的做法特别体贴。但是，在她看似很好的做法里，其实是埋着一些祸根的。

我们继续往下看。

这位家长说："做什么能够有帮助呢？"什么是帮助？它的意思是，做什么能让孩子做作业呢？

大家会发现，"我又想"后面出来的话一定是带执着的，不带执着就出不来这句话，也出不来后面的操作。

除非家长这样说："今天你很累了，休息一下吧。你能不能把试卷拿出来让妈妈看看？"但即使这样说，依然是可能带着技巧的，也就是说，是带着家长的执着点的。家长会一门心思地要达到自己的目的。

这位家长后面的操作比较顺利。她对孩子说："这两部分是你的长项，咱们做做试试。"然后开始做。有两道题孩子看着很长，有畏难情绪，她说先做后面的。这个先易后难的引导做得很好。后来，两个人一块做完了，发现答案不一致。"儿子帮我检查，发现了我的错误。儿子做对了！这张卷子很快做完了，而且正确率很高，有几个原先总出错的点，这次都一次性做对了！——这又是个喜出望外！"

没有看到家长是不是在这个时候表扬孩子、鼓励孩子了，家长没写。其实家长写到这儿可以提一句，比如"我也鼓励了孩子"，这样的话可能会更好。

如果你喜出望外了，孩子做了很多题，做得又对，那么，孩子是不是也喜出望外？他做对了，当然也会兴奋。如果加上妈妈的表扬和鼓励，就可以让这个兴奋更强烈，让孩子对自己更有信心。

"当孩子有了进步之后，会有新的期望或者要求冒出来。"这是这位家长的一个反思。

刚才说到鼓励，我提示大家，我鼓励大家，大家可能会有进步的力量。但是，不把问题揪出来，不去把身上的病根挖出来，大家就不可能快速提升。所以，当我揪到大家的问题时，大家要多去觉知自己的心，不要起情绪。找到自己的问题，找到自己的病根，正是自己提升的好机会。

【第九章】
工作幸福之道

　　如果能够轻松胜任并喜欢这份工作，通过它能够为社会创造价值，并因此得到社会对自己的回报，那么，这样工作就是幸福的。

第一节

❈

内 容 讲 解

工作幸福有三点，可试着找到或者是调整自己的工作符合这三点，如果能够做到这三点，那么工作就是幸福的。工作时间是比较长的，所以说能做到这三点会大幅度提升自己整个的幸福值。

一、擅长

就是你要去很精进地学习自己要做的业务，让自己成为一个很精湛的人，对于从事的业务你可以轻松地做到非常好。这种轻松、从容、胜任的感觉会让人很开心。

我总结过一个好教师的方程式：优秀教师＝贱脾气＋傲骨头＋大智慧。

（1）贱脾气

一个好的教师，往往都是"贱脾气"！也许有很多机会做赚很多钱的工作，但从心里、从骨子里就愿意做教育。做教育，两袖清风，基本没什么油水，但仍然是乐在其中，"衣带渐宽终不悔，为伊消得人憔悴"。当教师的只要有机会，就愿意钻研，就愿意给学生讲点什么，希望能够更多地对学生有帮助，觉得自己是救世主，是大慈大悲的菩萨，学而不厌，诲人不倦。很多时候，自己好心传授却遭到对方误解，甚至对方恩将仇报，但到下一次，一旦有机会传授，依然如此，真应了那句话：春蚕到死丝方尽，蜡炬成灰泪始干。

（2）傲骨头

说好教师有"傲骨头"，就是作为一名优秀教师，会以自己学会知识、觉悟智慧为根本，其他都是次要的。用古话说，就是"万般皆下品，唯有读书高"。这里的读书可以解释为学习知识、内化能力、启迪智慧三个层次。

（3）大智慧

一位优秀的教师，必须证得自己的幸福和智慧，并懂得传授之道，以自己的幸福和智慧影响他人。优秀教师懂得观机逗教。教师的作用在于帮助学生发挥自己的潜力，提高获得人生幸福的能力。

每个学生在不同的时间和条件下有不同的学习状态，教师应该根据学生学习时的状态提供合适的教学。

很多时候家长、教师总会问，跟学生讲知识的时候，学生总是不爱听，没有兴趣，怎么办？

就这一点，《论语·述而》中，孔子给了我们很好的答案："不愤不启，不悱不发。"

不愤不启的意思是不到学生们想弄明白而还没有弄明白时，不去启发他。愤者，心求通而未得之意（朱熹注解），就是心里想弄明白却怎么都弄不明白。

不悱不发的意思是不到学生想说而说不出来时，不去启发他。悱者，口欲言而未能之貌（朱熹注解），就是心里想说却不能很好地说出来。

孔子说：一个人不到全力以赴去尝试想了解一个道理，冥思苦想但却仍然想不透的程度，我是不会去启发他的。不到他尽全力想要表达其内心的想法，却想不到合适言辞的程度，不郁闷到山穷水尽的时候，我是不会去开导他的。

有了上面的"贱脾气""傲骨头"和"大智慧"，才是一名优秀的教育者。

二、喜欢

喜欢实际上是爱好，喜欢会让你由衷地对所做的事情感兴趣，沉浸于其中。喜欢的人没有加班，他会像玩一样地把事情做好，他的竞争力会非常强。这样的人要比那些把做的事情当成工作的人轻松得多、愉快得多，做的也会好得多。

做好教育，首先要帮助教育者获得幸福。

作为一名教育研究工作者，我经常考虑的一件事情是怎么帮助孩子们更好地成长。但我越来越发现，我要做的事情首先是帮助从事教育的人比如教师和家长幸福起来，因为一群自己不能幸福的教育者，无法帮助孩子们幸福。

我在谈到帮助孩子们开心快乐的时候，教师和家长往往会问这样的问题：

——学习怎么可能快乐？

——让孩子们开心不是惯孩子吗？

——让孩子开心是理想状态，怎么可能真的达到？

……

说这样话的人，往往自己就是从很不幸的学习过程中熬过来的，他们认为理所当然地应该让孩子们痛苦地学习。在这些人的心里，学习是每个人不愿意做的，只是要吃饭，要生存，不得不学习知识。所以，他们不大可能从学习中得到什么乐趣。他们可能在学习知识方面有一些经验，曾因为自己的拼搏获得过他人的赞赏，但他们从学习过程中体会到的乐趣不过如此，真正从学习本身体悟到的很少，他们的学习往往达不到学习举一反三的境界，体会不到在学习中一闻千悟、自在从容的感觉。更重要的是，他们不幸福，这种不幸福更多地会带给孩子们负面的影响。

要改变教育者，从哪里入手呢？

从改变教育者的工作和生活两方面入手。

先说教师的改变。教师的改变需要学校的配合。教师改变了，学校教育就改变了。学校教师的改变可以从两方面解决：

一是工作上让教学工作变得轻松从容。教师往往认为工作任务很重，有讲不完的课，工作压力很大，有操不完的心。这往往是因为教师们在教知识，只要教师在教知识，他们的工作量就会很大，而且工作量减不下来，就会累得要死，并且结果不好。如果教师不再教知识，而是帮孩子爱上学习，学会轻松愉快地学习，那么很快教师就会发现，他们不需要再多讲，孩子们会自己爱上学习，主动学习。具体操作可以参考我的《爱学习会学习》以及我博客里平等思维和言传身教方面的文章。

二是生活上变得轻松幸福。很多教师生活能力不强，解决问题的通达能力也不够，自己的家庭生活常常不幸福，最常见的问题是自己的孩子教育不好，夫妻关系也搞不好。这样的家庭情况，怎么可能给教师们带来幸福？建议参考我博客中平等思维智慧提高以及和谐沟通部分的内容。

再说家长的改变。家长往往是孩子的第一任老师，等到孩子上学的时候，很多习惯已经养成，要改变已经比较难了。所以，家长的教育对孩子来说，可以说是最重要的教育。

对家长的教育需要两方面：

一是工作幸福之道。工作是为了幸福生活而做的。幸福生活是我们真正的目的。当工作和幸福生活相悖的时候，哪个应该让步？如果自己还没有能力工作很好，经常由于工作原因影响自己的情绪，从而伤害到家人，这时候，至少应该提醒自己，工作是工作，工作的时候好好学用心做，一定做好。回到家，试着放松一下，让家人也开心一些。这方面可以参考我博客中关于平等思维、和谐沟通等方面的内容。

二是家庭和谐幸福之道。这方面需解决两点：①做好家庭成员之间的沟通，大家明白彼此之间都是在关心对方爱对方的，这方面可以参考和谐沟通三大步骤和我博客中平等思维方面的内容；②帮助孩子学习好，孩子学习不好，家长就不大可能会开心，所以得寻找好的方法，帮孩子把学习提上去。这方面可以参考我博客中的学习三部曲和学习十步法等学生学习部分的内容。

教师和家长幸福起来，我们的孩子就很快幸福起来了。

三、价值

价值分对社会的价值和对自我的价值。对社会的价值就是自己可以通过工作帮助这个社会上的很多人，实现对社会的价值。另外又可以通过这份工作获得金钱、名誉、地位等，获得自我的满足。

一名教育工作者最大的欣慰是什么？

作为一名教育研究工作者，最大的欣慰就是自己能够帮助更多的人。

有一天，有位家长带着女儿来解决问题，经过一番交谈，她们的整个状态都改变了。那位妈妈当时举例说：唐老师说要成为自己的光，我们娘儿俩就像飞蛾循唐老师的光而来。

我笑：不是飞蛾扑火。借用禅宗的一句话，叫作以灯传灯。一灯能除千年暗，一智能灭万年愚。就是每个人要点亮自己，成为自己的光，让自己成为有智慧的人，然后用自己的灯点亮他人的灯，让更多的人亮起来，帮助别人成为有智慧的人，并且让更多的人能够再点亮更多的人。有智慧的人自然会帮助到身边的人离苦得乐。

她的女儿说自己希望将来能够帮助更多的人，能够度化更多的人脱离苦海。但她自己却每天苦不堪言。后来她终于明白，要想帮助别人，只有一颗善良的心是不够的，还需要超越于他人的智慧。

下面是这位女孩在我博客上的留言：

4月4日，是我毕生难忘的日子。这一天，我生命中所有的朦胧消失，所有的疑惑释去，所有的等待终结，所有的愁苦淡却。只因为我遇到了他——唐曾磊老师。当时我执拗地要离开，是妈妈的无措，是那里好多朋友的劝导，更是唐老师的"连劝带骂"，我才勉强留下。不料，我却在这里获得了新生。想起来真后怕，若不是恩人们的促成，我会在自己的地狱待到几时？执拗如我的人竟在两个小时中从坚决抵触到折服到喜欢到感恩到极力想让它使更多人受惠，是唐老师的智慧和真诚使然。唐老师的存在，让时光与思维飞速地穿行，难道它们也与我一样感受到唐老师的魅力了吗？坐在电脑前，我脑海中滑过两天来唐老师对我说的话，它们无序地涌来，却句句那么清晰，而后款款淡去，如一条甘甜的溪流淌过我平静的心。现在唐老师应该回北京了。想起上午分别时，我没说什么，因为我知道无论什么话语也说不尽心中无限事，除了不说。不说就是什么都说，什么也没说就是什么都说了。我不让自己恋恋不舍，发现忘拿书包我又跑回去拿时，唐老师还在给一些人讲着些什么，只打了个招呼，我便离开了，因为我相信我们会再相逢，因为我要去渡自己了，因为我知道这次离别不是结束，而是个开始。

下面留言中提到的这位小星同学原先特别害怕学习数学，每次成绩都不好。下面是他妈妈的留言，大家一起分享孩子成长的喜悦吧：

唐老师，你好。今天找小星班主任了解他在学校的情况，老师对他这段时间的表现很满意，还提到他的一篇作文写道：以前我从没想过以后要做什么，现在我要想想了。老师说，不管他是不是真去想以后要做什么，现在学习态度已有了根本性的转变，加上老师经常会对他提一些难度中等的问题，他答对了，老师也会在班上鼓励他。老师说，在思想上解决了问题，学习成绩的提高指日可待。有一次，在做英语题时，我听到他自言自语地说："我要找到问题的本质。"我当时很惊讶，也很高兴，这说明"透过现象看本质"的观点已经深入他的脑海里，改变了他以前的思维。谢谢你和基地的老师，小星有这么大的改变和你们的引导是分不开的。

愿普天下的家长和孩子都能脱离心中的苦恼，得到成长的快乐。

如果工作能够达到这三点，那么这个工作就会轻松、愉快，又可以安心地做下去。

我曾经跟大家说过，我现在的工作就是这样的。我擅长做教育，每一次我在很精进地让自己的修行、人格变得更好，在这样的时候，我会更加轻松、从容地帮助大家改善。我很擅长我的工作，我在这方面可以由精进而达成精湛，会慢慢走向这个方向。对工作轻松胜任，这是我从心底里感受到的。另外我又非常喜欢这份工作，在做这个事情的时候，我很愉快。我说过做教育是我的命，是我人生的意义所在。不仅仅是喜欢，而是我人生的意义所在。这个人生的意义是自我感受到的，而并非有一个人给我分析完了说"你作为一个研究教育的人，你应该怎么样"，是我由衷地感受到做教育就是我生命的意义。当有这种感觉的时候，你会沉浸于其中，你会觉得研究人性，研究怎么去帮助人们，这是一个非常快乐的事情，就像说能够做自己喜欢的事情是一种难得的幸福。

价值实际上是因擅长和喜欢而得到的果，价值是前两者的果。由于我那样做，家长们对我作出了相应的评价。我在帮助很多的家庭变得更加幸福，也帮助很多的孩子在慢慢地成长，这个价值在逐渐实现。同时我带领我的团队，我们也在逐渐地因这个做法而改善我们自己的发展条件。

我说的幸福的条件，这些幸福、这些规律是我本人在生活当中、在操作的时候感受到的幸福。这些大家一定不可能在别的地方看到，如果看到也一定是抄我的。因为这些都是我在生活中悟到以后，真正成为这样以后，反过来总结出来的。它并非学来的，它绝不是理论推导，而是现实经验的总结。如果这样了就一定可以幸福，我本人就是这样做的。希望大家理解这一点，把它当成一个真正操作的东西，而绝不要把它当成所谓的理论去说它，这一点大家去领会。

第二节

❀

答 疑 环 节

问题1：怎样才能得到贵人的赏识？

有网友问

唐老师好，自己做哪些努力，才能得到贵人的赏识？

唐老师解答

想自己努力得到贵人的赏识，你要知道你的贵人是谁，你的贵人赏识什么。而这里需要提示的是，当你知道贵人是谁，又知道他赏识什么，你去这么做的时候，那个人已经不是你的贵人了，你已经在钻营了。

我们说贵人相助，往往是贵人主动地相助，所以说，你不需要去考虑这些。

那么，你要去做什么呢？去让自己的品质变得更好就行了。这个不是努力，你可以让自己变得更智慧。我假定这个问题是一个年轻人提的，那么这个年轻人，如果你要想得到贵人的赏识或帮助，你怎么做？去好好学习平等思维。平等思维可以让你的心态非常平和，让你看到问题的实质但又不去执着于得到更多的好，踏踏实实地去做好自己的事情，每一次做事情的时候做到能力的顶峰，又在不断地突破……当你是这样的品质时，你不用考虑怎么能得到贵人赏识，不论到哪儿都一定会有贵人来帮你。

问题2：工作中提高的秘诀是什么？

有网友问

唐老师，在工作中如何提高自己？有没有秘诀？

唐老师解答

提高的秘诀就是，每次做事情做到自己能力的顶峰。

意思就是，只要自己能够做得更好，那就尽量一次做到更好，自己做出来的工作是自己的能力之最。即使自己再做，也不过是这个样子了，在现有的能力水平下，自己已经没有能力再把这件事情提高到更高了。

当事情做到这样的时候，自己现有的能力就发挥到了极致，达到了自己能力的临界点。这时候，如果有人对这件事情提出建议，如果这个建议对这件事情真的能够起到正向的促进作用，自己一定会一下子发现自己本身的局限性，发现自己能力的不足，并发现自己观察和分析问题的盲点，从而感到受益匪浅！

但人们往往不是这样，这个社会上，很少有人能每次尽力做事情做到最好。如果他们的潜力是十分，他们往往做到六七分就不再努力了。这时候由于他们的能力没有发挥到极限，他们往往对于这件事情没有热情，没有更多的思考，这就阻碍了他们的前进。别人给他们提出建议的时候，他们不能够敏感地感觉到建议的意义，从而失去成长机会。而且，如果工作时不尽力，他们会做贼心虚，当有人提出建议的时候，他们往往不是考虑改进，而是首先考虑自己的面子，觉得对方不给自己面子，对方在吹毛求疵，从而对他人的建议表示反感或礼貌地敷衍了事。

这就像锯东西的时候，锯必须达到木头缝隙的极限处，否则，你只是在来回徘徊不能取得进展。

这样的人尽管可能在一个位置上待很久，但他的能力会一直没有什么提高，他会有很多的经验，但他是平庸的。他素质本来就不高，又不尽力发挥自己的潜能，不提高自己的能力，这样的人就是那种尽管能做事情，但只是不求有功、但求无过的人。

很多人总在问，提高的秘诀是什么？

每次做事情做到自己能力的顶峰，每一次的工作和学习都会是你提高的良机。

问题3：怎样和同事处理好关系？

有网友问

和同事处理关系，在沟通、闲聊的过程中，如何能既保持良好的关系，而又不说是非、人我？

唐老师解答

不去说是非、人我，最关键的是心里没有是非、人我。

如果心里没有是非、人我，心里有什么？心里只有善，就是与人为善的善，是只想去帮别人，除此以外没有别的。

和同事保持良好关系，不是在闲着没事时愿意去找同事聊天，把自己心里的郁闷吐给别人。比如：谁得罪我了，谁欠我的钱了，谁占便宜了，他做得少我做得多他还不领情了……不是把像这样的郁闷讲给别人听，而是只要我们去聊天，就是要去帮别人，要让别人从跟你的聊天中有所收获。如果是闲聊，说话难免就会得罪人。

沟通相对正向的目的，就是帮助别人。这一点我们的家长课学员有的已经做得很好了。他们当中有的人已经在自己周围形成了一个小圈子，亲戚、朋友、同事，遇到问题都会愿意找他们帮忙解决，跟他们聊聊天就会觉得心里舒畅，不再烦恼了。当我们和别人的沟通是以帮助为目的，同时我们也真的能够帮到别人的时候，和周围人的关系自然能保持好。

如何做到这一点？让我们的心无是无非。不去执着于是和非，心里是干净的，嘴里就说不出负面的话。同时，大家可以多看我博客里的文章，学习平等思维，提升自己的智慧，帮助别人的能力就会提升了。

第三节

作 业 点 评

工作幸福之道有三点：擅长、享受、有价值。对照这三点来思考自己的工作。如果不符合这三点的，及时调整，使自己的工作符合这三点，让自己的工作更幸福。将自己遇到的问题或者具体的操作、调整的过程写下来。

作业 1：如何帮中考失利的儿子进步

家长反思

我现阶段核心的工作是让儿子健康快乐成长。喜欢和价值都没什么问题，问题是我不擅长，不仅不擅长，能力还很弱。怎么调整呢？先分析下现状：儿子中考失利，没进入目标学校。现在新的高中生活开始了，他已经确定了自己的目标大学和目标专业。这个学校和专业有着极高的录取分数线。依儿子现在的学习水平，不付出额外的努力，是根本就不可能实现的。

什么叫额外的努力呢？儿子现在都是自己完成作业，自己安排学习。每天作业写到9点至10点不等。问他有没有需要我帮助的，他就提了两条要求：一是不跟他爸吵架；二是有时间尽量多陪他，陪他的意思就是在家待着或者他写作业时在旁边待着。这两条我可以做到，但除了这，肯定还应该做些什么。

以下是我思考的结果：如何尽可能早地发现儿子学习和生活上的问题，及时提供帮助？

首先，留心儿子说的话，从他的话里发现蛛丝马迹。这个如果不是在静心的状态，根本发现不了。

比如，儿子回家后无意中说："我们数学今天讨论了……"我就没意识到这个讨论是老师采取的教学方式，当时没深入下去问一下：怎么讨论的？你感觉怎么样？有没有困难？后来是其他家长发微信，我才发现老师不讲课，只让他们讨论。

其次，每天翻看作业本（儿子同意），昨天看见儿子的数学作业本上有两道错题。儿子已经改正了，但我还是需要跟他沟通一下，是怎么改的？有没有用错题修改三步法？同时，我把错题修改三步法总结打印了步骤，供他参考。这个知识点没掌握好，是什么原因造成的？上课听讲出了问题还是什么的？下次怎么避免？及时和老师沟通，每周或每两周联系一次，问问孩子在学校有没有什么问题，家长需要怎么配合，等等。儿子在家的学习状态及时关注，比如学习时是不是走神等。不是为了批评，而是不要错过出现问题的早期阶段。

学习方法上，把每天做作业的顺序，按照复习、把作业分类找出临界点题、突破临界点题（审题、检查）、改错来进行。同时，每天一段英语（至少一个英语句子）或者一段古文（至少一个古文句子）按照英语学习十步法进行。（儿子已经同意了这个方案）。

学习时间上，跟儿子商量出怎么安排时间能完成这些任务。儿子让我每天早晨6点叫他起来，提醒他按照已经制订的方案执行。跟儿子商量下他愿意用什么方式，在什么时间提醒。鼓励，每天把以上过程中儿子做得好的地方都写下来，发到家庭群里。这件事情每天安排出固定时间完成，每天早上6点半到7点半完成，这段时间不能被其他事情挤占。每天晚上想一下，这些方案哪里做到了，哪里没做到，做到的记下来，写在第二天的鼓励里，没做到的想一想出了什么问题，我还能做什么？第二天问下孩子的看法，问下什么原因。如果执行过程中遇到困难和问题，和儿子一起分析问题在哪里，是方案不合理还是执行过程有问题，及时调整。每天晚上总结的时间也需要固定下来，确保完成这个任务，时间固定在晚上7点半到8点半。

可能遇到的困难：最大的困难是，孩子爸爸总是看到孩子的不对。他批评孩子时，我总是看到他的不对，比如态度，比如语气，比如时机，比如方式。爸爸的批评引起我对他的反感，这种反感导致我对他不满，他感觉到我对他的不满，就会和我、儿子对抗，对儿子就更不满，最后影响到儿子的心情和学习。

以上这些内容给儿子看，他很认可，要我和他一起监督执行。

唐老师点评

大家认为这位家长的作业，她的这些做法怎么样？我看一下大家的评价，是好，还是可以，还是太强势、不行？

学员一："可怕。"

学员二："累。"

学员三："不好。"

学员四："很强势。"

学员五："压力山大。"

学员六："不符合平等思维的方法。"

学员七："自以为是。"

学员八："执着。"

好了，凡是类似于这样的答案不用说了。大家有没有别的答案？我这一问，把咱们这位家长打击到了，大家没有一个说好的。

其实我倒觉得这份作业挺好。

学员九："如果沟通好，可以这样帮孩子。"

学员十："很用心，妈妈做了很多。"

学员十一："计划得好。"

……

提醒大家，大家在一开始那么评价她的时候，其实忘了一点，就是她的孩子是什么样的孩子。

也许人家的孩子就是一个班里学习前几名、对自己要求很严的孩子。

大家看，"以上这些内容给儿子看，他很认可，要我和他一起监督执行"。

这份作业里面，可能有很多内容大家认为很强势、执着很大，给孩子压力了。

但是各位，不同的孩子，有不同的压力标准。这些内容有没有压力，是孩子那儿怎么看，而不是各位家长你们怎么看。

我们在接纳孩子的时候要记着，接纳的目的是要去帮孩子，接纳不是要放纵，或者说把孩子拉下来，比如孩子现在很努力地学习着，然后接纳了你就跟孩子说："你也甭那么努力，你玩一玩就行了，你玩游戏我也能接纳你，你玩游戏我也好好伺候你，反正好多家长都这样。"

这种做法是不恰当的。

在能商量的情况下，跟孩子一起商量，做一些对孩子的学习生活积极向上有帮助的工作，这是好的。这一点是我这一次特别要提醒给大家的。

在大家觉得很有压力的时候，孩子感觉怎么样，你想过吗？

如果孩子对自己的要求就是很高，或者比这个还要高，那么，家长这么要求对孩子来说就是一个福利，是一个帮助。

比如孩子自己就想6点钟起床，甚至孩子说我要5点半起床，妈妈说："你6点起床吧。"这个6点起床不是压力。

包括每天一句英语、一句文言文、作业错了两道题等妈妈用的那些措施，其实如果在商量，在孩子没有压力的情况下，孩子能够积极地配合、很好地完成，那这样的做法就不是问题。

大家，尤其是一些已经学习时间很长的正能量家长，在看问题的时候要去看到这一点，不要不分什么样的孩子都让家长，打着一个旗号说要无限接纳，于是什么要求都不给孩子了。

其实有的所谓要求是孩子自己就想要的，因为一个孩子是希望自己做一些努力、得到一些好结果的。如果孩子自己希望这些，家长去帮助他达成这个，不是问题。

我们看，这个孩子中考失利，没有考入目标学校，他已经确定了自己的目标大学和目标专业，这个学校和专业有着极高的录取分数线。这样的情况下，孩子有这么高的目标，家长帮他达成，又有什么错呢？只是这个过程，要多加帮助，而少在与孩子的能力水平不一致的情况下提要求。如果这个能力、条件孩子具备，那么，跟孩子一起商量，帮助孩子设立他愿意接受的目标、要求。这个是可以的，是好的。

很多家长在担心，说接纳了会不会把孩子惯坏怎么样的，不是的。

其实我刚才讲的这些内容，是接纳当中同时要具备的。

不同的孩子要不同的接纳。有的家长和孩子根本就无法沟通，一沟通就对抗，孩子学习已经很差，根本就学不下去。在这种情况下，孩子玩游戏什么的才是不需要管的，才是要支持的。

在另外的时候，要限定时间去支持他玩。在限定的时间内，商量商量我们什么时间玩，什么时间做作业，既要保证做好作业，又要保证玩的时间。在这个玩的时间内，家长可以送水果、送饮料，帮助孩子开开心心地玩，但是作业要帮助孩子完成。家长要起到提醒、协助的作用。

大家要注意这一点。

所以，如果这位家长没有掩盖一些情况，那么这样的做法，这整个的内容是不错的，这位家长的作业做得非常好。

在这个过程中发现问题可以不断地改进。比如她发现爸爸在参与陪孩子的时候，与自己、与孩子之间会发生矛盾，会对抗。怎么办？我可以顺带着提个建议：这个问题要父母一起私下里商量。咱们这位学员要去接纳、理解这位爸爸，然后再给建议，而不是当着孩子的面去否定、对抗，这是不对的。

爸爸是好心，你要看到这一点。

作业2：我是这样做班长的

家长反思

我从事的工作是通信设备维修。我们班组一共11个人，我是班长，每日负责分配工作，在工作中给予技术指导和帮助，并根据每一个人的工作数量和质量分配奖金。

在部门成立时，我就开始学习各种设备的测试和维修，并有了一定的经验。而其他10个人都是陆续后转过来的，大部分年纪大、非专业，并没有这方面的工作经验。刚开始我一天坐稳的时间都没有，一会儿这个叫我，一会儿那个喊我，弄得我又累又烦，感觉这些人都是来养老的，没有主动学习的，没有爱干活的。我跟领导抱怨过，要过能干活的人。但除了自己更烦，一点作用也没有。

反思这份工作是自己喜欢的吗？不是，但我不能选择，我不能不干这份工作。是自己擅长的吗？在设备检测维修方面自己算是擅长，但在人员管理上自己算是白痴。所以靠自己会干、能干，不能把班组的人员分配好，那我每日一定烦恼。于是我就把我会的内容编成作业指导书，一步一步分解，能认识字就能看懂。然后我再一个一个进行设备培训。有年轻的同事学得快的，当他们学会的时候，我再让他们教年纪大点的，这样慢慢地喊我的人少了很多。

在这个过程中，我发现当我接纳他们不会、认真去教的时候，他们也在很努力地学。半年下来，10个人也分出层次来，有的会简单的测试，有的已经会维修设备。我们班组检测，维修的设备也越来越多。我就根据他们干的多少、难易度来分配奖金。因为有统一的分配标准，大家也没有太多的非议。

这样我就有时间坐下来做我们班组基础的管理工作，各种设备履历也逐渐建立起来。正赶上单位建设大数据平台，所有基础信息都共享，日常办公内容都要进入平台中，我大部分精力都用在完善大数据平台内容上。

很庆幸前期做的一些工作，要不我现在绝无分身之术来完成这么多任务。

感恩平等思维，让我知道人不幸福的原因是自己愚蠢，不明因果。烦恼、抱怨没有用，只有做正因才能得到好的结果。

👦 唐老师点评

这位学员，其实他在分析自己的工作时是比较坦然地分析的。

第一，他享受吗？大家看到他在工作中不享受。第二，他擅长吗？应该说基本擅长。但是他的工作其实是两方面，一方面是技术；另一方面是管理或者领导工作。他擅长的是技术工作，而不是管理工作。他自己也说，他在人员管理上算是个白痴，做得比较差，所以就自己顶上。自己干了那么多活，那些人就是"反正我也不会，你也不教，那我们不会就不会吧"。你还没办法。

我们这位学员也采取过一些愚蠢的措施，觉得分给自己的人全是白痴笨蛋，很讨厌他们，然后去找领导。

大家想，他这样找领导，领导怎么办？把会干的、能干的都交给你，你很爽，那干吗让你当组长？再一个，这么多组长，就你来找我，你这个刺头儿，我把能干的给你，凭什么？这就是领导。

所以咱们这位组长或者班长，他相当于什么呀，就是"所恶于下，毋以事上"，就是他底下那些人不能干活、干不好，他很讨厌那些下属，于是他自己也变成个刺头儿，我不能干，我管不了这些人，我处理不了了，我的活干不了了，领导你说怎么办？他也拿这个方法来对待自己的领导。他就在"所恶于下，毋以事上"，恰恰犯了这样的错误。

领导会帮你吗？领导会喜欢你这样的班长吗？不会的，一定不会。

所以他不会帮你的，他就是有人也不会给你，除非这儿惹出大麻烦，否则一般不会给你的，因为他不喜欢你这样的下属。同样你也不喜欢这样的下属，就是不能干的人。

大家记着，所有的关系中能干是非常重要的，除非平齐的人，也就是我们是竞争关系，你能干我讨厌你。但是上下级当中，能干是大家喜欢的。

慢慢地，当自己一不抱怨领导不给我安排能干的人、不帮我，二不抱怨手底下这些人怎么就不会干活时就会想：我做什么能改善？

我们这位学员做得很好，首先，把会的内容编成作业指导书，也就是操作手册，一步一步地教大家做。其次，又一个一个地进行设备培训，学得好的还要带动学得不好的，做得好的还要有奖金奖励。这些工作做好的时候，我们就会发现，很多事情都能做了，工作比较轻松了。

这样下去，不会再去向领导抱怨，而且安排人到你这儿，就有一个学习制度，又有一个提升制度，那么这样的组长，大家想，领导会不会喜欢？如果我是领导，我就会把这个组长提拔，或者是把更多的人放到他的组里学习，学习完了以后从他的组里分出组长来，再去分别带别的组员，去复制这个模式。大家说这样好不好？

所以这位学员继续做下去，不远的将来会被提拔。用心地做，继续做下去，就会被提拔。

这位学员一是复制了技术；二是能够在这个学习技术的基础上拿出一个奖励制度。还有一点内容可以复制，就是自己学习平等思维后，这种不抱怨的好心态。怎么复制？如果你要提拔副组长或副班长，要提拔那种工作好、不抱怨的人。当然，我是随口一说，你根据情况，能增加这个会更好。

其实这位学员的做法非常好，他的操作明确、奖惩明确，如果再提拔明确，整个系统就出来了。其实这份作业，包括这三点做法，我们基地的老师也需要学习。像老杨、许杰，包括我，我们都需要学习这样的内容，我认为这样做下去对我们基地是有帮助的。

我们要去学这些具体可以操作的内容，去复制这些内容。我们基地现在要在全国各地开分点，所以这些做法都是我们要学习的。其实我们的学员当中，真的是藏龙卧虎。

大家可以看到，咱们这个课堂不只是大家来跟我们学习，我们基地的老师包括我，也要向大家学习。所以，其实我们是一家人，要共同努力。

第十章

夫妻幸福之道

爱是以对方在乎的方式让其体会到爱。

我们要努力成为一个幸福的人，并把幸福带给对方，而不是试图要求对方给予自己幸福。

第一节

❀

内 容 讲 解

一、婚姻家庭不幸福的原因

这个问题说起来是一个比较难回答的问题。在婚姻中，想幸福确实是非常困难的，困难在哪里？夫妻之间常常难以彼此接纳，大家互相的爱都是有条件的，有条件，这条件就必会改变。所以从绝对意义上讲世上没有完全幸福或者完美的婚姻，因为我们爱的是条件，条件又会改变。条件是一个外部条件，是一个对象，这个会改变很正常。

还有更让我们难过的。更让我们难过的是什么？我们的心也会改变！假设对方的条件都不变，甚至在变好，而我们的心在改变，就会使你以前觉得好的，现在反倒觉得不好了。本来觉得挺好的一些东西，现在反倒觉得不好了。为什么？随着我们的见识和经验的改变，我们的心变得越来越难以满足，或者满足我们心的条件也在改变。比如，很多条件自身没改变，但因为人们得到了而变得不懂得珍惜，会变得熟视无睹。本来的幸福条件就变成了反感的条件，这是我们婚姻不够幸福的另一点。

每个人都有自己的小人自我，都会自以为是地觉得自己是对的。但每个人的成长环境又不同，一旦遇到不一样的，很自然地就会将对方的想法、做法视为错误的，并想去指正对方。但对方也这么想！

几乎所有的夫妻真正生活在一起的时候都会存在彼此觉得不适应的情况，这就是磨合。但磨合更多的是相互适应，而不是改变对方。执着于改变对方的，就会发现两个人一直磨合不好，最终可能离婚。如果开始互相适应，逐渐就会相安无事，回头看看，会发现那些问题其实没那么严重。

我们要做的是帮大家去从幸福当中找出幸福的规律，把这个幸福的规律明确并放大。这个过程希望大家一块来配合，都来说一说自己婚姻当中觉得幸福的那些点。

学员一：老公做了好吃的。

学员二：感受到老公很珍惜家。

学员三：老公和我一起分担家庭的痛苦困难，这个时候我就觉得是幸福的。

学员四：现在老公会对孩子关心了。

学员五：老公周末回家收拾屋子、做饭，幸福。爱家，我很幸福。

学员六：结婚 16 年了，他还对我一如既往地依恋。

学员七：体贴关心我和孩子，爱我和孩子。

学员八：老公是个对家庭负责的人。

学员九：老公每次都给我带菜吃。

学员十：老公做家务。

学员十一：老公不管遇到什么情况都能心平气和地讲话。

学员十二：老公爱我，爱孩子，包容我。

学员十三：老公做事情总做在我的前面，让我少受累，我很幸福。

学员十四：老公陪孩子玩，倾听孩子和我的快乐。

学员十五：我在教育上走弯路了，搞得孩子不快乐，我很自责，丈夫不怪我，还说都怪他关心我们娘儿俩少了，以后还要多关心我们，我感到很幸福。

学员十六：老公很体贴，现在我改变了，他更体贴了，我很满足，很幸福。

学员十七：老公做饭、洗衣、拖地，给我备零食，从不责怪，包容我。

学员十八：老公包容我的缺点。

学员十九：感到老公很在乎我，心里很踏实。

学员二十：老公包容我，做家务。

学员二十一：老公有责任心，爱家。

学员二十二：生病的时候老公能陪在身边，在我很累的时候主动做饭。

学员二十三：他爱我，爱孩子，包容我。

学员二十四：老公出门旅游会发短信，回来说想我和孩子了，会带礼物给我们，我感到幸福。

学员二十五：老公能耐心倾听我的心里话。

这么多的情况都说明每个人在体会婚姻当中的幸福，而这些幸福我们会发现都不是困难到难以达成的事情，这是好事。如果各位家长都说，他必须给我买法拉利、买多大的钻石我才会幸福，那可能就真难了。

大家提的相对都是简单的事情，简单的事情应该容易实现，这是好事情，同时又有不好。不好在哪里？就是这么简单的事情，这么简单就能幸福，为什么你的老公不这么做？为什么大家不能幸福？

需要我们深挖的是，是不是因为这样的事情太少我们才觉得幸福了？是不是因为我们得到的关爱太少，才会在得到小小的关爱的时候幸福？如果常常得到这种不起眼的关爱你还会幸福吗？大家做一个反馈，会不会像某学员说的，习惯了就不觉得是幸福了，大家会这样吗？大家认为是什么？

学员一：是太多不以为然了。

学员二：还会幸福。

学员三：还会幸福。

学员四：还会幸福。

学员五：不会。

学员六：是的，习以为常。老师一说才觉得幸福。

学员七：会觉得本来就应该是这样的。

学员八：习惯成自然就不会。

学员九：会的。

学员十：不会。

二、可能的解决方案

有没有一个男人天生就知道怎么做就会给女人满满的幸福的感觉？期望一个男人天生就会，就知道这些，并且做得很好，往往是不可能的。男人女人生活在一起，往往都会发现对方是怪物，觉得对方的心不可捉摸、不可理喻，很难做到让对方开心。

人们常说：好男人往往需要女人教出来。确实是这样。各位女士，大家真正认识到这个问题就好了。知道这个了，那会怎么样？一个男人那么关爱你的时候，你也许有可能身在福中不知福，人们总会在某一方面身在福中不知福。我知道有些女人听这个课程，听了以后就会觉知到老公是很爱自己的。我们知道有一些家长是这样的，其实老公一直挺关心她的，她不觉知，她会觉得老公不够好，还总是挑剔。但是当她反思自己的时候，就会发现老公原来是很关心自己的。搞清这一点以后，大家就会知道事情不像我们想象的那么糟，并非男人完完全全不爱你了，而是你不能觉知到幸福了。

其实现实的情况各位都知道，女人往往都生活在水深火热之中，往往还在饥渴当中，都喂不饱，别说大家吃不了，不可能的。

男人的成长环境往往相对比较粗的，他不大可能像女人那么细地去体会那么多的感情。所以说女人对男人的关爱觉得不知足是很正常的，很少有觉得男人过多地关爱了自己的。什么样的情况会出现？往往是女人觉得男人最根本的地方不让人满意的时候，就是女人已经反感了这个男人，比如觉得这个男人没出息，一点事业心都没有。女人心里已经定位这个男人是没出息了，这时候尽管他很细心、很体贴，女人也不会感受到爱。

女人到底想要什么？在家的男人没出息，有出息的男人不靠谱。常常在家的男人，尽管很体贴，但女人却往往希望老公把心思放到事业上，能够成就一番事业。男人事业很强大的，又往往忙于应酬而照顾不到女人，女人又不免寂寞。

我们抛开其他条件，单说男人的心理模式。男人是粗线条的，很难体会到女人的心。

我曾经写过一篇文章，说女人是家庭中的定海神针。其实，女人更是一潭养心养家的温泉。

在一个家庭中，妈妈的作用是非常重要的。当妈妈能够很踏实很稳定，能够让自己的心很平和的时候，就可以把孩子的心养好。孩子任何的问题，心里任何的极端情绪，都可以由妈妈内心像温泉一样的温和慢慢养过来。

灌一瓶很烫的水放到温泉里，会慢慢地变成像温泉一样的温度。装一瓶很凉的水放进温泉里，也会慢慢地变成温泉的温度。

反过来，如果你是一潭冰水，那么，多么热的水到你这儿，慢慢地都会变成冰水。

各位妈妈能想象吗？如果你是冰和水的混合物，你的温度是零度，那么，所有的水放到你这儿，很快就会冰冷。因为孩子的力量是很小的，而你的力量是很强大的，你很快就会把孩子变成你的温度。

在一个家庭里，妈妈是什么温度，家庭的氛围就是什么温度，孩子就是什么温度。

女人和男人之间也是一样。

如果一个女人闹腾，会让男人在回家的时候觉得整个家都是闹腾的，叫作鸡飞狗跳，这个家没法回的。

当一个女人很祥和的时候，整个家是很温馨的。女人的心态平和了，男人在她的身边就会感觉很踏实，他在这个女人面前心里不知不觉地就很踏实。而这个世界上，能够让一个男人踏实下来的女人实在是很少，一个男人会不知不觉地潜意识里想到一个能让自己踏实下来的女人身边去。这就是女人的魅力。

如果是一个没有结婚的女人，她在跟男人的接触中让男人不知不觉地感觉到：跟她在一起真舒服！那么，她就会在吸引着这些男人。当这些男人追求她的时候，她当然可以挑一个好的。

跟自己的老公也同样，就是他会不知不觉地感觉就是在你的身边才能踏实。

外界也许有漂亮的女人，也许有性感的女人，也许可以给男人各种刺激的有魅力的女人，但是，他会始终觉得不如自己的老婆。自己的老婆不是最漂亮的，不是最性感的，好像也不是唱歌最好的，也不是身材最好的，但是，为什么他就老觉得想她呢？就是因为她是一潭温泉，在里面泡着最舒服。

有学员问："这需要时间验证吗？"

我要提示的是，你先成为一潭温泉。你不成为一潭温泉，多少时间都没有用。

就像很多家长在孩子出现问题的时候烦恼，其实，也许就是因为家长才导致了孩子这样。夫妻之间很多时候也是这样的，也许是因为妻子才导致了老公出现这些问题。

如果你的品质不改，他凭什么去改善？

如果你是一潭沸水或者一潭冰水，对方跟着你时间长了，不是变成温泉，而是变得沸腾或者冰冷，他始终不会是温温的、暖暖的。

大家去好好地反思。

每一个女人、每一个妈妈都要变成一潭幸福的温泉。当你是幸福的温泉的时候，那么，你的家庭会变成温暖的、祥和的，孩子和爸爸当然也会变成这样的。这个时候，我们就幸福上加幸福，福上加福了。

孩子和爸爸不论在外边遭受什么样的风吹雨打，都会被妈妈这一潭温泉养得平静从容，一家人会越来越和谐开心。而且，孩子和爸爸不论走到哪里，都会不知不觉地愿意回家浸泡在这幸福的温泉里。

我们来看一个学员的幸福案例。有一位小容女士，她的孩子学习上出了问题需要改善，就来到基地，后来又发现她跟老公的相处也有很大的问题，我又一次帮她解决，我们看整个过程。

案 例 | 我终于找到了我的幸福

我从小出生在农村，家境相对其他农村孩子好很多。我学习成绩较好，是村中少有的女大学生，加之是父母最疼爱的女儿，所以我一直是个自信的女孩，自认为童年、少年都是非常幸福的。

大学毕业参加工作，我遇到了自己爱慕、崇拜的人，我们自由恋爱，并以自己喜欢的集体婚礼方式步入婚姻殿堂。婚后，我们生了一个聪明、健康的儿子。父母疼、老公爱，尽管经济条件很一般，我也一直相信我是上帝最眷顾的那个人，因为我太幸福了。

随着儿子一天天长大，烦恼却逐渐来了。儿子从小就是个"另类"的孩子，读小学一年级，老师要求生字组词，儿子却犯愁了，因为只要别的小朋友用过的词语他就不再用，有些生字还可以勉强通过查词典、上网查询找到新词，但有些却实在找不到，如"牺"，查任何地方都只有一个词"牺牲"，儿子宁愿答白卷也不愿意写上"牺牲"，因为别的小朋友写过了。他的老师和我身边的朋友都说，这个孩子引导好了将来是个奇才，反之是个废才。老公也一直深信儿子是个难得的天才。然而，儿子从小就有许多学习上的坏习惯，如作业马虎、听课不专心、好动、和同学处不好关系、自理能力差。尽管我也一直有意识地帮他改，但由于方法、方式不当，几乎没有什么效果，还导致儿子越来越反感，学习成绩也随着年级的增长由优秀变得很一般了。

转眼儿子上初二了，老师几乎每周都约我谈话，每次都提及儿子的不是，什么上课不听课、讲话、顶撞老师、不完成作业、不讲卫生、生活上丢三落四、与同学打架，并断定这样下去孩子没有前途。我着急了，每次和老师谈完话就对儿子一顿臭骂，刚开始儿子还和我争辩"是老师夸大的，是老师瞎编的"，后来就不和我说话了。越是这样我越生气，成天看他不顺眼，唠叨自然就成了家里最常见的"教育"。眼见只有一学期就要中考了，儿子的学习成绩却一天不如一天，心情也差，终于提出要留级，因为他跟不上班上的课程了。我心急如焚，不知所措，老公也早已接受了儿子是个"蠢材"的事实，开始着手找关系帮儿子留级了。家庭的气氛很差，我与老公经常因为儿子的学习闹矛盾，老公也经常对儿子拳打脚踢。我开始怀疑，难道上帝不眷顾我了吗？我的幸福哪儿去了？

转机终于来了。

春节的时候和几个朋友一起吃饭，眼见朋友以前学习平平的孩子期末考试取得班上第二名的好成绩，我像抓住最后一根救命稻草似的，赶快去"取经"。朋友说他们去北京参加了一个培训，回来后孩子学习很主动，成绩就上去了。我尽管将信将疑，但还是决定马上报名，马上订机票，直飞北京。

到了北京，我第一次知道自己是个"蠢女人"，第一次知道自己的"自以为是"，第一次知道"平等思维"，第一次知道"认真不是态度，是能力"，第一次知道"老师真会冤枉学生",第一次知道"无神论与宗教的和平相处"……也第一次完整认识到自己的儿子:他阳光、节俭、孝顺、爱好广泛、热爱劳动、知识面广、有毅力、有恒心、有爱心、有正义感……也第一次知道我的责任不是"监督"而是"帮助",要接纳、要理解,要给他创造一个和谐、轻松、快乐的家庭环境,要他心净更要我心净。眼中的儿子也变得好可爱,以前那些每天睁开眼睛就能揪出一大把的毛病好像也真的慢慢地减少了,家里充满了快乐、宁静、平和。儿子每次学习前就到我房间里和我一起听《心经》,连听三遍,然后充满自信地对我说:妈妈我去学习了。我再也不用趴在他房门前偷听里面的动静,再也不用假装给他端杯水偷看他正在做的作业,再也不用每天无数次提醒他"专心学习",再也不用每天形影不离地跟着他……我开始捡回自己以前的兴趣、爱好:听音乐、看小说、练瑜伽、种花等。我感觉我又在为自己活了。每当我又要"老病复发"的时候,总有老唐的沟通心法课提醒我,把我拉回"儿子喜欢的老妈"状态。儿子对我的最高评价是"唠叨减少85%"。

终于儿子该中考了,该检验一下这个本想留级又坚持下来的孩子了。中考期间,我每天都在祈祷,儿子你一定要考个好成绩呀,不能让你刚刚找回的自信心又丢掉了。儿子每天回家都告诉我"妈妈,放心吧,考的都是我会的,我都复习到了"。我忐忑不安地附和着快乐的他。中考完第二天,他提出要去参加南山中学的自主招生考试。老公和我商量,南山中学是全省最好的5所重点中学之一,儿子虽然最后这学期学习有很大的进步,但也不至于提高那么快,肯定是考不上的,但既然他提出了,就尊重他,权当锻炼他一下,让他知道山外有山吧。抱着这样的心态我们参加了自主招生考试,到了南山中学,一看那阵势,我和老公相视一笑,"8∶1"的招生比例,还都是各校的佼佼者,我们儿子可真是"初生牛犊"啊。考完试,我们连成绩都没等就直接回家了。第二天,居然有南山中学的老师通知我们,儿子考了A2等级,属于他们学校里仅次于A1级的优等生(后面被录取的等级还有B1/B2/C1/C2)。

9月初,儿子顺利地进入了他以前想都不敢想的南山中学,我告诉他,如果刚开始学习成绩平平,不着急,咱们不停地补基础,会赶上前面的同学的。记住,每天进步一点点!每周末儿子都打电话回来:"妈妈,这里是个学习的好地方。"我又开始担心，没有了基地老师和我的提醒、帮助，儿子会不会回到以前那样的状态，会不会"一腔热情"很快退潮？很快我知道，儿子每周除了给我打电话，还给基地的束老师打电话、发短信，因为他信任基地的老师，因为他自己需要老师们的精神"滋养"，我开始有点放心了。

期中考试成绩出来了，"妈妈，我考了班上第二名，年级进步600多名"呢，我是真不敢相信呀，去儿子班主任那里确认："都奕成的进步可真大，这是有目共睹的。"我高兴之余还是在想："会不会是运气好撞上的？"担心归担心，我还是像唐老师教的那样，真心实意地非常具体地表扬他、鼓励他。第三次月考后儿子又告诉我："妈妈，我还是第二名，与第一名的距离也缩短到4分了。"我终于相信儿子的实力是真找回来了。表扬和鼓励让儿子已经十分习惯了，他也得出了自己的结论"认真不是能力，是习惯"。我期待着他下次的进步！

和老公的关系也随着我自己的改变而变得越来越融洽，每当心中的"小人"又冒出来时，我就想起唐老师说的"女人是穷人"，知道自己的弱点，我开始"退步"。没想到"退步原来是向前"，老公开始像刚结婚那几年那样和我开开玩笑、逗逗乐，每天都要"逗老婆子开心地笑"，每天都和我分享"我们儿子又进步了"，每天都在说"我又发现了儿子一个优点"……

有一天因为有事和一位员工的妈妈通了一下电话，没想到她最后在电话里说："我女儿说你是最好的老板娘，和你一起工作她很开心，她要一直在你那里工作，工作一辈子。"她可是我的得力助手，我乐了。

我知道，上帝一直都在眷顾我，我的幸福一直都在，我现在又找着了。

案 例　｜如何消除小时候的心理障碍？

学员自述：

小时候父亲总爱喝酒，喝了酒就和妈妈吵架，那时候总是想如果父亲不喝酒就好了，家里就不会有吵闹声了，那该多好呀！自己成家后，也总希望丈夫不喝酒，但事与愿违，他比我的父亲还能喝，我一看他喝酒了就心烦没有好脸色，我们也总是吵架。后来因为心脏不好他才把酒给戒了。现在想想当时自己如果能在丈夫喝酒回来时就像平时一样对他，不带情绪地包容对方就什么事都没有了，有话好好说！还是怨自己没有一颗平和的心，不能坦然面对一切。如果那时候能学到平等思维，我们就会像现在一样和谐幸福。

唐老师点评

我们每一个人小时候都会形成一些偏见，这些偏见在影响着我们现在和未来的生活。

凡夫都是愚蠢的，愚蠢在于你爱一个人都不知道怎么爱他。你是爱他的，但是对方可能会感受到你对他的伤害，会很反感你。我们凡夫常常如此的愚蠢，常常是在很多事情都过去了，不好的结果已经出来了，在无法挽回的时候才开始想挽回。

实际上爱的本质是什么？爱的本质就是自己做一些事情让对方幸福，让对方开心。而我们常常是要对方做一些事情让我开心，让我安心。

像这位家长说的，小时候爸爸因为喝酒伤害妈妈，自己就特别怕喝酒，特别讨厌喝酒。即使自己爱的人喜欢喝酒，喝完酒很开心，自己也不允许他喝。必须要求对方为了自己戒酒。"你难受也要戒，我才不管你难受不难受呢！"这就是我们一般凡夫俗子的愚蠢，就是你爱对方你都爱不了，你想爱一个人你都不会爱的。这也是我把"什么是爱"专门拿出来几条讲给大家，让大家去悟的原因。

小时候遇到的问题，大了以后怎么解决？

我们可以消除小时候那件事情对自己心理的影响。要消除这个影响是非常困难的，有很多心理学的技巧可以做。但是智慧的方法是什么？智慧的方法实际上是直接看到这个问题。怎么样直接看到？爸爸爱喝酒，喝了酒以后去伤害妈妈，那怎么办？其实你就要很清楚地看到，妈妈找了一个爱酗酒的男人，她很倒霉。这是一方面。另一方面是，她没有智慧去引导对方。在喝酒以后，她可以不跟对方吵的，而她每一次都抱怨，从而导致了对方对自己的伤害。其实只需要智慧就可以解决这个问题。妈妈在用错误的因果关系去解决问题，所以无法解决。

认识到这一点，去用正确的因果关系解决问题就好了。

对方酗酒不好，但是如果不酗酒，适量地喝一点酒是不是好的呢？我们能不能在对方喜欢喝酒的情况下跟对方商量，让对方适量地喝酒？如果是这样，他开心，我们也开心。大家觉得这样好不好？

我们往往会形成一个错误的因果关系：酗酒不好，所以喝酒就不好，我要禁止对方喝酒，他喜欢我也不让他喝。他喝酒就是让我难受，我就要让他难受不喝酒。这就是愚蠢的因果关系。

平等思维是给出最直接的解决方案，看清正确的因果关系，做正因去解决问题。"我当时总结了那样错误的因果关系，当然会导致结果不好。我难受活该。以后按正确的因果关系来做。"

这一点大家明白了吗？能够依这个来做吗？

平等思维是禅宗的方法，是挥剑斩魔。过去，有一位皇帝打下了一座城池。那座城池有一把锁是用绳子系起来的，系了一个非常难解的扣。有一个传说，任何一个统治者如果能把这个扣解开，他的统治就能长久；如果解不开，最后必然还会失去这座城市。几乎所有的统治者过来以后都没有解开这个扣，所以都失败了。现在轮到这位皇帝了，他当时骑马围着绳索转了两圈，有人请他解，他根本就没有解，拿刀一刀斩断。

很多心理学的方法其实就是在绕来绕去地解扣，而平等思维是直接看到因果关系，直接对正因做正果。如果没做正因得了不好的结果去认账，将来我做正因得正果就好了，这就叫挥剑斩魔。这就是平等思维或者禅宗最直接的问题解决方式。

大家多去体悟这一点。

三、夫妻幸福之道：男女相处的终极模式

幸福之道课程，是要帮助大家找到让自己幸福的做法。我们所讲的都是帮大家找到幸福的因果规律。这样，只要大家来做幸福的正因，就必会得到幸福的结果。

夫妻幸福之道，首先是帮助各位学员自己先幸福起来。如果你的幸福现在还不能带动对方，至少要你自己先幸福起来。其次是让大家因自己的幸福（更

因学习了平等思维而提升智慧）而带动自己的配偶和家人幸福，从而让自己更加幸福。

夫妻幸福之道基于什么而创立呢？基于小人理论。

小赫妈妈在学习平等思维之前，就在不知不觉中依夫妻幸福之道而行，所以她很幸福。她是怎么依道而行的呢？她真心地崇拜老公，真心地仰视老公。

当女人仰视男人的时候，男人的心就会被养得很舒服，被养得很强大。这个强大，是男人的小人心、自以为是的心被养得很强大。所以，我们说英雄难过美人关。什么是美人关？是仰视自己的美人的诱惑。

同样，女人仰视男人时，女人的感受是什么？也是幸福。

为什么女人仰视男人时，自己也会感觉幸福？因为仰视的是自己的男人。一个女人仰视自己的男人时，会有特别幸福的感觉。如果不是自己的男人，也不会产生这种幸福感的。当一个女人看到男人很好的时候，心里会想：我的男人真好！如果没有这种占有的心，女人就不会产生这种幸福感。如果是未婚女人，看到一个男人很好的时候，就会想：他要是我的男人该多好！仍然会产生占有的心。这一点，各位女士可以好好去体会。这就是人们常说的美女敬英雄。

我们来看一位女性学员的作业：

神奇的丈夫

我和老公从相识到结婚已经整整二十一年。在人们眼中，或许我们算不上恩爱，因为很少看到我们俩出双入对，更别说一起去上街或散步之类的情景。但是二十余年来的相处，我们之间早就形成了一种默契。一直以来，我都能感觉到老公身上的许多优点。特别是现在，我越来越感觉到老公的好。诸如他的宽厚、包容、豁达、幽默，等等，都让我能感觉到老公身上散发出来的成熟男人气息。而老公具有的众多的优点中，最让我心折佩服的是，他具有一种在我看来像是超能力的能力。老公能在我们之间没有任何约定的情况下，只要他想找我，就能把我找到。比如：我一个人去商场购物，他除了头一天知道我要去上街，至于我去做什么，要去哪些地方，他都不清楚，然而，等我在商场转了几层楼，买好我要买的商品后，一转身，老公已经来到我的身后。那年，我们回老家，几个中学时的同学相约去舞厅聚会，晚上临回家的时候，第一次去我的家乡的他，只是问了我弟弟舞厅的地址，就直接走进舞厅，直直地来到我们身旁了。同样，我们也是在没有事先约好的情况下，他能让我想找他的时候，很轻易地就看到他，哪怕是在过节大街上人山人海的时候，他也能有办法让我一眼就看到他。

上次我们一家人去省城，经过家乐福超市，儿子想去逛逛，然后从不进超市的老公在外面等候，我带孩子们进去买东西。逛了一大圈，我刚跟孩子们说，差不多了，我们准备出去吧，不然让你们爸爸等时间久了。回过头来，正想朝出口去，却发现老公也来到我们身边了。而当时超市里正是人群高峰呢，真不知道他是怎么找到我们的！我惊奇地问老公："呀，你是怎么找到我们的，今天超市里的人可真多！"老公只是淡淡笑笑："我就随意转转，就碰到你们了。"我知道，老公从来不进超市的。每次遇到这样的情况，都是他在超市外面等，或者在车上休息，由我带孩子们在超市里瞎逛。我正想问他有没有觉得我们转的时间太长了，却见他早就招呼女儿去推手推车了，并对孩子们说："还想买什么，走，一起去拿。"后来，他们爷仨就推着满满一推车物品，孩子们脸上似开了花一样地出了超市。我还在一路惊奇他是怎么找到我们的。

这样的事情多了以后，而每次我事后问他是怎么做到的，他都是轻描淡写地一带而过。而每次都令我百思不得其解。在我看来，在人来人往的超市里找一个人真的和大海捞针差不多。可在老公眼里，不过是偶遇而已。我把这些故事讲给女儿听，女儿就大笑："你不知道呀，我爸爸就是神奇！"不管是偶遇还是神奇，老公的这一点，真的让我折服了这么多年。

从这位女性的作业中，我们就可以看到发自内心的对老公的欣赏。这时候，这位女性是幸福的。

我们会帮助大家把人心底里的那些东西都挖掘出来，让大家看清楚自己。当一个女人由衷地欣赏男人的时候，她会自然地产生"这是我的男人，我的男人很强大"这样的感觉，当产生这种感觉的时候，男人的优秀不是属于男人的，男人的优秀就是女人自己的脸面。

女人第一次带着自己的男朋友或者老公回娘家，如果他表现很好，女人就会觉得自己脸上特别有光彩。说到底，这还是女人的小人自我得到了满足。

学习平等思维后大家会发现，你会对人性有非常非常深的理解，你真的可以看到人的心、人的骨髓。这时候你再去看世界，你就能看清楚世界是怎么回事，对你身边的人，你可以"剥皮抽筋"，他说一句话，你会很容易知道他想说什么。这就是真正的读心术。

当女人真心崇拜男人的时候，女人是很幸福的。这时从表面看，女人是在奉献的，她会因崇拜男人而甘愿为他付出，伺候他，甚至为他牺牲自己的利益，其实这种奉献和仰视是在用另一种方式成就女人的小人自我。静心反思，女人是很能体会到这一点的。要提醒大家的是，我们在讨论心底里的东西，试图寻找出路，而不是在讨论谁好谁不好。

几乎所有的女人都愿意找一个能让自己仰视的男人，所以这世上有很多优秀的女人找不到伴侣。为什么？因为她找不到一个可以仰视的男人。如果她勉强找了一个不够优秀的男人下嫁，问题就出来了：那个男人因为不被仰视，他的小人心就不能得到滋养，所以他的心理力量往往就不够强大。这就是当一个女人不欣赏自己的男人时，这个男人在她面前没有力量的原因。同样，女人不能仰视男人，自己也是不幸福的。

男人的心需要女人的仰视来滋养。仰视不是纯仰视，而是一个女人对男人优点的佩服或者说崇拜。一个女人，在她还是小女孩的时候，仰着脸看爸爸，这就是女人仰视男人的最初模板。

夫妻幸福之道，女人和男人之间有两个最终的关系，也就是化爱情为亲情的根本关系有两个：一个是母子关系，一个是父女关系。女儿对父亲的崇拜，最初就表现在仰视上。一个天真的小女孩仰着脸看爸爸，说："爸爸你好厉害啊！你真是很强大，你什么都会！只要有爸爸，什么事情都能解决！"女儿对爸爸的这种崇拜、依赖，就是女人对男人要达到的终极感觉，女人越是由衷地用这种眼光去看男人，她自己的心就越强大，同样她所能给予男人的心理力量也越强大。

像小赫妈妈，她是真心地崇拜老公，这让她很幸福，老公也能从她这里得到滋养。这种状态非常好。但是，更多的女人并不崇拜老公。怎么办？比如一些女人说起老公时会很不以为然："他不就是那么样一个人吗？他有什么可崇拜的呀？"

夫妻幸福之道，就是要帮助大家解决这样的问题。包括小赫妈妈，她虽然崇拜老公，但她是不自觉地做到的。处在一种不自觉的状态，必然有一些情况是她所没有考虑到的，当这样的情况产生时，就会导致自己的痛苦。所以，我们要学习夫妻幸福之道，来彻底解决阻碍夫妻幸福的问题。

我们先思考一个问题：在结婚的时候，我们是像古代那样，到洞房花烛夜才看清对方是什么模样吗？

当然不是！也就是说，大家都有过一个谈恋爱的过程。像那种被强迫的，比如他好不好你都一定要跟他结婚，因为你们家欠他家的钱，类似《白毛女》里喜儿那样的情况已经极少了。也就是说，大家彼此都有一定的了解，是经过自由恋爱的，恋爱时他一定多多少少有让你欣赏的地方。

为什么大家后来变了呢？在网络课堂上，我请学员们思考此问题，对话实录如下：

学员一："恋爱和结婚不是一回事。"

我："那为什么恋爱时觉得对方很好的地方，结婚后就不觉得好了呢？"

学员二："因为生活的磨砺。"

我："这是一个原因，但它是外因，不是决定因素。"

学员三："因为两个人的小人心出来了。"

我："小人心永远有，为什么恋爱的时候不出来？"

学员四："因为恋爱时想对方所想，去满足对方的小人心。"

我："结婚后为什么就不能这样了呢？"

学员五："包容心不够，感恩心不够。"

我："为什么会这样？"

学员六："熟悉了，看不见对方的好。"

学员七："心态发生改变，觉得是自己的了，得到后就不珍惜了。"

学员八："心被油盐酱醋茶小事打乱了。"

学员九："结婚以后只想让对方顺自己的意，想改变对方听从自己。"

学员十："不懂与老公家里人怎么相处。"

学员十一："习惯了就不觉得了。"

学员十二："都自私了。自己的小人心要满足，忽视了对方的小人心。"

这些学员根据自己的感受说了很多种原因，但都没说到根本上。

为什么恋爱的时候大家能够发现对方有很多好的地方，而结婚后就不觉得对方好了呢？这跟小人自我的划分是有关系的。

在恋爱时，两个人彼此的心理感觉是"你不是我的"，意思就是"我还要把你当成外人来看"，所以这个时候，找了有优点的你，会增加我的优势，我会很开心，所以看到的往往是优点。结婚以后彼此的心理感觉变成"你已经是我的了"，这个时候优点已经成为对方本来该有的，"就因为你是这样我才娶你嘛""就因为你是这样我才嫁你嘛"，这些优点已经成为本该如此，本该如此的事情就不会增加我的优势，就算不上优点了，我也不为此开心了。而是我要站在这个高度上往上看。这个时候，双方就会更多地看到对方的不足。从小人心的角度来说，男女对对方的欣赏实际上是对自我欣赏的一个投射。到了婚后双方就会发现：其实对方本来就应该更好的。

每一个人都是可以更好的，大家想是不是？当你看到他不好的时候，你当然希望他变得更好。 这就是我们小人的毛病。但对方也是小人，现在的情况是，你看到他的不好想让他变好。

平等思维有一句名言："不能帮对方从不好变好，只能帮对方从好变到更好。"为什么？因为认为对方不好就是没有接纳。你不接纳对方时，对方已经在烦你了，所以你不能帮他从不好变好。希望对方不好的地方变好，这就是夫妻不幸福的根源。

实际上，除了那些从心底里觉得不合适的夫妻，一般夫妻之所以不幸福，就是因为希望对方从不好变好。

一对男女，自由恋爱，互相选择，结婚后，开始变得不幸福，往往都是因为希望对方从自己觉得的不好变成自己觉得的好。我们这里说的是一般情况，不说

249

特殊情况。

有人说："唐老师，我们夫妻不幸福。但我不是希望他从不好变好。我觉得他挺好的，只是希望他变得更好。"这么解释是没有用的。"我觉得他挺好的，只是希望他变得更好。"你是这么说了，但对方感受到的是什么？是你认为他好还是不好？如果对方感受到的不是你认为他好，那这话就是空话。一个女人无论嘴上怎么说，只要你心里觉得男人不好，男人就得不到你的滋养。如果你心里不觉得他好，他会在你面前感觉没有力量。女人该怎么办？找到恋爱时欣赏男人的地方，从原先欣赏他的地方重新看起，这是一个方面。

另一个方面，夫妻之间最终的乌托邦的关系，一是父女关系；二是母子关系。夫妻关系是不能长久的。

为什么夫妻关系不能长久？因为夫妻关系是契约关系，任何的契约都可能被打破，现在这个时代就更不用说了。男女结合，形成婚姻，是个非常复杂的过程，一般人全力以赴都根本驾驭不了，何况还要给这些人以退路？他们试试走不下去，就准备离婚了，这就是为什么现在这么多人离婚的原因。

所以，大家指望一个婚约来保护婚姻是根本不可能的。世上的人们常说："要化爱情为亲情。"怎么化爱情为亲情？夫妻关系的亲情走向只有两个：父女和母子。

女人仰视男人，崇拜男人，会给男人滋养，让男人有做男人的力量。这是夫妻之间的父女关系。再一个，女人包容男人，照顾男人，安慰男人，会让男人安心，这是夫妻之间的母子关系。

也就是说，夫妻关系中女人对男人，第一是找到男人的优点去崇拜他。这个崇拜要明确地告诉对方，要让对方感觉到你的欣赏，最好你是由衷地欣赏他。如果你是由衷地欣赏他，都不用想怎么去表达，对方自然就能感受到力量。大家都见过，恋爱中的女孩子看自己喜欢的男人时，那种眼神让人感觉到的是发自内心的纯粹的甚至是痴迷的爱。女人真的欣赏一个男人的时候，这个男人一下子就会感受到力量。第二，当女人发现男人不够成熟、不够智慧、有一些缺点的时候，要去包容他。为什么要包容他？因为他有小人自我。为什么要崇拜他？因为他有小人自我。他是自以为是的，他是喜欢肯定、讨厌否定的。说到这一层大家就会明白了。

反过来，我们看夫妻关系中男人应该如何对待女人。

男人如果能看到女人像看到女儿一样可爱的地方，他就会对女人产生由衷的怜爱，总是想着去怜惜和爱护她。这是夫妻关系中的父女关系。再一个，当男人看到女人唠唠叨叨、过于关注细节、关心自己时，把她当成母亲来看待。这是夫妻关系中的母子关系。

夫妻之间乌托邦关系的假定，基于大家都有小人自我。当你真的理解透男人、女人都有小人自我的时候，你就知道夫妻关系的父女和母子走向是对的。做到极致，夫妻就是父女，就是母子。

什么叫极致？父亲对女儿，无论怎么样都会接纳、都会爱护的。她无论多么笨，哪怕她什么都不会，父亲也会对她又爱又怜，所以，一般称女儿为掌上明珠。她有什么缺点我都可以包容。母亲对儿子同样如此。无论男人遇到什么困难，母亲总会让儿子靠在自己的肩膀，拍拍他的后背，轻轻地告诉儿子：没关系，妈妈相信你，你会成功的！

夫妻幸福之道，给出了夫妻终极的乌托邦关系：父子关系和母女关系。对此，大家不一定能马上做到，有的人甚至连接受都比较困难。以下是我和学员在网络课上的对话实录。

学员一："对父女和母子关系没感觉。"

我："没感觉你就一定不幸福。人性如此。你逆着人性，就肯定难受。"

学员二："他老是贬低别人，还要包容他吗？"

我："你根本不包容他。当一个人还在说别人不好的时候，你肯定没有包容对方。我们要包容别人的小人，检讨自己的小人。你这句话是在埋怨别人。夫妻幸福之道的核心大家明白吗？核心就是相信双方都是小人，然后反思自己的小人，包容对方的小人。知道对方是小人，所以对他的优点要崇拜；知道对方是小人，所以对他的缺点要包容。大家真能把小人理论弄透，人生就轻松拿下了。"

学员二："我和儿子都讨厌他的说话方式，很令人气愤。"

我："你只要抱怨别人，你一定不幸福的。"

学员二："我算不算小人？"

我："这话一问出来，就知道你肯定是小人。我提示大家，你们也别问，只要想问自己是不是小人的，我都给你一个肯定的答案，你是小人。不需要问的。

"我提示大家，人性如此。当你悖着人性时，你就必不幸福。我们讲幸福之道，如果你逆着幸福之道来，你就一定不幸福。如果有人说：'唐老师你说错了，我就是逆着幸福之道来，并且我们很幸福。'我会说你不只是不幸福，还在装幸福！

"唐老师是不是很自以为是，很小人呢？提醒你们，向身边去看，凡是逆着幸福之道来的，你们看有没有幸福的人？还是那句话，人性如此。逆着人性走，你就不可能得到幸福。"

学员三："所有的都顺着他吗？"

我："这句话一问出来，就知道这个女人是不幸福的。你记着，一个人不回身反思自己，老盯着别人，你就一定会难过的。先反思自己。比如说，我已经在崇拜对方的优点了吗？我已经在包容对方的缺点了吗？我自己在按夫妻幸福之道做吗？提示这位学员，如果你按我说的做，你会变得幸福；如果你按你那个心思做，你就一定不幸福。并且你这样问时，你就在不幸福之中。"

学员二："把自己当圣人吗？"

我："你别管自己当什么，关键是你现在幸福吗？如果当圣人你就幸福，你当不当？所有的学员大家都来回答一下，如果你自己必须当圣人才能幸福，你当不当？是不是就咬紧牙说，我宁可不幸福，我也不当圣人？大家当还是不当？"

学员四："什么叫当圣人？"

我："按我刚才说的，崇拜对方好的，包容对方不好的，你这样做就叫当圣人，这样你就幸福。不愿意当圣人的，就接着难受。

"大家记着，上我们的家庭幸福之道课，我是在帮大家找到必然幸福的因果关系。我说的幸福之道，你只要做到就必然幸福，做不到就必然不幸福。做不做，由大家。欢迎大家一直难受，一直交费上我们的课。如果什么时候你不想难受想幸福了，照我说的做。"

学员五："自己是圣人了，还有什么缺点呢？"

我："我才不管你有什么缺点呢，我只是告诉你这么做你会幸福。你爱有什么缺点有什么缺点，这个我不管。"

学员六："唐老师这次分析得非常精辟。"

我："哪是这次啊！这话偏见太大了！只是这次吗？"（笑）

学员五："损害自己的小人心，呵护对方的小人心，就是损己利人。"

学员六："不是损己利人。只要他好了，自己就是最大的受益者，何来损己呢？"

我："能理解到这一步非常好。这就是'六根清净方为道，退步原来是向前'。"

学员七："为什么说这就是'六根清净方为道，退步原来是向前'？"

我："能做到损己利人，就是六根清净，损己就是退步，利人就是向前。"

在夫妻相处过程中，大家在决定如何做之前，先要思考一个问题：自己到底想要什么？

你想要和对方成为一对幸福的夫妻吗？你想让自己在夫妻关系中感受到幸福吗？

如果想，很简单，照夫妻幸福之道来做，你们一定会成为一对幸福的夫妻。

案 例 │ 优秀女人怎样改变在婚姻中的强势，重新找回幸福？

致女人们：如果你是强悍的老鹰，就不要期待男人把你当小鸟一样呵护。你是想愚蠢地做老鹰，还是想智慧地小鸟依人？

孩子一直学习成绩不错，可进入高二后直线下滑，我和孩子都很着急。很幸运的是看到了唐老师的博客文章，文章中谈到的学习浮躁现象正是孩子身上的问题，于是去年我带着孩子参加了一期小班和一期认真能力训练营，感觉很有收获。尤其是唐老师给家长上的心法课，其中关于夫妻的沟通对我触动很大，我开始认真地思考我的婚姻。一直以来，我都想不明白，我是这么优秀的女人，为什么老公和我的关系发展到今天的地步，几乎无法交流？一说话，就是观点不一样，于是干脆不说，可心里是生气的、憋闷的。我感到一筹莫展，毫无办法，因为我始终认为自己优点很多，是老公需要改，可他又不改。我无奈了，心灰意冷地想：就这样凑合着过吧。

上了家长课后，我反思自己：这样凑合着，家里的空气是冷冰冰的，我的心是烦躁的，于是对老公、对孩子说话的口气带着怨气和不满，很难在家里看到我脸上有笑容。我自己不高兴，我的家人也不快乐，甚至影响到了孩子的健康成长。我要改变这一切，我要改变我自己！因为这一切的结果都是我造成的，我一直沉浸在别人的赞美声中，漂亮、有能力、温柔、有女人味……我从来没有意识到自己是一个强势的女人，我也不愿承认。

唐老师给我指出来，我才恍然大悟，我总认为自己是对的——自以为是，只要对方的观点与我不同，我会用各种证据说明自己是对的，时间长了，他就不愿和我说话了，而我却在抱怨他，怎么总不和我说话呀。我平时说话都是以商量的口气，我以为我很温柔，事实是当他有反对意见时，我就不高兴，于是不管他的想法如何，我行我素地去做。还记得孩子四岁时，我跟他商量，想带孩子去上海玩，他不表态（其实不赞同），我不管了，买上票带着孩子就独自去了上海，心里隐隐不高兴，抱怨他，不给我们打电话，不接我们……

唐老师一语点醒梦中人，今天回过头看看，我必须承认我的强势，一直在家里指手画脚，当老公、孩子不听我的时，我就不高兴，不会考虑他们的感受如何。我要怎样与老公沟通呢？唐老师说："你要摸着他的心说话。"

于是回到家，我有意无意地与他聊起学习的内容，其实也是想向他表达我的歉意，那就是："我以前没意识到，这一切不好的结果都是我造成的，我要好好听课，改变自己。"老公再表达任何的观点时，尤其与我意见不一致时，我先接纳，想着：他是对的，他一定有他的道理。当我这样做时，我发现老公变了，他愿意和我说话了，也不这么冷了，我的心暖暖的。

习惯还是难改的，有时又想证明自己是对的，老公辩不过我，抱怨起来："你学的什么呀，有什么用！"我立刻闭嘴，可心里委屈：我这样不容易地改变自己，你还有意见。我就打开唐老师的录音听听，心里逐渐平静下来：我应该高兴，因为他愿意向我抱怨了，这是他在向我敞开心扉与我交流，而我压抑了他这么久，他比我有更多的委屈。然后，我心平气和地与他说话，认可他的观点。我发现，当我肯定他时，他也会从我的角度考虑问题，其实还是我获益：老公心情好了，我也开心了。

一有空我就会看看唐老师的必定幸福定律，反省自己，平时对老公、对孩子、对家人的抱怨、不满，真正的原因是我的心不干净，我对他们的爱是有条件的，正如唐老师所说：每一句话的背后都是一颗心，对方能感受到的。当老公玩游戏时，我就很烦，就会说："你怎么不来帮我干家务，我累死了。"可他仍然在玩，我就会生气，说话的声音都会提高。结果是都不高兴，关系越来越不好。学过平等思维后，我知道：这是我的心对他不满，认为玩游戏就是不上进。现在，我不会再有这种想法了，当他玩游戏时，我会站在他后面，给他揉揉肩，看看游戏，没想到的是，很快他就不玩了，走过来陪我看看电视、聊聊天。当老公做饭时，原来总会观点不一，为避免矛盾，我就独自看电视等着。现在变了，他说怎么做我都拥护，心甘情愿地听他的，给他打下手，并告诉他，和他一起做饭的感觉太好了、真幸福。吃饭时，心情好吃什么都香，他的心情也非常好，会和我说很多呢，家里的气氛真有家的感觉，连孩子都说："你转性了，爸爸也转性了。"看到老公的变化、孩子的进步，我每天都很开心，因为我的改变，我收获着快乐，我的家人也感受着快乐；因为我的改变，我周围的人都在变，我的世界都在变，生活真的越来越美好。

暑期训练营结束后，我看到了自己的不足，还需要再提升。唐老师分析的《结婚十年》，我印象很深刻，女主人公的身上有我的影子，我平时说的话、做的事都在打压着老公，没有给他力量。我要不断地进步，真心欣赏我的老公、崇拜我的老公，把他说的话当话，把他说的事当事，让他充满自信、充满力量。

我要做好自己，让我身边的每一个人都感到自在、舒服。我会不断地提升自己，因为有基地的老师们支持、帮助着我，我不期待回报，让改变的我去影响我身边的每一个人，给他们幸福、快乐！

谢谢唐老师！谢谢基地的老师！祝基地能帮助更多的人找回幸福！

第二节

✿

答 疑 环 节

问题1：两地分居，我该怎么改善夫妻关系？

学员提问

目前老公和我在两地上班。他是在孩子一年级的时候去外地创业的，但是创业的路程并不顺利，一开始还好，后来与别人有肢体冲突，也有财务官司纠纷。我觉得他做事情的方式不好，经常与人产生矛盾，这样的话怎么能顺利呢？他对我的怨言也很多，有一次沟通的时候，他说我对他不关心，他的死活都没人管，说我不信任他。这段时间我虽然想改善夫妻关系，但是他的事情很不顺，似乎根本不能理会我。有时候电话沟通，如果他不说他的工作事宜，我一问，他就多心，以为我要责备他。夫妻关系不亲密，我应该怎么去改善夫妻关系？

唐老师解答

这位女士说，"他对我的怨言也很多"，大家看得出她老公为什么怨言很多吧？因为这位女士，一上来就是说老公不好，也就是说这位女士"口臭"（说话否定对方），不接纳老公，所以他肯定怨言很多。

"这段时间我虽然想改善夫妻关系，但是他的事情很不顺，似乎根本不能理会我。"我们看这位女士，她不是说"我去接纳他"，是"他不能理会我"。

这位女士在干吗？

在改变自己呢，还是在改变对方？

这就是典型的愚蠢模式，就是"如果他能理会我，如果他能听我的，我就幸福了"。这就是这位女士的模式，这叫愚蠢模式，不幸福模式。

"有时候电话沟通，如果他不说他的工作事宜，我一问，他就多心，以为我要责备他。"为什么会这样？因为凡讲到他的工作，你总是责备。你肯定会说："唐老师，他确实没做好，不是我责备他，而是实事求是地说，他做的就是不好。"小人就是这样的，你永远没错，但是你会让他觉得你"口臭"，讨厌你。

假定你老公就是没做好，你是希望你们夫妻关系很好地没做好，还是他没做好你们夫妻关系也不要好？

你到底要哪个？

就这么简单。

是你"口臭"，明白吗？

那么知道了，怎么办？

从"怨我"（矛盾解决三步法第二步）开始，从接纳（和谐沟通三步法第一步）老公开始，写夫妻幸福日记，写暖言，怨我。

这位女士，我很负责任地告诉你，一点都不打折扣地告诉你，你是典型的"口臭"，你老公一定很讨厌你。他现在已经很敏感了，只要你提工作，他就觉得你在找事，你的"口臭"让他非常不自信，所以他很不舒服，很不愿意跟你聊天，很反感你跟他聊天。你要去接纳，要去"怨我"，要鼓励老公，相信老公。

如果你了解他的工作你就烦，那你就不要去了解。

你为什么非要去了解？

等他有好事的时候他跟你讲，不跟你讲的时候你就不要问。等他回来你就做点好吃的，不要去讲别的，这就好了。

你只要听我的，就改善。

如果你不听我的，继续这样下去，他又在外地，很麻烦的，警告你。

问题2：为报复老公而出轨的女人，为什么不开心？

学员提问

我跟老公关系不好，老公在外面有别的女人了。我给老公生了个儿子，把儿子带得非常好，学习很好，也非常听话。我把家管得非常好，而老公出去跟那个女人在一起。那个女人所有的方面，从工作能力到长相、素质都不如我，所以我就很难过。有一个男人一直追我，对我很好，我没有对他有过任何的表示。但是，后来因为老公这边老是这样，我心里很烦，偶尔就跟他聊一聊，结果后来就出轨了。出轨以后我就发现一个问题，每当我一出去，老公就会查我，比如打电话问我干什么去了，是不是跟别的男人怎么样了。这时我就奇怪，明明是老公出轨在先，但是当他问我的时候，我心里反倒觉得很不安、很不舒服。要说老公是先出轨的，他凭什么还这样理直气壮地问我、查我呢？现在我已经跟那个男人断了，因为我发现自己出轨并不开心，老公查我的时候我心里很不舒服，因为和那个男人有过这事儿，心里又很慌。我想请教唐老师两个问题：①老公出轨，却好像什么事都很顺。他做了不好的因，为什么因果报应没有报应到他身上？（为什么他没有得到不好的结果）②我自己很不开心，怎么能够开心？

唐老师解答

我先回答第一个问题。

其实这个女人的老公已经受到非常不好的果报了。

各位学员，大家想，当一个女人一心一意地对一个男人好，而这个男人去出轨、去背叛她的时候，他就在伤着这个女人的心。也就是说，她的老公第一失去了一个一心一意对自己好的女人的那颗心，原来对自己那么好的一个女人已经不存在了，她再也不可能像以前那么一心一意地对他好了。这是第一个不好的果。

一个男人自己出轨的同时，他就在给原先一心一意对自己好的女人一个打击，让这个女人看到"我一心一意地对你是不值得的"。这个女人一次一次地伤心，一次一次地伤心，直到心被伤透。

这个女人的出轨本身就是对她老公最大的打击。她说："也许我出轨他根本不在乎呢。"不是的。也许她老公知道他找了那么一个女人导致自己的老婆出轨，他会后悔死的。对于男人来说，他自己出轨不觉得有什么，但是自己的老婆出轨，戴绿帽子，这种打击是非常大的，就是他找一百个女人，也顶不住老婆出轨对他的打击。所以，他不知道老婆出轨还好，如果知道的话，他肯定后悔得要死。这是第二个不好的果。

我们再说第二个问题。

这个女人说："我自己很不开心。"你不开心很正常。因为，你的出轨看似在报复老公，但是，你是一个有良心的人。你的出轨本身依然是一个错误，因为你是在婚姻当中，出轨就必会导致你自己不自信，不能心态很平和。你的不安心、不自信、不能理直气壮地说话，就是你自己出轨的一个不好的果。

你跟那个男人，只要你们两个还会出轨，还会做你在婚姻当中不该做的事情，你就必然会不能理直气壮，必然会不安心，必然会让自己觉得自己像个小偷一样，即使你是受害者，也是如此。

那么，怎么做呢？

如果你跟老公真的过不下去，去离婚。离婚后，假设你觉得这个男人好，你再跟他发生关系，去结婚去怎么样，都是正常的。这样你会很坦然。

如果不离婚，怎么办？

从婚姻的角度来说，你是在婚者，你跟第三者发生不正当的性关系是不对的，但是你可以跟他有正常的关系，比如你们只是做朋友，这个时候你就可以生活得很踏实，再也不受那种不自在、不自信的苦。老公问的时候，你不用说瞎话，也不用去解释什么，你会理直气壮、心安理得。

如果你在婚姻之中与第三者发生不正当的性关系，你想做到心安理得就很难，而且越学平等思维、越学佛法越难。

为什么？

因为学平等思维、学佛法，会让一个人变得越来越坦诚。

大家知道，我们现在世俗中的人，一个普通人撒个谎太容易了，他可以轻易地撒谎。但是学了平等思维后，大家在变得坦诚，再撒一个谎就非常难。

大家跟着我学平等思维，我只能教大家好，我教不了大家不好的，大家知道吗？

我不可能教大家"他出了轨，你也出轨，给他戴绿帽子"，不可能教大家撒谎。

大家跟我学平等思维，我只能教大家去使一个家庭变得更好。

如果你确实觉得过不下去了，当你真正选择离婚的时候，我依然是支持你的，但是我不会支持你撒谎，我也不会支持一个人在婚内出轨。

我只教好的。

我教大家的这些，都是教大家变得安心，变得理直气壮，生活得很踏实。

第三节

作 业 点 评

找到配偶的优点去欣赏他，找到他的缺点去包容他。写出自己具体是怎么做的，怎么欣赏对方、包容对方的。

作业1：晒一晒我的幸福

学员自述

6月13日，这一天唐老师的家庭幸福之道课要讲夫妻幸福之道。恰巧这天是我和老公结婚16周年纪念日。为了不耽误听课，老公就近请我们吃完饭后，我就匆匆跑回来了。晚上通过听唐老师的课，让我对夫妻幸福之道有了更深的感悟。

听完课后，我静下心来，好好回忆了我们 16 年来一起走过的日子。老公身上的优点太多了，我写下来读给他听，也算是给他的一个礼物吧。

优点一：老公长得很帅。他个头虽然不算高，但是白白净净的，很耐看。

优点二：老公爱干净。每次出门前他都会把自己好好收拾一番，从来不让自己邋里邋遢地出门，总是精精神神的。这一点得到了大家的一致认可。

优点三：老公爱劳动。他回家早了就会擦地。每次吃完饭总是主动刷碗，帮我分担家务。去超市买东西时他总是主动拿重的东西。

优点四：老公很孝顺。和我的父母同住了十几年，他从来没和我父母发生过口角红过脸。每到父母的生日，他总会请父母吃饭，给他们买东西，节假日还经常带父母出去旅游。

优点五：老公爱学习。他平时爱看书，家中书柜里的书很多。他看书很杂，知道的东西很多，所以朋友的孩子都把他当偶像崇拜。

优点六：老公人缘好，朋友多。朋友找他帮忙，他总是尽力而为。

优点七：老公脾气好。我脾气不好冲他发火时，他总是不说话，等我气消了再和我说。

优点八：老公善解人意。当我在工作中遇到麻烦和他说时，他总是很认真地听，帮我排解心中的烦恼。

优点九：老公很信任我。家里的一些事情总是让我做决定，有时就算我做错了，他也不会太埋怨我。

……

老公的优点真的好多好多，就像唐老师说的，老公真的是既会做儿子也会做父亲。那天我把自己的幸福感写下来发到了 QQ 空间中，第二天同学看到说："天天看你晒幸福，真让人嫉妒啊！"我说："我真的感到很幸福！"

唐老师点评

学习家庭幸福之道的课程，大家认真地写作业就是在晒幸福。如果你认真学习、认真写作业，你写出来的文字就是在晒幸福。

这位女士如果不是真的崇拜自己的老公、爱自己的老公，她就写不出老公这么多的优点来。我们能明显地感觉到她字里行间洋溢着对老公的爱。

她对老公的爱应该是本来就有的。学习家庭幸福之道课程，帮助她更加真切地感受到了老公怎么好，这个时候她的幸福感会自然而然地洋溢在字里行间，洋溢在自己的生活当中，所以说写出来挂在博客里、微博里，别人会羡慕、会嫉妒。

其实赢得别人对你的羡慕甚至嫉妒不需要你多拥有什么东西，只需要你很欣赏你的爱人。

一个老说自己老公这不好那不好的女人，你把这些抱怨发到博客上，没有一个女人会欣赏你，同时你可能会遭到很多滥男人的骚扰。所以，去看自己的配偶有什么不好，永远是非常愚蠢的一件事情。但是，总有聪明的男人、女人只会看对方的缺点，看完以后自己很难受，还把这个难受归罪于对方，觉得自己找到对方很倒霉。其实是对方找到你，找到这个只会挑毛病的讨厌的你才倒霉呢！

只要不欣赏配偶，这个人的婚姻就一定不幸福。

不欣赏自己的配偶，自己就不会幸福。这种人看似聪明，实际上是天下第一傻蛋。你觉得自己很聪明，觉得自己比配偶强很多，但当你是这样的心态时，你的幸福感很差，别人也不会羡慕你。

这话说出来不好听。但是，有这样想法的家长，请你反思一下：感觉自己的配偶很差，你还能够幸福吗？感觉自己的配偶不好，你还觉得很幸福的人，有吗？再一个，你认为对方不好，对方会觉得幸福吗？所以，认为自己很聪明，老觉得对方不好的人，实际上自己才是傻蛋。这实际上是一种很愚蠢的做法，但是这么做的人往往又自以为聪明。

这位女士这么幸福，我们随喜她的幸福。

所有的家长们，看到人家夫妻恩爱，我们要去从心里产生喜悦，赞叹人家，向人家学习。看到人家能帮助孩子逐渐改变，觉知力在提高，我们也要随喜，向人家学习。这是最聪明的做法。

当别人在说自己有了进步、傻傻地为自己的进步而开心的时候，如果很不屑地说："哼，傻蛋！"这样的人自己不一定是幸福的。

赞美别人的进步，跟别人一块去为别人的进步而开心欢喜，这就叫随喜。

随喜是一个很好的品质，希望所有的家长学会随喜他人的进步。

作业2：顾家的爱人

学员自述

我爱人身上优点很多，其中之一就是很顾家。

由于工作关系，我时常加班，平时每周也只休息一天，除春节外，基本上没有假日。他是所有的假日都可以休息的。在假日里，他不像别人一样外出游玩或呼朋唤友，除带孩子回家看望父母外，便是在家里做家务。

洗衣、做饭、打扫卫生，他样样都行。在假日里我一回到家就会有热饭在等着我，我们换下的衣服也都被他洗干净了，只等我回来熨。当我忙碌完一天，回到窗明几净的家时，心情会很好。不过按现在看来，我没有表示出来，没有感谢他为家庭的付出，只是觉得自己很辛苦，他忙家里的事是应该的。

我把写好的这些话给孩子看。孩子看了说："你把老爸写成家庭'主妇'了。"我说："那还写些什么？"孩子说："要写他少言寡语。"

唐老师点评

这份作业里面，这位女士看起来很欣赏老公为家庭的付出。当然，还存在另一种可能，就是她实际上不欣赏他。为什么？从孩子的话里就能看出来："你把老爸写成家庭'主妇'了。"

这位女士的丈夫是一位体贴顾家的丈夫，如果她心里特别希望有一个在外面很有出息、很擅长社交的丈夫，那她丈夫的这些优点也许就会变成缺点。

这位女士在欣赏了丈夫那么多的优点后说了一句话："当我忙碌完一天，回到窗明几净的家时，心情会很好。不过按现在看来，我没有表示出来，没有感谢他为家庭的付出，只是觉得自己很辛苦，他忙家里的事是应该的。"学习过平等思维后大家都能看得出，在这句话背后，她对老公的崇拜感没有，或者说是不够强的。我说不够强，是也许她对丈夫有一点崇拜感，但是，对丈夫每天忙于干家务活心里是有点瞧不起的。

　　这位女士要反思自己的问题。你尽管写了这么多，觉得丈夫好，但你是不满足的。你对丈夫的欣赏、崇拜不足，所以，你的喜悦感不足。你这份作业，你写的时候，大家读的时候，感受到的喜悦都很少。

　　孩子提示你："你把老爸写成家庭'主妇'了。"你说："那还写些什么？"这句话的意思是，你老爸还有什么优点？孩子说："要写他少言寡语。"这些都是话里有话的。

　　孩子为什么要你写老爸少言寡语？少言寡语说明了什么？有一种可能是这个男人在家里不够开心，跟孩子、妻子之间沟通不够好。所以，这位女士的幸福感不强。

　　凡是对丈夫不够满意的女士，你要找到丈夫身上特别让你欣赏的地方。

　　有学员说："她丈夫真是个好男人。"但是，你不欣赏这样的男人的话，摊上这样的男人就不觉得是好男人。

　　女人很容易希望自己的男人在事业上特别有出息。如果男人在事业上特别有出息的话，又会抱怨男人对自己体贴不足。但是，很多女人宁可抱怨男人对自己体贴不足，也希望男人更有出息，事业上更成功。男人事业上的成功，会满足女人"我的老公很优秀"这样一个小人心。这一点女士们很容易体会得到。

　　我提示这位女士：你的丈夫把家收拾得这么干净整齐，他一定有非常细心、非常内秀的一面，你可能没有看到。你现在看到的只是他外在的一些表现，当你看到他非常内秀的那一面时，也许你会发现他真的很优秀，只是你以前没有发现而已。

　　这位女士的作业就是在完成唐老师的作业——唐老师让我找老公的好，那我就找呗！反正他也没有大的优点，也就是在扫地、擦桌子这些鸡毛蒜皮的小事上做得还不错呗！所以你写的这些就让人感觉不到幸福。可以判断，你内心的幸福感一定不强。你要去想自己丈夫身上优秀的地方，想一想自己当年为什么喜欢他。你要逐渐地体会到他到底有哪些好，有哪些值得你欣赏、崇拜的地方。体会到了，你就找到幸福了。

　　像这样的女士，往往都是心比较强的女士，属于聪明女士。这位女士，你的幸福感不太强，这是你要去解决的问题，否则不幸福的是你。

　　有学员说："他是在替你减轻做家务的负担。""这位丈夫深爱妻子。""要惜福啊！"这些话都是对的，但是对这位女士没有用。这就像有一个人在吃米饭，炒了一个菜就着吃，说饭菜不好吃。你对他说："还有很多人吃不饱呢，要惜福啊！"没有用的。他吃着饭菜不好吃还是不好吃。

这位女士要去发现自己的丈夫在什么地方是值得自己欣赏和崇拜的。你可以回想你们的生活，很多时候大家是不觉知的。就像刚才有一位学员讲的，她从外地准备坐车回家时发现没有车了，很慌。这时候就发现特别需要有一个人告诉自己该怎么做，她马上向丈夫求助，而丈夫则遥控指挥她坐车赶到另一个城市，再转车回来，并且提前赶到她下车的地方接她，让她感觉内心非常踏实。实际上这就是一个男人的力量，女人会缺这个力量的。

但是，这位女士可能会觉得"我丈夫不能如何如何，他给不了我什么，都是我给他"。你很聪明，但是不幸福，这种聪明要它干吗？真正聪明的女士要去发现自己的老公哪儿优秀，去由衷地崇拜老公。

我提示各位女士：崇拜老公不是给老公什么好处，而是自己会幸福。大家要好好体悟这句话。

有时候我跟一些不幸福的女士说："你要学会崇拜老公。"她们会说："他有什么可崇拜的？他有什么优点吗？天天忙些鸡毛蒜皮的事情，真没出息！"

当一个女人瞧不起自己的老公时，她一定不幸福。

一个女人跟一个男人生活在一起，如果你不崇拜他，你的幸福感是很差的。

女人崇拜男人，不是给他面子，而是拯救自己。

女人需要一个强大的男人。强大的意思不是说他非要去多么强大，而是你要去看到他的强大。

崇拜老公是为了拯救自己，是为了让自己幸福。太多聪明的女人不知道这句话。

你有一万个理由瞧不起自己的老公，但是，瞧不起自己的老公自己就不幸福。同时，大家也不会因此而更尊重你。各位女士好好反思这一点。

我有时候觉得很可惜：蛮聪明的女人，怎么就不知道崇拜自己的老公呢？提示各位女士，去找到老公可崇拜的地方，由衷地欣赏他。每一个男人，你选择他做老公，说明他一定有很优秀的地方。

相信自己的眼光，找到老公身上优秀的地方，让你们都变得幸福起来！

作业3：为老公做他爱吃的饭——夫妻幸福之道的演绎

爱一个人就是让对方在你身边感到自在；

爱一个人，就是在乎他所在乎的事，特别把他放在心上；

爱一个人，就是用一颗干净的心看待对方，不抱怨，不生气。

妻子反思

前些时候，因为孩子上高中，我每天下班后要去陪孩子，因此也没时间给老公做可口的饭菜（其实自结婚以来也没有用心给他做过，心中老觉得你上班我也上班，凭啥我给你做？原来你能吃上那是沾儿子的光。在我心中儿子比老公重要，所以做饭都以儿子的口味为主）。现在儿子上大学了，我想改善与老公的关系，从关心他的生活做起。

自国庆以后，我就每天早上5点多起来，给他做他喜欢吃的小米饭，做好后再凉凉，然后再叫他起床吃；晚上我们原来每天都喝米汤，我考虑到他每天中午在单位吃不好饭，他喜欢吃面，每天晚饭我都给他做面吃，再配上他爱吃的菜，我能感觉到每顿饭他都吃得很开心。有时因为他早上起床晚了，剩下早饭时，他会很不好意思地说：不是饭不好，是没有时间吃了。我想我要让他自在，不能因为我辛苦地做了饭，他却不按时起床吃饭而与他生气（有时叫醒他后他还会再躺一会儿），我会说：他赶紧上班走吧，怨我叫你叫得太晚，明天早叫你5分钟就好了。这在原来我是绝对做不到不生气的，肯定会与他吵。他工作确实很忙，他每天下班后，我不像原来那样支使他干这干那了。当然要说好听的话我也说不出口，他不主动与我说话时我也不怎么说（避免唠叨让人烦），但绝对没有抱怨。但就这样，我自己也感觉到家庭气氛和谐多了，心中很舒服。

原来我们夫妻关系很不好，主要是因为我太愚蠢，不知道如何做关系会好。我的特点就是表达能力较差，又不懂得接纳对方，大家每天就对抗着，而且因为结婚时，我的家庭条件比他好，自己感觉各方面都比他强，有种下嫁给他的感觉。因为自己的心不干净，所以许多年来，夫妻关系也一直不和谐，心中老想着驾驭对方，可人家又不听我的，这样又多了很多抱怨，感觉他这不行那不好。现在通过学习才知道，是因为自己太愚蠢了，不知道接纳他，现在我每天都在努力，每天让他自在，关心体贴他，在乎他在意的事。我相信，只要我坚持不懈地努力，好结果一定会不期而至。

唐老师点评

夫妻关系，我相信很多家长可能都会有这方面的问题，实际上夫妻关系是很难相处的。一男一女生活在一起，互相之间各有各的毛病，想生活好，想家庭和谐，确实是很难的。拿做饭来说，女人心里想：为什么我要做饭？我挣得不比你少，我也劳动一天。这种想法对不对呢？对。大家会发现，我们的想法都是对的。但是这种想法会导致我们之间不够和谐。女人也可以说，那为什么非要女人做，男人就不能做啊？男人当然可以做，但是你的这种想法在使关系走向和谐吗？我们要去看这个结果。

大家记着，我们不是要争一个理的对错，不是要争你说的对不对，而是要看你做的事情，你说的事情最后的结果在使事情走向正向吗？如果是，这么做就是对的；如果不是，你那个道理再对，也是错的。这一点希望各位学员好好去反思，你可能说的理是对的，但是你没有在使这个家庭走向正向，那么这样做就是错的。

这位家长在改善夫妻关系的过程当中，使用了好几个方法，包括家庭矛盾万能解决三步法，还有怎样让对方感受到爱……

比如：老公早上起床后时间紧，怨我，我明天早5分钟叫你；在乎老公所在乎的，让他在自己身边感到自在……

这几种方法，这位家长都用到了，并且我们看到，她还是在扎扎实实地反思自己，来解决问题的。她说期待着未来更好的结果，而我们看到，好的结果已经在慢慢地形成了，家里的气氛在慢慢地变得和谐。

给这位家长的建议是，在操作的时候，可以更加主动些，不一定是说好听的话，但是真心的欣赏可以表达出来。另外，夫妻两个去讨论讨论孩子，是很好的话题。

第十一章
幸福日记

通过发现并记录身边人的优点来让自己幸福。
不开心的时候，看看幸福日记就开心了。

第一节

✿

内 容 讲 解

一、幸福日记的缘起

家长看到孩子一些好的表现时，会感觉很幸福。比如孩子说了一句暖心的话，一盘菜端上来孩子先给妈妈夹一筷子，等等。

有家长曾跟我抱怨说："孩子就没有好的表现，让我怎么看到？"

其实没有孩子缺少优点，只是一些家长看不到孩子的优点。

一个对孩子不满意的家长，看不到孩子的好。而看不到孩子的好，家长就不会幸福。如果随时去发现、记录孩子的好，家长就会时时感受到幸福。

幸福日记是一个迅速提高人的幸福指数的手段。大家可能会奇怪，有时我也奇怪：我怎么会想出这么好的办法来？

这要感谢我爱人。

我爱人有一个特点，可能很多女性都有这样的特点：她对负面的事情记性特别好，而对于正面的事情记性特别差。每一次发生不好的事情，比如说我们两个闹别扭时，她就会把所有曾经发生过的不好的事情从头到尾复习一遍，一边复习，自己一边被这一连串负面信息打击得珠泪涟涟，而且她很享受这个过程，乐此不疲。也许第二天、第三天，接下来很多天，不断有让她感觉幸福的事情发生，但是，如果两个人再出现哪怕一次矛盾，她就会又把所有幸福的事情全部忘掉，只说不好的事情，不断地累积负面信息。她这么累积负面信息，且不说我会不会不开心，首先她自己就不开心。

一个人，如果你能够看到身边的人的优点或身边人对你的好，是对你自己的一个奖赏，不是奖赏别人。你去夸奖别人，去看到孩子的好，去看到老公或者老婆的好，并不是说你表现得非常大度，你在恩赐对方什么，而是你在恩赐自己幸福。看到别人的优点，是对自己的负责；看到身边亲人的优点，是对自己的恩赐。

有人会说："他有什么优点啊？就他那个样子还有优点？！"不是对方没有优点，而是你拒绝找，或者你缺乏发现的眼光。"凭什么我要找他的优点？他有那么多毛病，凭什么我还要去发现他的优点？"发现别人的优点，不是你在向别人施恩，而是你在奖赏自己。

越是跟身边的人沟通不好，就越会愿意找他的缺点，不愿意找他的优点，这是一种典型的愚蠢。其实，你不找对方的优点，是在将自己陷入困境，让自己难过。如果你去找对方的优点，是在奖赏自己，让自己舒服。

有一位家长说得好："找别人的缺点，就是让自己不开心。"

自己的配偶、孩子，你找他们的缺点就是让自己不开心，那干吗要找呢？但是，人就偏偏去找，非要自找不开心。这就是我们凡夫的颠倒。

凡夫就是烦恼之夫，就是自寻烦恼之夫。大家顺着自己的天性去做，结果往往就是让自己不幸福。比如我们太喜欢去找别人的缺点，而越找自己越不开心。为什么？因为你一般都是找自己亲人的缺点，你找外人的缺点人家懒得理你。找自己亲人的缺点会惹得亲人很烦你，而你也会很烦，这么做是不是很愚蠢呢？

一个找自己亲人缺点的人，是一个自寻烦恼的人，所以是愚蠢的人。

在我回答学员提问时，凡是遇到那种说别人有什么毛病、怎么不好，问自己该怎么办的，我会一下子把问题归到提问的这个人身上：因为你，问题就出在你身上，不在别人身上。比如问孩子不努力学习，孩子不用唐老师的学习方法，老公有什么缺点了等，我怎么办？凡是问这样问题的，都是愚蠢的。你如果问：我想帮谁做什么事帮不到，我该怎么办？这就好了。从埋怨别人到反思自己，想法一变，问题就越来越少，生活会越来越好。

271

一个人总是找别人的缺点，他自己不会开心的。帮助不开心的人变得开心幸福起来，这就是幸福日记的使命。

二、如何写幸福日记

第一个写幸福日记的是我爱人。我对她说："你把我们在一起时感觉很幸福的事情记下来，这样的事情很多的。你记不住不要紧，把它写到一个本子上，这个本子就叫作幸福日记。你每天都写一写身边发生的好的事情，比如我怎么关心你了，或者看到我有什么优点了。"这是夫妻幸福日记。

另外一种是亲子幸福日记。比如妈妈和孩子一起出门，孩子能帮妈妈提重物了，能给妈妈领路了等，让妈妈感觉到孩子长大了，为此而开心。类似这样的小事记下来，就是很好的亲子幸福日记。亲子幸福日记能帮助家长随时体会到孩子成长的幸福，常写幸福日记，家长会感觉孩子很可爱、自己很幸福。

实际上，回想孩子的成长过程，每个家长都曾经有过非常多的喜悦和感动。最早的时候，家长要拿着奶瓶喂奶，当孩子学会自己拿着奶瓶喝奶的时候，家长是不是很开心？一开始，孩子总是仰躺着，不会翻身，忽然有一天家长发现孩子会翻身了，正在床上翻来翻去时，家长的心里是不是充满了喜悦？最开始抱孩子时，孩子耸着肩，脖子一点劲儿都没有，支不住脑袋，家长要用手小心地托着他的脖子，他就是那种软绵绵耸着脖子的样子，根本不可能站住。当有一天孩子能自己稳稳地站在地上时，家长是不是心里乐开了花？孩子会叫妈妈了，你能不感动吗？孩子会叫爸爸了，你能不感动吗？孩子会自己吃饭了，会帮妈妈掂包了……孩子的点滴成长，记录下来都会让人内心充满喜悦和幸福。把这些喜悦和幸福拿笔写下来，也可以拍照片或录像记录下来，每一次回过头来看时我们都会很开心的。

用一些辅助的工具，把我们喜悦和幸福的场景记录下来，这样，当我们不开心的时候，就去看一看这些场景，避免头脑一下子进入一个负面程序，把负面的事情一件一件从头到尾想一遍，让自己越想越难过，最后感觉简直暗无天日，恨不得马上就离婚。

三、幸福日记的原理和效果

往深层分析，为什么幸福日记可以起到让人幸福的作用呢？因为我们的心情是受外界影响的，我们会心随境转。这里我有一个假定：大家的智慧水平还不够高。什么叫智慧水平还不够高？简单说就是大家看到一些好的场景还会很开心，看到一些不好的场景还会很难受。在大家智慧水平还不够高的情况下，我们就需要一些好的场景来影响自己的心，让自己开心幸福。这是幸福日记可以让人迅速变幸福的原理所在。

在我们身边的世界中，不好的场景和好的场景是并存的，常看好的场景人就会很幸福，常看不好的场景人就会不幸福。真正智慧的人是不受外界场景影响的，他的心是清净的，但是大家很难做到这样，所以，就需要多给自己提供好的场景。我们可以准备一个日记本，每天写孩子怎么好、怎么进步了、怎么让自己感动了，老公或者老婆做什么让自己开心了，把这些都记下来。

有人说："这样傻不傻呢？"如果傻能让大家开心，大家愿不愿意傻呢？如果聪明让大家难受，大家愿意聪明吗？俗话说傻开心，假如真能让自己过上开心幸福的生活，是不是傻一点也值得呢？我们的幸福日记课程，从某种意义上说就是在学习"傻开心"。大家的开心可能影响不了什么世界大局，但是，会让自己的孩子、老公或者老婆变得开心起来，这就很有价值了。

大家都要准备一个日记本，只要跟孩子或者老公接触，至少一天写一篇幸福日记，写出他们的好、他们的进步。如果和父母生活在一起，最好也能写一写和父母之间的幸福日记。幸福日记一定要真实，不能编。只要用心去观察，你就一定能发现和家人之间点点滴滴的幸福。幸福日记写出来，可以抽时间念给孩子或者配偶听听，和他们说一说自己体会到的幸福。也可以常常跟身边的同事、朋友交流，夸一夸自己的孩子和配偶怎么怎么好。当你成为这样一个徜徉在幸福中的傻开心的人时，你就会感染身边的人，使他们也尝试着去发现和品味生活中那些被忽略的幸福，变得幸福起来。

写幸福日记有美容的功能，所以特别适合女士。我们看到，凡是眼里满是孩子缺点的妈妈，她的脸都不太好看，长得无论多么端正脸上都没有光彩。尤其是那种觉得孩子没救了、问题特别严重的妈妈，她的脸给人的感觉整个儿就像苦瓜，笑都不会笑的。而那种经常能看到孩子进步的妈妈，脸上总是带着舒心的笑容，洋溢着幸福的光彩。

幸福日记会让人在外界条件没有什么变化的前提下迅速变得幸福起来，只要开始写，马上就会感觉到幸福。如果有家长说："我的孩子根本就没什么优点，整天惹我生气，他身上没有什么让我感觉到幸福的地方。"这么看孩子的家长，他的眼和心是瞎的，对孩子的好处视而不见。这样的家长需要好好学习平等思维，学习睁开眼睛打开心去发现孩子的优点。只有不断看到孩子和家人的优点，你才会生活得更幸福。

写幸福日记是一个很简单、很容易操作的方法，但一般人并不知道这个方法。当我们写幸福日记变得幸福起来时，一定要把这个方法传递给身边的人，帮助他们变得幸福起来。

四、写亲子幸福日记的注意事项

（1）细心发现孩子生活、学习中的点滴，找到正向的意义。

（2）直接表达出看到孩子正向、好的做法时，自己心里美好的感受。

（3）不要因为写不好、写不出而犹豫、拖延写幸福日记。即使感觉写不好，写不出，也要想方设法开始写，开始写了就会越写越好。

（4）如果自己发现不了孩子的优点，可以请朋友或身边其他人帮助发现，自己先记下来，然后参考着去发现更多。

（5）孩子常常做的好的事情，不要怕重复，要常常写出来。①常常写出来，孩子就能保持下去。有些家长会抱怨孩子好的事情不能坚持，我们保持对孩子的肯定、鼓励，孩子就会把好的事情坚持下去；②常常写出来，以免我们习以为常，忽略了这些点，把它们当成理所当然的，保持自己的敏感度。

（6）写完后读给孩子听，直接传递给孩子我们对他的认可、赞美。

（7）如果孩子强烈抵制不听，先不勉强，但是自己要继续保持做。——可以把幸福日记放在孩子容易看到的地方，创造机会让孩子看。

（8）如果在读幸福日记给孩子听时，对方表现出无所谓的样子，家长可以继续读，并且不要有情绪，孩子内心也许并不是这么无所谓——不要期待孩子坐下来目不转睛地看着我们，听我们读，有些孩子是因为听话时习惯做其他的事，有些孩子是一下子不适应妈妈的转变，妈妈只要做下去就好了。举例：某二年级小朋友，当妈妈把幸福日记读给他听时，他躺在被窝里，一边说"讨厌"，一边偷着乐。如果我们以往和孩子的关系不够好，想让孩子对我们的幸福日记做出积极的反应，可能需要更长的时间，家长一定要持续操作，以免前功尽弃。

（9）家长要善于发现孩子的优点，如果能看到孩子自己都发现不了的优点或进步，孩子会更开心。

第二节

亲子幸福日记优秀范例

很多人想写幸福日记，但不知道怎么写，这里我特别整理了一些我们家长学员们的好的幸福日记，提供给大家作参考。不用说自己写的，就是别人写的，我们看一看也会很为他们开心。

一、平等教育亲子幸福日记范本

范本1：

晚上到家，老公就在场地上，我拐弯下车，他迎上来帮我推电瓶车。我问："咋在这里？"老公笑："看到你了，特意等你的。"心里好暖。

孩子在厨房里，我喊了声孩子，孩子"哎"一声答应我。我进屋的时候，孩子过来了，大半月没见着了，娘俩儿拥抱了下，孩子说："老妈，赶紧吃晚饭吧，我都帮你弄好了。"我正往桌旁走时，孩子笑："老妈，要洗手。"我听了乖乖地往水池边洗手去，边洗边笑。

孩子回家，老爸给孩子准备了蹄膀汤，不油腻，看上去清清淡淡的。我吃晚饭时，孩子就陪着我，聊起这段时间的事情。我们娘儿俩聊着，老公洗衣服。一会儿吃好饭，孩子说："妈妈，我们去称重吧，我感觉这段时间没锻炼，重了。"孩子说，我就听，我说："好呀，一会儿咱们就去。"

吃过晚饭，老公在看欢乐斗地主，我和孩子牵手去砖桥的药店称重。一路上孩子走在外侧，我安心享受孩子给我的照顾。娘儿俩手牵手，孩子想到啥就说啥，和同学们的相处，高复班的两次考试，接下来各种想法、计划，我听了只有佩服、赞叹的份儿，孩子有想法就会跟我们提，决定了他就自己计划、执行。

到了药店，门口有人，我俩笑嘻嘻地走进去，直走到称重的秤那里，孩子先称，我也称了下，孩子说："老妈，我重了，这段时间没锻炼，就是不一样。"我笑："又不胖。"孩子笑："你的腿粗。"我哈哈大笑："那是我的腿，不许变成你的腿。"我是小个子，腿粗得很，孩子像我，腿也像我，我老说，孩子就记住了。

孩子听了也笑。我们往回走，到家，老公说："以为你俩在家门口走路，出来没见着。"我说："我们去称重了，在砖桥。"说了会儿话，孩子在房间里看福尔摩斯，见我过来，就跟我说了这次的剧情，问我："老妈，一会儿带你锻炼？"我答："好，我先去洗澡了，一会你带我。"

洗好澡，孩子在背古文，见我过来了，就开始准备带我锻炼了。

从基础动作开始，每个动作我做不了几个都累得不想动了，就耍赖躺地铺上休息。孩子笑着，继续一个动作一个动作地做，做完一个休息几分钟，到后来几个幅度大、难度高的动作，我根本就模仿不过来，是视频里那种难度最高、运动量最大的，他还是一丝不苟地坚持。我在边上说："孩子，这个我看着就吃力，我不看了。"又补充了一句，"孩子，你的肌肉都还在。"孩子边做边笑："我开始盼寒假了，寒假就可以天天在家锻炼。"我开玩笑："那咱们走读。"孩子笑：

"Are you kidding me?"

我回房间休息时，孩子还整理了他的衣服，那时候我和老公已经睡了。

范本2：

早晨，骑电动车送旷旷上学，刚走了没多远，旷旷就说："妈妈，车子爆胎了吧？"我说："没有啊，还能跑呢。"旷旷说："那是什么响呢？"我停下车来看，旷旷指着前胎说："你看！"果然是没气了。我说："你要不说，我都没感觉呢，反正骑着也能跑。"旷旷说："走路上打气吧。"旷旷很留意地看着路边的修车店开没开门。他告诉我，第一家没有开门。"妈妈，这个开门了！"我随着旷旷的提示停下车，旷旷飞快地跑过去问能不能打气，但店主告知不能。旷旷说："我坐 64 路车去上学，64 路车有专门的路线，比你骑车快。"不远处恰恰有一辆 64 路车过来，旷旷站在那儿等着，排队上车，我看到他走到车中门位置那儿，拉着扶手站着。

我看着车开走，向他挥手。

这一路的事，都是旷旷在指引着我做。这一段时间，感觉旷旷的独立能力大增。只要老妈不像裹脚布缠着孩子，孩子自然能自由舒展，脚踏实地，跑跳自如。

昨天，和旷旷一起研究他的一道被同学判错的数学题，他又按照同学的步骤改了一遍。我看后认为他本来做的是对的，并且思路非常简洁直接。同学的那个思路反而复杂。我把题目拍下来发给基地孙老师，请孙老师帮助让基地老师看一下，后来孙老师回复我，旷旷的思考深入，做的是对的。

旷旷最近两次数学考试成绩都是 90 多分，尤其在做分数加减时，在不大的位置里书写得很整齐。旷旷自己说："第一张卷子，最后一道题出错是因为急了，老师说做完卷子就可以做别的事了，我想赶紧做完，没有检查。"第二张卷子，旷旷做完后自己检查了一遍，检查出一处计算错误。静下心来检查卷子，让旷旷收获了进步。

这几天旷旷每天都会抽时间学一会儿英语，听单词、听句子，或者做一起作业网上的作业。昨晚旷旷在写完作业后主动说："我一会儿学会儿英语。"我在听唐老师讲《楞严经》时，旷旷叫我："妈妈，你把手机拿走吧。"（他当时在玩游戏，在没有人干涉的情况下，自己主动停下来。）好有自制力的小朋友！

范本3：

上学路上，娘儿俩牵着手聊着天，孩子说："昨天有小朋友说我是怪物。"我说："你听到了是不是挺生气的，心里很不舒服？如果是唐老师听到之后会怎么做呢？"孩子笑着说："唐老师肯定会不理他们。他们说他们的，他们说我是怪物我就是怪物了吗？我懒得理他。"受着唐老师的熏习，孩子的心态越来越好，越来越会积极正向地去处理和看待问题，妈妈欣喜着孩子身上的变化的同时，也暗暗提醒自己得加油学习，努力帮到孩子，做好亲妈。

下午去接孩子时，孩子喜不自禁地告诉妈妈，今天默写突破90分，老师在本子上批"进步了"，并在班里点名表扬。孩子说："别看老师平时又吼又叫的，我表现好了她还是会鼓励我的，不能改变别人，改变我自己吧！"唐老师的话又一次从孩子口里出来，孩子在觉知中体悟着，在体悟中成长着，妈妈暗暗佩服孩子。

范本4：

今天是母亲节，孩子拥抱着妈妈，祝妈妈节日快乐，并说晚上他来做饭，以此来纪念这个节日。下午老公到俱乐部踢球去了，晚上要和朋友们一起吃饭，孩子做完所有作业下楼找小朋友玩，下楼前再次提醒："妈妈今天你不要做饭，全部我来做。"妈妈欣然同意，提醒他自己注意时间，早点上来。孩子执行力真强，大概20分钟后不用妈妈喊自己上楼，就钻进厨房有条不紊地忙活起来。

孩子自己第一次尝试做猪肉泡馍，他在下楼前提醒妈妈只要把肉末切好，把蒜薹切碎，和面、肉饼等都由他来弄。妈妈坐在餐桌边嗑着瓜子，欣赏着不到10岁的孩子系着围裙熟练地干活，幸福感油然而生，忍不住拿起手机录下孩子忙碌的身影给老公看，老公回复："好儿子，爸爸爱你。"给孩子看爸爸回复的内容，孩子脸上露出笑容，干活更有劲了。

第一个热乎乎的猪肉泡馍出锅了，孩子招呼妈妈快来吃，不好意思地笑着说："妈妈，我第一次做，第一个有点粗糙，里面的肉没有完全包住。"妈妈说："你这样已经非常好了，妈妈都不会做呢，你太棒了！你怎么想出来做这个呀？"孩子说："我在书上看的。"妈妈说："你能够学以致用，太厉害了！"孩子说："第二个我要改进方法，把肉饼先夹进生的面饼里面，这样肉就不会出来了。"孩子细心地按着自己的想法实践着，大获成功，第二个泡馍特别完整、漂亮。

孩子说还想尝试做面疙瘩汤，自己又开始拿各种材料，不一会儿，热乎乎的汤出锅了，面疙瘩特别好吃。娘儿俩边听唐老师的课边安心、自在地吃着，所剩不多时，孩子说："妈妈，给爸爸留着点。"真是个贴心、孝顺的孩子，妈妈都没想到呢！

范本5：

今天女儿又去给她住院的舅舅送饭了。谢谢女儿能坚持给舅舅送饭，让舅舅吃得有营养，有助于他早日康复；让舅妈无后顾之忧，能专心照顾舅舅；也让我少了单位、家、医院几头的奔波。宝贝，谢谢你为我们这个大家庭的付出！有了你的无私奉献，我们大家都轻松了不少，谢谢宝贝！

女儿在家贴钻石画，一个下午贴了很大一片，而且贴得又整齐又平整，能把方钻贴得横成行竖成线，可见女儿贴钻时是多么专心，赞叹女儿持续的专注能力！

晚上我在写幸福日记的时候，女儿就在我旁边安静地帮我抄写经书。计划抄写的量抄完之后，又拿出她的笔记本开始抄写文言文。看到女儿这样静心专注地做事，我心里是满满的感动和满足。

范本6：

一早走进女儿的房间，就看见书包已经收拾妥当，桌上静静地躺着需要签字的家校本和英语作业本，还有一支笔。这么细心周到的准备，每次都让我好感动，谢谢女儿！

放学回来，女儿就开始补做社会作业，只见社会卷子上的问答题，女儿在原先概括好的答句下面，又用红笔进行了详细的补充，那么多内容，难怪课堂上来不及完成了。经过女儿的认真审题，二十道选择题竟然对了十七题！老师在卷首大大地写了一句话："有进步！继续努力，加油！"女儿开心地把这句话指给我看，她的努力得到老师的肯定，笑得特别舒心，写得更加专心了！谢谢老师！

女儿告诉我周六晚上同学约她一起看电影，她们都是二次元的爱好者，她要尽可能把作业在周六完成大半，这样玩起来更轻松。能与趣味相投的朋友一起去看场电影，放松地聊聊天真是不错的安排！

晚上买了棒棒糖给孩子，儿子说："妈妈，这么好的棒棒糖很贵吧，你给我买两块钱一支的就行了。"我问儿子："喜欢吗？"儿子笑眯眯地说："这种棒棒糖很好吃，就是太贵了！"呵呵，节俭的儿子想为我省钱呢。棒棒糖再贵，哪有我儿子的开心重要！

儿子做作业很专注，夜晚7点多就做完了数学、科学和语文，儿子笑着和我商量："妈妈，其他作业都做完了，我能不能复习第九单元的单词，听写十个？"儿子的提议很合理，会根据自己的情况来安排学习内容了呢，真好！

上了一天学，又抓紧写作业的儿子竟然不知不觉地睡着了。儿子累了，妈妈抱抱……

范本7：

孩子种的草莓有一个小果子已经红红的了，看着新鲜欲滴的草莓，心情特别好。因为是孩子的劳动果实，我和孩子爸爸一致让孩子先品尝第一颗劳动果实。孩子把草莓小心翼翼地摘下来，拿到厨房去了。一会儿孩子端着盘子出来了，一颗草莓被切成了三块。他拿起一块草莓放到他爸爸嘴里说："老爸，尝尝纯天然的草莓。"又拿起一块来到我面前："老妈，你也尝尝。"我和他爸爸都说："很好，真好吃，味道真好！"孩子这才开心地把剩下的那一小块放进自己的嘴里。

范本8：

今天老公值班，我和儿子吃完晚饭后，儿子要去买文具。我说："好啊，是你自己去，还是妈妈和你一起去？"儿子说："我自己去。"我说："包里有钱，自己拿吧。"儿子拿着钱出门了，大约20多分钟，儿子回来了，手里除了文具还有一个袋子。儿子一边换鞋，一边说："老妈，你猜我给你还买什么了？"我忙问："给妈买什么了？"儿子说："冰糕，给，你爱吃吧！"我说："嗯，爱吃！"儿子说："我就知道你爱吃，所以顺路给你买了几根，你选一根吧！我把剩下的先给你放冰箱里。"我忙说："谢谢好儿子，出门还想着给妈妈带好吃的。"儿子开心地笑了。看着儿子的笑容，我的心里比吃冰糕还甜！

范本9：

早上儿子8点半到班主任那儿补课。我看时间快8点半了，儿子还在慢悠悠地吃早饭，就提醒他上课时间快到了。

他惊呼："我以为是9点半上课！妈妈，上课时间和地点你还没发给我。"

我："啊！对不起！我以为我发给你了。"——儿子说了两次让我把补课的时间和地点发给他，我当时手上在做事，没发给他，我却以为发给他了。

我："下次我一定停下来，想到就去做。"

儿子："是我没做好，我没有继续盯着你要。"

我："孩子，你'怨我'做得真好。"

时间急，我决定送儿子去补课。导航说到班主任家5分钟，我感觉开了好久还没开到。

我有点焦急了："这路还挺远的，导航说是5分钟，这5分钟都过去了还没到。"

儿子不急不躁："管它说几分钟，你往前开就对了。"

我释然，安心开车："儿子你好智慧。不急躁，往前开，就是正因。"

10分钟后到大门口，儿子不慌不忙地下车，和我道再见。

这就是平等思维的孩子。

范本10：

今天儿子月考结束。吃晚饭时，儿子说："妈妈，我这次全考砸了。"我说："没关系，尽力了就好。"儿子吃好进房间，捧着手机吹着口哨。看到孩子阳光的样子，我欣喜，忍不住进去，说："孩子你太了不起了！这么积极开朗的心态。

唐老师说，过去的都过去了，已经翻页了。"儿子听到"唐老师"三个字，停下手机，盯着我，认真地听，边点头边说着："过去的都过去了。"原来儿子也知道。我心生欢喜，继续说："我们只管找出错因，改正，坚持做正因就好了。"儿子说："是的。"儿子继续玩手机。

我洗了葡萄给儿子，他边吃边玩手机。吃好，做作业。

我说："儿子，你好勤奋！妈妈向你学习，写暖言去了。"

范本11：

今天清晨，我开着车和孩子一起去学校

可意忽然说："妈妈，你真是雨神呀，你去北京，我们这里的天气多么好，得，你一回来，天气预报说要连下几天雨呢。"

我说："真是这样呀。那什么地方干旱，我一去不就解决了？"

可意大笑。

我接着说："照这个思路，我这个人应该是走哪儿就哪儿有雨，你和我在一起的时候就应该都是雨天呢。"

可意继续笑。

我接着问："笑什么呢孩子？"

可意说："妈妈，你太搞笑了，你说的那些怎么可能呢。"

我说："是呀，是呀，你看，这天下雨，真的原因在我吗？"

可意说："肯定不在你。"

我说："如果下雨原因不在我，而你错归因，认为原因在我。那么若是不想下雨，就在我身上想办法，这样能行吗？"

可意说："不行。"

我说："找到一个事情真正的原因很重要，找错了，再怎么改善，都不能真正解决问题。"

可意："是呀，错题分析三步法就是这么来的。"

交谈甚欢，我还想往下举例子，车已经开进了校园。小可意笑着下车，欢快地跳上教学楼的台阶，就好像蹦跳在我车窗上的一个小小雨点儿……

范本12：

中午，可意来我这里吃午饭，恰好遇到我的学生来问我问题。可意很乖地自己去一边吃，把办公桌让给我和学生。这次是一个功率的问题，弄懂之后，学生满意地走了。

然后我和可意一起吃午饭。可意好奇地问我这个学生的情况。我告诉可意，这是一个成绩不错的学生，高三学习很努力，300 分的满分，最近的模测一直保持在 250 分以上。他高一高二时贪玩，所以失分的地方，恰是个别很基本的小知识点。他来问时，需要拿着书帮助他落实到考纲上，落实到教材具体的那一页，直到他厘清。

可意说："是呀，现在我班里都是每教完一个模块就要测试的。测试是有点综合的，所以不容易。测试前，很多同学都会来问我。"

我说："你是怎么帮助他们的？"

可意说："需要时间，因为不弄清楚他们最基础的在哪里不懂，那么这样的题目怎么讲都很费力。"

我说："嗯，你做的和我刚才说的是一样的。真是太好了。"

可意说："基础真的很重要，平时的预习和复习有保证，又有好的方法，难题就不难了。"

……

午饭吃完后，孩子主动把桌面和饭盒收拾好，我给竖个大拇指，孩子开心而调皮地使了个眼神和我再见。

范本13：

和儿子约定好，23 日和 24 日儿子在京的生活由他自己处理，我则去天津找朋友玩。

我只是把儿子这两天要开销的钱交到他手上就行了。

我们按约定行事。

我 23 日早上就去了天津，24 日下午 6 点多才回到北京。

这两天，儿子自己去基地找老师上课，自己吃饭。晚上自己一个人住酒店，觉得没有伴，就邀请小赵老师陪他一起睡。第二天早上去基地上课，下午休息。这些事全由他自己说了算。包括他约好在离京之前要和老师、同学一起吃饭、娱乐。我都不参与，所有事都由孩子自己决定，自己处理。

晚上，儿子和老师、同学分手后回到酒店，一直对我说："妈妈，赵老师他们太好了，庄哥，还有晓伟老师、戴哥等，他们都对我太好了。真的，他们一直在教我，教了我很多东西，还告诉我要好好地读书。妈妈，我真的要认真地学习了！真的，这次我一定要认真了。妈妈，其实我们学校的每个老师都已经放弃我了，只有基地的老师，像庄哥他们，才会对我这么好！他们真的太好了，太关心我了。我一定要认真地学习，不然，我就对不起他们对我的好了。下次我还要来北京。以后我再也不会让马老表看不起我了！……"我说："好，妈妈支持你，也相信你一定能学习好的。"

孩子曾跟我表示过多次，要独自来北京学习，要自己处理自己的事情。以往我常常忽略孩子的要求，也没有意识到这是孩子在长大，孩子有自己要独立的意识。这次来北京，孩子让我看到了他的成长，同时也让我充分地相信，他会成为一个独立的优秀的男子汉的！

范本14：

终于到家了。累，可我按捺不住那一颗激动的心。

女儿长大了，学会照顾妈妈了。一路上，她拉着行李箱，背着包，还不时地回过头来招呼我，生怕把我走丢了，这在原来是没有的，我好欣慰。到西站候车室，人很多，没有找到座位，她把拉杆箱放好，说："妈，你过来坐这箱子上，要不你腿疼怎么受得了？"我说："你坐吧，我体重太重，怕压坏了箱子。"她说："没事，里面有钢圈。"说着把我拉过来坐在箱子上。好感动啊！上了火车，她知道我这几天腿病又犯了，因为我买到的是上铺，就主动地和下铺的一位青年男子说："我妈腿不好，上不了上铺，能不能换一下？"那位男士很爽快地答应了。女儿说："谢谢。"女儿给我又是倒水，又是脱鞋，又是按摩腿……一路上照顾我像照顾一个孩子一样，我好感动，好幸福啊！睡在铺上，我哭了，女儿长大了！

11点多了，老公没睡，出来迎接我们，为我熬了香喷喷的小米粥，也让我感动。

范本15：

看不到孩子优点的家长，就是一个瞎子。眼睛是瞎的，心也是瞎的。

这次来北京，儿子非常照顾我，看到我水瓶里没水的时候，他会主动地拿走，去给我倒水，我心里很感动。

在来北京的旅途中，他还专门挑重的箱子拎——因为我们这次来北京学习，学完后还要回山西老家，所以拿的东西比较多。他在路上时，就把最重的箱子拿上，让我拿轻的，跟在他的后面。

在北京车站下车时，儿子不让我把重箱子从车上往下搬，他自己先把一个重箱子搬下去，然后上来，再把一个重箱子搬下去。他说："那个东西太沉了，你不好拿。"这些细小的环节，我以前都不太关注。

到了北京西站，下车后，很茫然。这时候我儿子根本不用我操心，他自己全都包揽下来，游览线路啊、怎么走啊、从哪儿出站啊……我就好像一个小跟屁虫似的跟在他后面，什么都不用操心，一切搞定，一会儿就坐上21路车，到了站，我就觉得好省心，没有出远门的压力。

接下来到北京饭馆儿吃饭的时候，我和儿子各自点了自己喜欢的菜，当他觉得哪个菜很好吃的时候，他会说："妈，这个菜很好吃，你尝一尝。"

这些细节以前在我眼中都是视而不见的。

到了北京的宾馆时，他年轻力壮，很怕热，我身体不是很好，我又怕冷。他很顾及我的感受，会把空调的温度调高一些。

在宾馆的时候，我买了一些水果，他想吃的时候，会多洗几个，顺手给我，说："妈，给你两个，你尝一尝。"

后来来到基地学习，在学习完成之余，儿子一般能接纳我的建议，比如说，写写日记，写写一天当中的感受，记录一下自己的学习心得。这个我也是非常开心的。以前我让他写日记，根本就做不到，现在通过改善自己的接纳，我儿子也能接纳我的一些东西，我感到很舒服。

昨天儿子学习了数学以后，其实这一天已经学了很长时间了，晚上丁老师还给他布置了一个可做可不做的作业：借给他一本数学书，让他回去再看一看。他一般平常回去不学习，就是看看电视、玩玩儿手机什么的。昨天晚上回去后又把数学书看了看，我觉得很开心。

说实话，在来基地之前，他在家里是放假休息的，而在基地，现在是高强度学习，儿子一点都没有抱怨，感到学习方法很好，很实用。以前在家里学习40分钟，他都要吃点东西啊、看会儿电视啊、休息一下啊……来到这里以后，这么高强度学习，他一点抱怨都没有，而且还很开心，这一点我也感到很高兴。

儿子来到这里（基地），见到老师都会主动地打招呼，问好，很有礼貌。我也很开心。

我老公没有来基地，每天晚上儿子都会跟爸爸聊一聊他这一天学习的感受，跟他及时地交流。

孩子觉得这里的老师都很好，都是正向的，没有一点怨言。

我非常感谢我的儿子愿意和我一起来基地学习。他提高，我也在提高，我们都很开心。他不来，我也来不了，所以我非常感谢他。

我儿子在小班唐老师讲座中，能积极主动地配合老师上台做游戏，我觉得很开心。我看到他举手真的很开心，我觉得他积极，能给自己一些锻炼的机会。

现在孩子在基地学习完了后，若有想法愿意和我交流了，这在以前是做不到的。

范本16：

今天是中秋节，儿子爱吃饺子，我忙了一上午，中午还在包。第一锅饺子出锅了，我让儿子先吃，儿子夹了第一个饺子在他碗里蘸了醋送到我嘴里，并夹了第二个给他爸也送到嘴里，我们感到心里很甜蜜。晚上我们一起吃月饼，出去赏月，并放了一个许愿灯。一家人其乐融融，开开心心地过了一个中秋节，享受着家的温馨与幸福。

范本17：

开学第一周，儿子的状态不错，把基地学习方法的小册子带在身上，周末回来和我们聊了这一周在学校如何落实在基地学到的学习方法，并把学习中有困惑的题发给丁老师，周日返校时还把杨老师给他的英语学习建议也带上了，说要在学校落实。我们都为他的上进感到高兴。一家人从北京学习了平等思维后越来越能达成共识了，家里充满了温馨和谐的气氛，越来越幸福！感谢唐老师！感谢平等思维的老师们！

范本18：

今天老公把去基地参加训练营的儿子接回来了。看得出儿子很兴奋、高兴，他回到家后这看看、那摸摸，儿子想家了。他还不停地兴奋地和我说在基地的学习收获和各种活动情况及同学之间的趣事。这次回来的前一天晚上，他特意为爷爷奶奶、姥爷姥姥在稻香村排队1个多小时买糕点，为了买糕点还谢绝了同学看电影的邀请。另外，在北京期间去南锣鼓巷玩时他还给两个小弟弟每人买了一个书签作为春节礼物。他做的这一切都出乎我的意料，儿子让我惊喜，让我感动，儿子的成熟、懂事让我激动了好久。

范本19：

今天是儿子从北京回来的第一天，他肯定累了，就让他早晨多睡一会吧！不去打扰他。让我没想到的是孩子不到8点就起床了，我问他："你怎么不多睡会儿？"他说："睡不着了，这比在北京还多睡1个多小时呢。妈妈，快过年了，有什么家务活我能干的？您就说吧。"就这么简简单单一句话却让我心里暖暖的。我高兴地说："现在没有，如果有我再告诉你。"儿子说："那我吃完早饭去奶奶家看有什么需要帮忙的。"我连忙说："去吧！"儿子在学校连续两周上课、考试，再去基地学习10天，这期间没有休息1天，而且回到家还想着帮大人干活，儿子的懂事让我欣慰。

范本20：

今天是老家堂弟订婚的日子，全家老小不到上午 9 点就回到了老家。孩子几年没有回老家了，他热情地和亲戚们一一打招呼，连水都没来得及喝一口，就和几个叔叔去打扫房间，摆桌椅。中午吃饭时，因为亲戚多，摆了 10 桌酒席。儿子没有坐下来和大家一起吃饭，而是忙前忙后地端菜，像酒店的服务员一样地忙碌着，直到大家都吃完，才和厨师们一起吃饭。就这样他也没有怨言，而是兴奋、好奇，亲戚们一直在表扬他懂事、可爱，听得我心里美滋滋的，我为有这样懂事、能干的儿子而骄傲。

二、平等教育夫妻幸福日记范本

范本1：

下了一周的雨，今天终于放晴了，恰逢周末，儿子还在上学，我和老公到公园看菊展。公园里熙熙攘攘的人群，老公牵着我的手，我们来到山脚下。我笑着说："你看这里山清水秀的，环境也不错，多适合年轻人谈恋爱呀！我们那时还没有这么浪漫过呢。"老公也笑着说："要不我们再来谈一次。"

结婚二十年了，我和老公很少像现在这样悠闲地漫步在这样的环境中，多少个假日，老公都是在各种应酬中，我则终日忙于生活中的琐碎事。我们一直在赶，从来没有停下来享受从我们指缝中流走的日子。老公和我商议着等儿子上了大学，我们换辆越野车去旅行，不需要吃多好，穿多好，过一种简单的幸福生活。

回家的路上，接到儿子打来的电话："妈妈，我回家了，你在哪儿呢？""我在小区门口，快到家了。"儿子问："爸爸呢？"我说："跟我在一块。"

老公问："儿子在问我吗？"我说："是呀。""我儿子真好，在关心我呢。"老公一脸的满足。

以前老公忙工作，忙应酬，儿子从小到大跟爸爸在一起的时间很少，所以跟爸爸有些生疏。老公现在在家的时间越来越多，儿子每天回家没看到爸爸都会问爸爸在家没，老公也会提前给儿子准备好吃的、好喝的，还会开玩笑地说："我给儿子削好了水果，剥好了鸡蛋，只等儿子张口了。哎，哪有我这么好的爸爸呀！"

回到家，儿子在房间听音乐，我和老公在厨房也奏响了锅碗瓢盆的音乐。吃过晚饭，老公洗碗，儿子写作业，我读经。

当我们放慢脚步，静静地享受当下的幸福时，真的很自在。

范本2：

这辈子最幸运的事就是找到了我的"王子"，他就是我的老公。老公是我的初恋，不知不觉我们一起走过了二十年。老公比我大七岁，他处处包容、疼爱、呵护着张牙舞爪、恣意妄为的我。老公非常能干，多才多艺，不但歌唱得好，还踢一脚好球，炒一手好菜。最重要的是老公非常顾家，全心全意爱着家里的每个人。

老公在家时，我是满满的幸福。家里的地老公在拖，女儿的澡老公在洗，家里的菜老公在炒。只要老公一炒菜，我和儿子开心极了，满怀期待地坐在餐桌边等着老公把菜端上桌。老公是湖南人，湘菜做得比一般湘菜馆都正宗。老公做的牛肉炒萝卜、腊肉炒蒜苗超级美味，我和儿子对老公的手艺赞不绝口，一边大口大口地吃着香喷喷的菜，一边不停地说："太好吃了！我得吃两碗饭。"一家人开心地边吃边聊，怀抱着女儿的老公慢悠悠地酌上一口酒，乐呵呵地看着风卷残云、狼吞虎咽的娘儿俩，眼角的褶子也在欢快地跳舞。

最让我崇拜的是老公的事业心很强，老公一个人身兼数职，是讲台上侃侃而谈的大学老师，又是律师，又是多家公司的法律顾问。年前，老公接了一个标的特别大的案子，一波三折终于在乘高铁回老家过年的当天上午把合同签好了，老公舒了口气。我由衷地竖着大拇指，夸赞老公："太厉害啦！Number One！"老公笑着说："还得继续努力。"过完年回来的好几个晚上，家人都睡了，而老公的书房还亮着灯，还在加着夜班。我对老公的爱慕、疼爱之情更深。

另外一点，我很佩服老公对平等思维的接受能力之强。两年前我通过网络了解平等思维，当时我的周围无人知晓北京有个平等思维，我觉得唐老师理念很好，当即就瞒着老公给儿子偷偷报名，老公知道后居然欣然陪着我们一起北上。

刚开始老公对唐老师的课嗤之以鼻，更接纳不了上课前居然还读《金刚经》。而现在老公对我说"你要按照唐老师说的去做，关键是做"。有时我小人心起，在家里发飙，老公笑着哄我"唐老师的学生，我要告诉唐老师去，有个学生太不像话了，要唐老师来棒喝她"。

老公以前对儿子是"棍棒底下出孝子"的教育，因此年幼的儿子没少挨打，而最近这两年里老公几乎没怎么打过儿子，对儿子的接纳做得比我好百倍。

有一天，儿子的班主任对儿子说了一番伤人的话，儿子回来气得对我们说不去上学了。老公说好，咱们不去上学了，并把班主任臭骂了一通，让儿子把气当场都撒出来，结果儿子第二天开心地上学去了！而学了两年平等思维的我面对儿子说不去上学却说不出好，做不到"凡事说好"，做不到无条件接纳。老公没看过唐老师的三本书，也没怎么听过课，只是我偶尔在耳边吹了几阵平等思维的风，就能做得那么好，太让我刮目相看了！

范本3：

随着学习平等思维，越来越发现老公有好多的优点，这些优点在以前自己感觉都是应该那样的，甚至是还不够好，应该再好些。老公是一个不讲究吃穿的人。衣服、鞋子从不崇尚名牌，只要合身能穿就好。前几天我在网上给老公买了一条38.9元的牛仔裤，老公穿着感觉很舒服，就说这个裤子很好，以后就买这样的裤子，经济实惠。我当时没有说什么。周四的网络家长课结束，因为写作业，我才发现老公这个优秀的品质竟被我忽略了。

今天早上我边擦鞋边跟老公说："其实一直以来你都有一个很优秀的品质被我忽略，并且这个品质还感染着儿子，真的很庆幸我捡了个大宝贝。"老公笑着说："你这是学到唐曾磊的精华了，又感慨啥呢？"我说："你看啊，你一条30几元的牛仔裤就穿得很乐呵，你一直对穿戴不挑剔。你还记得我原来那个同事小冯的老公，他的衣服都要到卓展买的。上次我买这个牛仔裤的时候，我同事说真合适，想给她老公买，后来不敢买，怕老公嫌便宜不穿。所以我越来越觉得你真是太好了！"老公美美地说："这马屁拍的，我屁股都要拍红了。"我收拾好垃圾，老公拎着垃圾，开心地出门，上班走了。

范本4：

最欣赏老公的就是老公对孩子的鼓励和认可。

孩子由于其他原因转校，到了新环境很不适应，老师布置的作业孩子不做，考试成绩也不好，老师就天天给我打电话说孩子，有时我一天可以接到三科老师告孩子作业不写等事情，这样的情况持续了半个月，致使我的心情也不好，我就把这事告诉了老公。不过老公没有说孩子，而是找孩子聊天，问孩子遇到了什么困难。孩子告诉爸爸说："这个学校的同学我一个都不认识，我很寂寞，老师也找我的事。"老公很理解孩子，并告诉孩子："爸爸一定跟你一起渡过这个难关，爸爸也相信你，你有能力处理好这些事的。"老公说到也做到了，那段时间只要孩子稍有一点进步老公就鼓励孩子和认可孩子。那段艰难的时间终于度过了，孩子现在跟班上的同学相处得很好，孩子也很开心。孩子的数学和物理也提高得很快，在班上处于中上水平。理科老师告诉我孩子现在变化很大，我在这里要感谢的是我的老公。

我问孩子："你变化这么大是谁的功劳呢？"孩子说："我要感谢的是基地的杨老师和我爸爸，是他们的鼓励和肯定，才使我知道自己要做什么，自己也有了学习的目标。"

我和老公俩人聊天时，就说："真的，没有你帮我和儿子，我真的快被儿子的老师折磨得不行了。孩子也很认可你。我也很感谢你。"老公笑笑说："孩子现在也懂事了。"

这就是我心目中宽宏大度的老公，老公的优点还有很多。

范本5：

老公是医生，又是科主任，平时工作非常忙，很少和我们一起共度节假日和周末。但是他很顾家，每次只要轮休在家，他都会很麻利地帮我收拾家务，拖地、擦桌椅、买菜、做饭。

他的厨艺很好，只要他做饭，我和孩子就能品尝上一桌可口的美味，因此我们都很期待他在家做饭的日子。

40 岁以后，我的膝关节越来越退化了，因家住六楼（为孩子上学近一直没搬家），楼梯又陡又窄，每天上楼我都要拽着楼梯栏杆一层一层往上爬，很是费力，稍微用力膝盖就很疼。我每天要买菜，提东西上楼。只要老公在家，我一按门铃，他就会跑下来帮我提菜、背包，我拉着栏杆慢慢在后面上楼，但这样的时候很少。

今天是周一，老公中午给病人做手术没回家，下午下班我像往常一样，买了菜、牛奶、馒头、水果，还带回了要加班的案卷资料。因想着孩子在家复习准备明天的考试，我得早点赶回去给他做饭，就匆忙打出租车回家。到了楼下一按门铃，没想到竟是丈夫的声音，真是一个意外的惊喜！

他很快下楼来接过我手里的一大包东西，他还拿了一块擦桌布。我笑着说："你怎么还拿着这个下楼呀？"他说："我最近很累，今天下午在家补休半天，干了些家务，把楼道的栏杆扶手都擦了，以后你再抓着栏杆上楼就不脏手了。"

我进楼一看，果然从一楼到六楼的栏杆被他擦得光滑明亮，他不仅擦了大扶手还把每一个小细撑杆都擦得干干净净，这样无论我抓到哪里都不会脏到手了。呵呵呵，我非常高兴！边上楼边说："太好了，以后我就可以放心大胆地抓着栏杆上楼了。"

回到家里，看到他把家里也收拾得干干净净。儿子说："妈妈，爸爸干了一下午，一刻都没停，我要不是复习，也和爸爸一起干了。"我开心地说："你们俩都不错，一个好好复习，一个帮我干家务，你爸爸对我真好，把整个楼道的栏杆都擦干净了，真是我的亲老公呀！"一家人都开心地笑了。

接着我们又品尝了老公做的美味晚餐。要不是为了减肥，还想再多吃点！

今早上班，我抓着光滑干净的栏杆下楼，手上感觉很好，心里美滋滋地想：还是我老公好，楼道里的每一家人都可以享受到他的劳动成果。

范本6：

星期天，我去 40 公里外的城市看父母，因为第二天还要上班，下午 3:30 赶到客运站准备坐公交车回家，可到了客运站才知道公交人员罢工，公交车停运。看着有的乘客无奈地返回，有的乘客拼车打车回家，自己心里慌慌的，不知该怎么办。

我赶紧给正在单位值班的老公打电话，把这里的情况告诉他。老公说："别着急，去长途站那边看看有没有公交车，如果没有，我开车去接你。"挂了电话我赶紧去了长途站，不巧的是回家的班车早已发过了，正在这时老公来了电话，我告诉他这边也没有车了，有去邻县的公交车，而且邻县的公交车并不经过我家居住的县城，只有在两县交界的地方有公交站，这个公交站离我家有 10 多公里远。老公说："那你就坐这辆车吧，我去下车的地方接你。"最后还嘱咐我要问问售票员公交站的具体位置，大约几点到，打电话告诉他。

就这样，在老公的"遥控指挥"下，我坐上了回家的公交车。过了 1 个多小时快到站时，远远地看到公交站上站着一个人，一点点近了看清楚是老公，我那颗悬着的心踏实下来。在回家的路上，我对老公说："刚听到没有回家的公交车时，心里慌慌的，可有了你的遥控指挥，心里踏实多了。你就是我的主心骨，我就喜欢你这处事不惊的做事态度。"老公得意地笑着对我说："我一直都是你的主心骨呀！大不了我开车去接你，有我在哪能让你回不了家呀！"

听了老公的话，我心里美滋滋的，还是老公对我最好。

范本7：

老公工作忙，去学校看孩子自然都落在了我的身上。从家里到孩子的学校辗转要坐七八个小时的车，昨天回到家里洗脸的时候，还恍惚在火车上晃悠。老公下班回家来，一进门就说："辛苦了哈，你看，为了咱的孩儿，真是辛苦你了。"看着他感激的样子，这也算是甜言蜜语了啊。他理解我，辛苦又有什么呢？我心里挺安慰也挺享受的。今天早上，我醒后正要起床，老公说："再睡会儿，再睡会儿。这两天你太累，多休息休息，我去做饭。"嘿嘿，平时老公可是没有做过早饭呢。我想想：是啊，得给他一个表现机会啊！我又躺下睡着了。等我醒来时，老公已经悄悄上班走了，厨房里呢，我喜欢喝的小米饭在电饭煲里正保着温呢！忽然发现，小米饭里除了会有小米外，还会有幸福……

范本8：

老公让我最感动的是，在 2011 年 3 月，我的妈妈确诊为结肠癌时，大姐和二姐，还有哥哥都到我家商量如何骗妈妈住院，还有妈妈没有医保，必须自己掏钱住院，我家老公就说每人先拿两万元，不够再拿。我这时很感激老公，姐姐们和哥哥也都同意了。这时还有问题就是谁骗妈妈住院。我们讨论半天，老公就说："我觉得老小去说比较合适（我是家里的老小），老妈最相信老小的朋友了（我的朋友的老公就是给我妈妈做肿瘤手术的医生，人也很诚实）。"我说："可以的。"妈妈住院后，在医院的早、中、晚餐全部都是我老公做。在妈妈做完手术后，老公害怕我累坏了，就请了七天假，在家为我妈妈做饭、煲汤，还要送到医院去。有时妈妈做化疗时，不吃东西就吐，老公就会早晨很早起床做两三种早餐给妈妈送去，看她吃哪种。只要妈妈吃了一点，老公回家就会很高兴地告诉我："老妈今天表现太好了，可以吃东西了，中午我看再给她做什么东西吃。"我听到后，别提心里多感激老公了。妈妈在化疗时，家里人必须24小时看护。由于爸爸年纪大了，我们就不让爸爸上夜班。妈妈又心疼哥哥，也不让哥哥上夜班，只有我和两个姐姐上。白天有时没人我也要来陪妈妈，接着晚上还要上夜班。第二天在回家的路上，我的心脏开始疼痛（从小心脏就不好），回到家后又发烧。老公下班后，又要照顾我，又要给我妈妈做饭，还要到医院送饭，我真的不知道怎么感激他了。所以我感觉我很幸福，有一个又孝顺老人、又会关心我的老公。

范本9：

前几天，儿子因为鼻炎发作不能上课，我和儿子决定去太原检查。第二天我们起来时，老公给我们做好了早餐，为我们备好了路上吃的水果和别的食物。我好感动，我说："谢谢！"儿子说："爸爸真好！"因检查未完我们当天没回来，第二天晚上我们回到家时，儿子换下的一大堆衣服都已洗好挂在晾衣架上了，我大声对他说："谢谢老公！"他说："我知道你腿上打了针不能劳累，所以昨晚我洗衣服到一点多才睡的。"我好感动。

范本10：

老公有很多优点，他开朗、热情、积极、阳光，心地善良、为人真诚，做事特别认真，关注教育，和儿子的关系非常好。现在他和我一起在学习平等思维，一起交流，沟通越来越畅通，他经常夸我，说我学习平等思维后变得越来越好了，他越来越爱我。我现在生活得非常开心幸福。我经常问他："你为什么去北京呀？"他就会很开心地对我说："因为我爱你！你喜欢我去我就去，因为你变得越来越好！"我非常幸福有这样的老公！

第三节

❀

作 业 点 评

马上开始写幸福日记，每人交三篇自己写得最好的幸福日记。

作业 1：细心体会丈夫的爱

家长反思

我们的飞机误点了。本来 15:30 就可以到达的，被延误到 18:16 才到昆明。

飞机还在滑行中，我就听到我的手机铃声在响。打开一看，才发现：原来在 15:16 到 17:28，老公一共给我打了 12 个电话。另外还有婆婆呼叫我的手机的短信提醒。

老公在外面，肯定急坏了。

我赶紧发了一条短信，告诉老公我和儿子还在飞机上。过了一会儿，老公的短信过来了：我们在大厅。

下了飞机，还没到取行李的地方，老公的电话又打进来了："现在到哪了？

还是还在飞机上呀？我们在外面的出口处。"

我把两手中提着的袋子换到一只手，一只手拿手机，一边走一边说："我还在路上，在去取行李的路上，我和儿子不在一块儿……"大概是我喘气有些急，老公听到了，于是他就放缓了语速说："我们在出口这里等着，你们出来的时候，如果看不到我们，就到另一个出口找我们。"我说："好，到了出口处，我再打电话告诉你我在哪儿。"

等我们取到行李，眼尖的儿子一下子就看到了站在人群里的老公，并指给我看："妈妈，我爸和我奶奶在那儿。"

到外面后，老公接过我手中的一个提袋，我急忙找了一辆推车，把行李箱和提袋放在推车上，老公边招呼儿子也把行李箱全放在推车上，同时搭手和我一起推着小推车往停车场去。就这样，老公边和我一起推车边讲述他们来接我们的经过。原来，他和婆婆在下午3点就到机场了，他特地带了婆婆一起来，是准备接我和儿子一起去玉溪参加米线节的。没想到我们的飞机会误点到这时候，他在一直打电话联系不到我的时候，又打电话给昆明的女儿，问我们有没有联系，还到机场询问处问过多次，却被告之没有12点过5分的飞机，只有14点5分的飞机。没办法，只有先带婆婆到机场的餐厅去吃了碗米线。这时，老公又问儿子："怎么样？饿不饿呀？想吃什么呀？"儿子回答说要回家吃。老公说："好，那到家后，你和你妈妈去我们家旁边的西餐厅吃吧，那里什么都有，饭、米线，味道也不错。我和你奶奶吃过那碗米线后不饿了。"

我发现，其实老公蛮细心的。原来一直认为老公性格粗犷，人也很粗心。这次他来接机，无端地在机场等候了这么长时间，而对我们的态度还没有一丝的不耐烦，还很体贴地问我们，在等待飞机起飞的时候，感觉是不是很难受。我到今天才真的感觉老公并不粗心，特别是他搭手和我一起推行李车的时候，这种感觉更强烈了，原先我之所以会认为他粗心，其实完全是错的，反而是我一直没有去发现，也常常忽略他的内心感受。

唐老师点评

我们来看一下这篇幸福日记。这篇幸福日记可以取名叫《爱》，然后就可以到当地的报纸上去发表了。大家看了感觉怎么样？这是一篇很好的记叙文。这篇文章是在写事情，但是爱和关心就在其中，不用再说有多么爱，有多么关心。所以说这位女士的文笔非常好，她的这篇文章结尾甚至都不需要那么多的升华，就几句话，就是一篇非常好的文章了。这篇文章可以与朱自清的《背影》相媲美了。

幸福日记真的是很好的创意，可以帮大家变得幸福起来。大家好好地去写幸福日记，每个人都会变成一个心思、感情特别细腻的人。持续写幸福日记，你会发现你可以敏感地发现别人发现不了的这个世间的美。什么是美？这种真，这种善，就是美。

什么是爱？一定要轰轰烈烈、惊天动地吗？比如说，夫妻之间，出了很大的问题，然后对方还对你不舍不弃，那样才叫爱吗？不是，就是生活中的点滴小事儿就可以看出来了。

作业 2：家庭的改变

家长反思

今天儿子批评我了，因为我说了一句不切合实际的话。儿子数学估了 90 分，我说别人可以考 120 分。儿子不服气，说题太难了，还说我要求太高，他达不到，我们争执起来。我该如何帮助儿子考到 120 分呢？今天老公表扬了儿子，说儿子英语进步了，以前考 60 多分，现在 90 多分。不错！终于听到老公表扬儿子了！今天儿子夸我饭做得越来越好了，不论是炒的菜还是凉拌的菜，都好吃！我说，听了唐老师的话，很受益，活在当下。不论做什么都做不够，比如洗碗。老公也表扬了我，承认错误快——我向儿子承认错误，自己说了不切合实际的话！儿子今天单词也补上了，写到今天，我很惊讶，儿子真不错，并告诉我说明天上课时间的事，7 点到 9 点半。

唐老师点评

我们来说一下这份作业。

"儿子批评我了，因为我说了一句不切合实际的话。儿子数学估了90分，我说别人可以考120分。儿子不服气，说题太难了，还说我要求太高，他达不到，我们争执起来。我该如何帮儿子考到120分呢？"

实际上这个问题应该问这位家长自己。儿子考了90分如果很不开心，他的学习就没有动力，他就不会给你考更多的分数。我们要让他现在考90分就开心。让孩子现在就开心，这是什么？这就是接纳。

大家能做好了接纳，沟通就开始了；做不好接纳，沟通就不好。

而这份作业前面这一部分，就是典型的因为不接纳而导致孩子抵制的情况。

我们看接下来的情况。

"今天老公表扬了儿子，说儿子英语进步了，以前考60多分，现在90多分了。不错！终于听到老公表扬儿子了！"

这句话的"终于"二字从何说起？意思是说，老公从来不表扬儿子。但，难道作为妈妈，你经常表扬儿子吗？至少刚才讲的话中对儿子的接纳是不足的，都跟孩子争执起来了！

为什么我要把这句话挑出来分析？因为这样的话，我们平时可能常常会对身边的人说，而不自知。如果不挑出来，大家说话的时候甚至在表扬别人的时候，可能常常惹得身边的人不开心。你会奇怪自己明明在鼓励别人，别人怎么会不觉得开心？

这位家长说"老公表扬儿子了"，但是要加上"终于"两个字，这句话隐含了一个意思就是"你老不表扬儿子"，这么说对方也许会很不开心的。当然我说也许，对方也可能会不在意，但存在这种可能。

我们再往下看。

"今天儿子夸我饭做得越来越好了，不论是炒的菜还是凉拌的菜，都好吃！我说，听了唐老师的话，很受益，活在当下。不论做什么都做不够，比如洗碗。老公也表扬了我，承认错误快……"

我们看，老公出现了又一次鼓励，而且儿子也很善于鼓励人！

"我向儿子承认错误，自己说了不切合实际的话！儿子今天单词也补上了，写到今天，我很惊讶，儿子真不错，并告诉我说明天上课时间的事，7点到9点半。"

从这份幸福日记中看得出来，这位家长是很开心的，但是有一点我们要打击这位家长一下，你的开心里面明显地有别人夸自己而带来的开心。因为别人夸自己而感到的开心，不是我们所讲的幸福日记的范畴。

别人夸自己，比如说，孩子夸自己做的饭好吃，是小人自我得到了肯定而开心。这一点，是这位家长要去觉知的。尽管如此，我们也看到了这位家长的开心带来的好处，就是一家人真的在改变。其实，老公和儿子都是比较宽容的人，他们都很善于发现妈妈的劳动成果，会说好吃。对于这一点，是可以引为幸福点的。

另外，这位家长说的一点非常好，就是听了咱们的家庭幸福之道课程，你在能够想到要活在当下，做事情可以很平静地、很认真地去做，这一点非常好，只是在整个写幸福日记的过程中，夸奖别人，去赞美、鼓励别人是很少的。比如，老公表扬儿子了，你说"终于听到老公表扬儿子了"，这样说对老公的鼓励作用就起不到。尽管前面又加了"不错"两个字，都带着勉强。这位家长想一想，当你写这个"不错"的时候，心里是特别开心吗？这一点要好好反思。

另外一点，这位家长说"老公也表扬我承认错误快"，我们从这里面可以看到，老公是非常喜欢表扬别人的，或者说是比较愿意表扬别人的。这位家长要好好去看到这一点，你可以为这个而开心的。但是这篇幸福日记里为这个而开心是写得不足的。这个不是写得不足，有可能就是你对这些认识得不够。

这一篇幸福日记里面，这位家长不自觉地就写了老公两次表扬别人。老公表扬了孩子的进步，而批评孩子成绩的恰恰是你自己。老公还表扬了你能够主动认错，说明你老公是很好的。有这么好的一个老公，一个女人就应该傻乐了，你应该很幸福、很开心了。这么写的时候，就是幸福日记了；还有，儿子的英语进步了，这个你应该很开心，这个可以是幸福的理由；自己做的饭好，儿子居然表扬"我"了，他能懂得欣赏别人的好，并且很会夸奖别人，会赞美别人，这一点可以是幸福的理由；儿子主动地把英语单词补上了，这是幸福的理由；儿子跟我沟通好了，愿意把明天上课的事情告诉我，这个是幸福的理由……这篇日记里面包含了很多的幸福的理由，但是这位家长整体写得不足，这是基于你的心不够敏感。其实你是可以感受更多的幸福的。这就好比是这位家长怀里揣着宝珠，碰到一个打劫的人，拿出这个如意宝珠来，摔到那个人头上把他打跑了。然后这位家长特别开心地说："我的这个石头还真好，居然可以把敌人打跑，我太开心了！"

这位家长在这篇幸福日记里不自觉地写出了很多令她感到幸福的点，其实她已经在描绘这个家庭的幸福了——老公会表扬孩子，孩子的英语又在进步，自己在逐渐做到"活在当下"了，而孩子在鼓励我了，老公也在表扬我，自己有错误能承认了……大家想，这是一幅多么美好的画面！这就是一个家庭其乐融融的画面。但是这位家长在幸福日记中的写法说明了你的心调节得还不够，你是身在福中，还没觉到多少福。

作业 3：用平静的心体会平淡中的幸福

今天是极其平淡的一天，但因有了一颗平静的心，却也感到了生活的快乐与幸福。

儿子照例六点在闹铃声中准时醒来。我发现现在的他也有了规律的生物钟，以前三个手机的闹铃响都听不见，而这两天他都是自己听见闹铃声醒来的。这让我小小幸福了一把，不用担心离开我之后他没有时间观念了。

还有叫人高兴的事。新疆之行，儿子与朋友的儿子睡一个房间，在小他四岁、有良好卫生习惯的弟弟的监督下，儿子竟然养成了刷牙洗脚的好习惯。以前可是任我动之以情、晓之以理、苦口婆心地劝他也不听的呀。回家后，这好习惯一直坚持着，让我很是高兴。想起以前为他这坏习惯所费的心、着的急、上的火，感觉真是有些不值。凡事水到渠成，慢慢长大的他会明白该怎么做的。对儿子的缺点亦是如此。不着急抱怨，持续做正因，好的结果定会不期而至。

搬家后，上班有些远。昨天穿高跟鞋，一天跑四趟，又加上上班特别忙，晚上回家时，走路都一瘸一拐的了。今天换上了平跟鞋，尽管不如高跟鞋美丽，但却走得舒服踏实。现在感觉自己的虚荣心少了很多。人的美最重要在内心，年过40，心的善良沉静安详才是最美的。我对上班路远没一点抱怨，还想这样每天步行几里路，也是锻炼身体、减肥的好机会呢。

我边走边欣赏路边的景色。南方的行道树在原有的绿叶上又发出娇嫩的新芽，我每次都不忘欣赏一下路边盛开的鹅黄的小野花，它们无人关注，却开得那样忘我与绚烂。做人不也应如此吗？

唐老师点评

路边的野花很美丽。路边的野花为什么美丽？因为心里美。

自己心里美了，自己开心了，路边的野花也美丽了。

因为有了一颗平静的心，一颗善于发现美的心，平淡的生活就会变得熠熠发光，变得五彩缤纷。路边的小野花会变得非常的美丽，哪怕是树上的几片绿叶也会变得异常的娇嫩，这就叫境由心生。

佛法里有一句话叫作：心生则种种法生，心净则国土净。何为国土？国土就是你的生活环境。当你的心清净时，你的生活环境都会清净。

每天轻松、开心地生活，一天一天平和地过，一个人就越来越能体会到生活的美丽和幸福，会不断地带给身边的人美丽和幸福。

生命的价值，就在这平凡的每一天中悄悄地改变。

生活，因一颗心的美丽而变得美丽。

第十二章
性福之道

坦然地看待性，正确地对待性心理和性生理的相
关问题，尤其是解决手淫、早恋，甚至乱伦等问题。

第一节

❀

内 容 讲 解

我在博客上写过几篇关于性心理的文章，有一些家长认为这些内容很好，对教育孩子非常有帮助。下面就来更系统地讲一下这个问题。

性是一个很隐私的话题。当大家在性方面遇到问题时，很难得到彻底的解答。为什么呢？因为一般的解答都不能深入到心理层面，不能从根本上破解问题。曾经有一些人私下里找我问过不少有关性的问题，从中我发现，性方面的问题确实在很大程度上影响着大家的幸福。

人成长的过程是一个异化的过程。从性心理的角度来帮大家理清楚有关性的问题，可以让大家坦然地面对自己的身心，这样，我们就可以从容地引导孩子正视性，可以看透配偶对我们的一些表现背后的隐秘原因。

性心理在很大程度上决定着男人和女人之间的沟通，尤其是夫妻之间。所以，对方的种种表现，往往可以从性心理的角度去寻找原因。

我们的课程是要帮大家分析性心理，而不是帮助大家丰富性知识。所以，我们不去讲生理角度的性，而更多地分析内心深处的性。从人性的角度分析性心理，我们会发现小人无处不在。有时一个人不断地抱怨配偶，其实他抱怨的很多内容都不是他真正不满意的地方，真正的根源在于性。解析性心理，我们可以把自己看得明明白白，把异性看得明明白白。

我们要讲的性福之道，是性心理方面的幸福之道，与性技巧无关。

一、人的成长过程中的压抑部分

人刚生下来是没有性别意识的，最早的时候连自我意识都没有。在逐渐长大的过程中，人开始把自己和世界区分开，有了一个"我是观察者，而世界在被我观察"的概念。

社会发展所形成的道德、文明和文化，开始的时候对小孩子的影响很少。越小的孩子越没有我们常说的那种不好意思的想法，他不知道什么叫害羞，害羞是他后来从大人和社会那里学来的。小孩子只以当下的自在来做事。比如他在吃奶的时候，会一只手玩着自己的脚丫子，或者一只脚朝天蹬着。他不会考虑这样的姿势对不对，更不会想到别人会怎么看他，在他心里没有对与错、尊重与不尊重的概念，社会还没有把这些东西教给他。同样，他也没有所谓的性别观念。他不会考虑面前是同性还是异性，他是不是应该遮羞。

孩子的性别观念是怎么从无到有的呢？是我们大人慢慢地教给他的。随着孩子的长大，家长多半会告诉他，有一些事情不能做，同时我们又在以自己的态度暗示甚至警告他有一些事情不方便多提。

一个小孩子把玩自己的手指头，我们不会说什么。但是，如果他对自己的性器官有兴趣，去摸去看或者把玩，家长会是什么反应呢？有一些家长说："这很正常。"但家长真的会对孩子说"你想看就看，想玩就玩"吗？事实上，绝大部分家长会阻止孩子，不让他这么做。当家长阻止孩子的时候，孩子会受到一个暗示：我刚才做的事情是不好的。而且，这方面的理由往往讲不清楚。比如，家长会说："你的手不干净，不能摸那里。"如果孩子说："我刚刚洗干净手了。"家长怎么办？讲不清楚，又要阻止，这样的行为会给孩子一些莫名的心理感受。孩子会越来越感到好奇。

在我们小时候，父辈们接受这方面的教育特别少，他们对于性问题所持的态度相对粗鲁，不会用正确引导的方式来教育孩子正视性。于是，在我们的成长过程中就会留下这么一个印象：关注或碰触自己或他人的性器官是一件不好的事情，很丢人，会让人鄙视，所以不能这么做。

于是，小孩子开始发现自己身上有禁区，自己的某一些部位是不能随意关注和碰触的，否则就很不好。具体怎么不好，他不太清楚，因为大人很难给他解释清楚，只是禁止他去做这样的事。这也就是所谓的道德观念在逐步形成，小孩子开始学会忌讳一些事情。

因性别的不同，男孩子和女孩子的成长情况不太一样。

孩子特别小的时候都穿开裆裤，以方便大小便。男孩子穿开裆裤穿到两三岁甚至更大很正常，而女孩子，家长就会尽早让她不再穿开裆裤。家长对女孩子的要求特别多，因为是女孩，所以就不能这样、不能那样，比如坐时两腿不能分得很开等。实际上，我们心里面的很多观念就是这样在大人的影响下慢慢形成的。我们告诉女孩子，女孩子要怎样怎样，如果这种引导跟孩子的内心需求一致，这种引导就是健康自然正向的引导。如果这种引导与孩子的内心需求不一致，但又不告诉她为什么这样，这种引导就是不正向的引导，就会在孩子的心理上留下扭曲的痕迹。

女孩子们在不能这样、不能那样的告诫中逐渐成长起来，最开始，家长说不能那样的时候，她还会问一下"为什么"，家长有时候会给一个答案，有时候干脆就会直接说："因为你是女孩，所以就不能那样！"这种答案跟没有答案差不多。于是女孩子就慢慢地变得顺从，不再问。但她心里是不是真正的顺从了，却是另一回事。

但这种顺从时间长了，女孩子在不知不觉中会习惯于家长的一些要求，甚至都觉不出这些要求是家长要求自己的，还是自己内心需要的。这时候，如果这些要求与自己内心深处的需要相一致，她就会生活得很平和、很充实、很自在。如果这些要求与内心深处的需求不一致，她就会生活得不平和、不充实、不自在。

现在，我们已经成为家长，孩子受到的教育和我们小时候不太一样，他们心里形成的观念也会和我们不一样。怎么才能引导他们成长得更健康、更正向？这是我们要探讨的问题。

实际上，虽然已经成为家长，但我们自己内心可能还有很多问题没有解决。为了彻底破解这些问题，我们就需要反思自己的成长，找到问题产生的根源。

在很小的时候，孩子没有性别意识。随着渐渐长大，他们开始知道自己是男孩或者女孩。上幼儿园之后，这种性别的区分开始变得明显。比如女孩头发比较长，会穿裙子，而男孩是短头发，不穿裙子。除了外在的穿着打扮，大家的兴趣也不一样。男孩子更喜欢玩刀枪、打仗等能野蛮其体魄的游戏；而女孩更喜欢玩过家家、毛绒玩具等相对柔和、安静的游戏。

因为年龄的缘故，幼儿园男女厕所不分。上小学后，男女厕所就分开了。这时孩子的性别意识并不明显，他们仍然有可能会玩得无拘无束，甚至拉着手，只是上厕所时一定要分开。在上厕所时，男孩、女孩彼此对对方去的那个地方会怀有好奇，男孩可能会想：女厕所是什么样？女孩也可能会想：男厕所是什么样？但这仅仅是一种好奇心，对人心理的影响并不大。对心理产生重大冲击的是青春期的到来。

青春期是一个什么样的状态呢？

由于生理的发育，人不由自主地开始心里闹腾。他并没有做什么事，但是本来很平静的心开始不平静了。可以说，一个无辜的人遭到了袭击。一个平静的人要保持自己的平静，变得非常困难。如果说之前，一个孩子可以自己玩，自己就能很开心的话，青春期的孩子，只是自己玩，已经不能让自己平静开心了。他不由自主地会产生冲动，会对异性产生兴趣。

他开始对异性感兴趣，开始产生强烈的性别意识，关注到男女之间的差别。而他自己的身体，也在出现明显的性别特征。

女孩子的身体发育一般比较早，开始呈现出女性特有的曲线。这时，已经有了性别意识的女孩子会比较注意，尽量避开和男孩子在一起。而男孩子这时还比较粗糙，他不知道女孩子为什么那样。这时候，男孩子看女孩子会有一种怪怪的感觉。

王朔有篇小说叫《看上去很美》，那是他在封笔多年以后写的。里面写到这个敏感期的一段：在他慢慢地长大的时候，有一天突然看到一群女孩子在洗澡，这些女孩子怪怪的，在拿毛巾遮着什么。他说：嘻，有什么好遮的？又不是没见过，那底下什么都没有。

我们说起来这样的事情会觉得很好玩，像一个笑话。但是，它也说明了人在性意识觉醒的过程中是很无辜的，大家并不知道身体的发育变化到底意味着什么。

其实很多时候女孩子这么遮遮掩掩时，她也不知道到底为了什么，但是，她就是被大人或更大的女孩告知，或者女伴之间互相传着，要注意自己是个女孩子了，要注意和男孩子的交往了，否则可能很丢人。这时，矛盾就产生了。男孩子、女孩子本来是朋友的，还希望继续交往。但是生活环境中开始出现一些阻力，明确告知或者暗示他们不可以再这样交往。男孩子和女孩子曾经有过的那种两小无猜式的交往开始受限制了，不能有了。如果有，周围的环境会给他们非常大的压力。

这还算不上麻烦。更麻烦的是，他们开始发现自己有性冲动了。由于在成长过程中，大家已经不知不觉地形成了一种观念——与性有关的事情是肮脏的，是不对的，所以，一旦发现自己真的有这种想法时，就会成为一件非常麻烦的事情。

现在人的思想在逐渐开放起来，教育观念似乎也在变得开放起来，很多家长说自己可以很自如地谈性或性教育。其实，这是很难做到的。比如，你到学校门口去等孩子，你可以随便跟另外一个从未见过的家长讨论，孩子如果不写作业怎么办。但你可能跟对方说自己性爱不和谐，问问对方的经验吗？如果见到一个异性，让你很心动很冲动，你可以去跟对方谈任何其他的事情，但你能跟对方说"我对你很有性趣吗"？还有，一个人可以爱好读书，可以爱好打球，但可不可以告诉别人自己爱好看异性的身体？一个爱好看书的人，大家会觉得很好。一个爱好性话题，对异性始终感兴趣的人，大家会认为是什么样的人？是不是会认为这个人道德败坏？如果是个女孩子有这种想法，人们会不会骂她花痴、贱货？

性，永远不可能成为一种完全放开交谈的话题。

二、青春期男女的正常心态

女孩子第一次来月经和男孩子第一次梦遗，都会给人思想上带来非常大的冲击，让人觉得手足无措，让人有一种无辜被害的感觉：本来自己好好的，怎么会出现这种情况？而身体的发育成熟，性的萌芽，又会让自己陷入一种危险的境地。危险在哪里？危险在这种事情不方便跟别人讲，而自己好像又开始对这种事情感兴趣。尤其是发现自己真的有了性欲以后，就会更麻烦，因为性欲会让自己不知不觉地对异性感兴趣，而如果对异性表现出这种兴趣，旁人看了会笑话，对方也可能会给自己很大的打击。

比如你在对异性表现出这种兴趣时，周围的人会让你感觉到你很不对，而且这么做是很丢人的，是会让人极其鄙视的。这种鄙视要远超过其他任何的鄙视，我们的有些语言当中就带着这种鄙视，比如那些骂人的话：去你妈的，肏。类似"肏"这样的字，家长会发现是很难给孩子解释的。

为什么骂人要骂对方的妈？为什么针对对方的妈说这种话就是脏话？怎么这样说对方的妈就是在侮辱对方了？这些问题是不太容易解释清楚的，但是，大家会发现这些骂人的话都是和性有关系的。性和侮辱，和粗话、脏话、不雅都常常结合在一起。因为我们小时候所受到的教育里就隐含着一个性是污秽的观念，这个观念已经悄悄地积淀在文化里，成为人们普遍的潜意识。我们也很难例外。

性行为，一方面可以称为性爱，被称为爱，当然是好的事情。但另一方面又可以是最大的侮辱。这种观念的冲突，会让人无所适从。比如，女孩子一方面希望遇到自己心爱的情郎；另一方面又要同时提防不要遇到色狼。一个男人，既可能是情郎又可能是色狼。所以，女孩子长大的过程就是与狼共舞的过程，既想接近郎，又担心被"狼"伤害。

对此，大家的感受或许明显，或许不明显。如果我们思考另一个问题，大家就会知道自己的心是怎么受社会文明的影响了。

当大家第一次知道人是从女性的性器官里生出来的时候，是什么感觉？

"恶心。"

"难受。"

"恐惧。"

"诧异。"

"惊奇。"

"很生气。"

"可怕。"

"恶心。"

"不相信。"

"感到污秽。"

"恶心。"

这是一些学员给出的回答。大家最普遍的感觉是恶心。为什么会感觉恶心？人从哪里出来不好，怎么会从这样的地方出来？因为人们潜意识里认为与性有关的东西（性器官）是肮脏的，而在现实生活中，性又确实在跟侮辱、肮脏等不文明的话结合起来。

这个社会所谓的文明与道德，就会导致我们对性产生这样的心理。在这样的心理作用下，性欲苏醒的青春期会给人带来非常大的困扰，成为当下和未来幸福的一个桎梏。

青春期恰值学生时代，男孩子表现出对异性感兴趣的话，就会被看作坏男孩；女孩子表现出对异性感兴趣的话，就会被看作不要脸。而事实上，大家心里又是真的对异性感兴趣，这是不由自主的。

于是，问题就出现了，大家会普遍进入一个受压抑的状态。尤其是女孩子，家里会管得特别严，严格控制和男孩子的交往，以坚决杜绝一些可能出现的所谓危险。来自家庭的压抑只是一个方面，更重要的是来自道德和文明的压力，因为社会上有一种共识：如果一个女孩子对性感兴趣，就是贱，就是不要脸，说得再难听一点就是破鞋！

那个年代，有一些很风骚的女人被骂为破鞋，就是因为她们让人觉得对男人、对性感兴趣。像电视剧《暗算》里面的黄依依就是这种女人，她不掩饰自己对性的需求，所以单位的人都认为她是个破鞋。这种形象的女人，即使看起来很漂亮、很可爱，男人也不会把她娶回家，所以，安在天喜欢她，喜欢跟这个女人在一起，喜欢交往，甚至心心相印，却不娶她。

就这样，为了不成为被人鄙视的对象，在来自社会文明和道德的压力下，人们必须去掩盖自己对性和异性的兴趣，人们要表现得在性和异性面前很平淡，为此说一些冠冕堂皇的假话。这就出来了那句话：满口仁义道德，一肚子男盗女娼。于是，人就成为一个分裂者，你心里想的和你嘴里说的是两回事，你不是心里怎么想嘴上就怎么说，而且你绝不可以心里怎么想嘴上就怎么说。到这里，还不止，绝大部分人分裂到自己都不知道自己一直是分裂的。

比如，一位女士曾经表示自己可以很坦然地面对性及相关话题。有一次，提到自己的性梦。她说有一次自己意识到是性梦。她说自己梦到了蛇，后来醒了才想起弗洛伊德的理论，才想明白自己到底梦到了什么。但这个问题要进一步讨论的，为什么女性在渴求性的时候，很多时候不会直接梦到男人或男人的性器官，而是会梦到蛇等替代性的物品？按说在梦里，那个地方是自己最最隐私的地方，没有人会知道，完全可以放开来，为什么女性依然会只是梦到蛇？

其实，人们的压抑往往自己都不知道，到底有多么严重，即使在梦里，人们都很难面对一些平时不能面对的事情。即使在梦里，我们的道德文化依旧在发生着作用，我们依然不能成为一个真真切切的人。

一个青春期的女孩子如果老想到异性，老想到跟男孩子在一起，想到和他亲密相处，甚至做与他有关的春梦时，她会觉得自己很不干净，很肮脏。她会自责："我怎么这么脏？我不该这样的！"更进一步，她会真的觉得这很肮脏，这很不好。她会让自己从表面上来拒斥这些事情，以符合文明与道德的要求。

道德和文明让人们这么评判一个女人：她越是显得对性有兴趣，就越是品行不端，甚至低级下贱；越是显得对性冷漠，就越是冰清玉洁。

而男孩子，在对女孩子表达兴趣的时候，会发现自己成为一个令人讨厌的骚扰者，自己是被对方鄙视的。男孩子看女孩子，觉得她们个个纯洁无瑕，甚至很圣洁，怎么自己就这么不干净，老有这方面的想法？

也就是说，性会给大家带来困扰。困扰就在于，社会文明和道德对人的要求，与人的欲望之间产生了矛盾。

人的本能欲望是无所谓高尚与下贱的，产生这种欲望也无所谓高尚与下贱，承认自己有这种欲望同样也无所谓高尚与下贱。

这种矛盾产生以后，会导致什么结果呢？

有一部分人接受了来自文明和道德的束缚，压抑自己，压抑到他会让自己的身心需求和文明与道德的要求统一起来，觉得性就是这样肮脏的、不好的。他会去服从社会的要求，让自己从外表上在性方面表现得很纯洁、很干净，好像对异性没有什么兴趣。这是一种情况。

另一种情况正好相反。还有一部分人在跟随自己的欲望走，不在意社会文明与道德的要求，开始想方设法接触与性相关的东西。比如我们上学时，男孩子会偷偷读手抄本的黄色小说。

三、关于乱伦问题

我曾经写文章建议家长主动做好对孩子的性教育，因为孩子到了一定的年龄，他必然是对性感兴趣的。如果家长不去主动做性教育，孩子受不了好奇心的诱惑，就可能去读黄色小说或者看 A 片了解性知识。用黄色小说和 A 片对孩子进行性教育，与其说是性教育，倒不如直接说是性引诱，这样必然带着非常大的盲目性和危险性，孩子可能会因为看了那个控制不住自己而去犯错误甚至犯罪的。所以我们说，要做好正向的引导。如果家长不去做正向的引导，可能就会有一些负向的东西去引导孩子了。

家长要把握好性教育的主动权，不要因回避心理而导致在性教育问题上的被动挨打局面，因为那样对孩子会造成很大的伤害。但是，家长到底该怎么样正向引导孩子呢？在这个问题上不能想当然。在性教育上出现问题的家长不在少数，其中不乏自认为开明的家长。

有一位妈妈对我说，她觉得不应该压抑性，对孩子应该正向引导。说得很好，但是怎么做的呢？她告诉我，她在洗澡的时候总是不避讳儿子的，儿子可以在一边看她洗，甚至儿子到了青春期，依然如此。后来，有一次，她睡觉时儿子爬上了她的床，摸她的乳房。我们看到，这位妈妈期待着对孩子做正向的引导，但是，却发生了这样危险的情况。

我们到底该怎样引导孩子？并不是说，大家都别把性太当回事，有什么说什么，放开讲就行了，也不需要在孩子面前避讳什么。

有家长说："儿子摸一下妈妈也是好奇。"那么，当你认为孩子想摸妈妈的乳房是好奇的时候，你是让他摸还是不让他摸呢？一个青春期的男孩子，大家都知道，让他摸，这会不会是一个性的诱导？会不会让他产生更强烈的性欲？下一步怎么办？如果他进一步往下摸呢？

这位妈妈很困扰，她说："我是妈妈，孩子不应该对我产生性的想法。"

男孩子对妈妈，会不会产生性的想法呢？这是一个问题。

如果妈妈是妈妈，男孩子是不会对妈妈产生性的想法的，但如果妈妈变成了裸体女人，男孩子会不会对裸体女人产生性的欲念？在儿子的心里，妈妈和裸体女人应该永远不会重合的。是妈妈自己把圣洁慈祥的妈妈形象改变成了裸体女人形象。到了这时候再提醒自己是妈妈，就晚了。

后来这位妈妈很困惑地问我："孩子怎么可能会对妈妈产生性的欲望？怎么会把妈妈作为一个性行为对象？这不是乱伦吗？"

从纯生理的角度来说，只要是异性，就有可能成为性行为对象。人类的文明和伦理道德法律都在帮助我们很好地区分哪些人可以进行性爱，哪些人不能进行性爱，比如直系亲属是不能的。直系亲属之间一般不会产生性方面的想法，然而，一旦产生问题就非常大。事实上，像父女乱伦、母子乱伦的情况，在生活中并不少见。

乱伦最常见的是父女乱伦和母子乱伦。性，是一种特别亲密的关系，又是一种隐含着侮辱性的关系。如果亲人之间发生这种关系，父亲或者母亲的慈爱形象就会被彻底摧毁。

母亲原本是一个伟大、慈爱的形象，一旦母子乱伦，因性关系的发生，母亲的慈祥形象就不复存在，儿子无法再尊敬母亲。这时，儿子对母亲这个角色无法产生认同，对正常的男女交往会产生迷惑。对母亲心理上的不认同会导致矛盾，也就是他不再清楚地知道母亲应该是什么形象。他心理上生理上需要这个女人，但是见到后又从内心产生排斥。有一个可以尊敬的母亲会让儿子心安，当失去了对母亲的尊敬时，儿子就失去了家，就很难再心安了。

那位困惑的妈妈，在孩子青春期的时候，不避讳在孩子面前暴露自己的身体。而孩子实际上正处在青春期性饥渴的状态，他看到母亲的成熟女性身体，就会把母亲的身体作为一个性幻想的对象。在家里，他有很多的机会去接触到母亲的身体，所以他难以控制内心的欲望。后来，这位母亲都不敢单独和他在家里，生怕出事。

父女乱伦的情况和母子乱伦类似。父亲本来是一个高大、无私、坚强的形象，一旦父女乱伦，女儿对父亲角色的认同同样出现错乱。女儿在父亲面前本来是可以自在撒娇、无所不可的，此时就会发现父女关系僵化了。

乱伦的事情发生后，首先人们会从心底里无条件地认为这不应该，其次这种事情是无法跟别人讲的，所以对人的一生会造成非常严重的负面影响。母子乱伦和父女乱伦，还有兄妹乱伦，都会出现这种情况。

最严重的情况是乱伦后，有一个人一直不能从这种阴影中走出来，最后走向了自杀。

解决乱伦后的心理问题，关键是帮助受害者从这种关系的心理伤害中走出来，帮助他们看到：事情的过程和心理伤害之间不存在他们心里一直认为的因果关系。

这样的事实告诉我们，性教育不能走向泛滥。有些家长认为，以前自己在性方面太受禁锢了，这本来是件很正常的事情，现在不要再禁锢孩子了，大家要坦然面对。那么，坦然到什么程度呢？可以坦然到母亲洗澡、青春期的儿子在一边看吗？当然不行！性问题不像一般的问题，性，这个字是"生心"，它会对人的心理带来非常深刻的影响。所以，家长一定要注意，孩子到了相应的年龄，在孩子面前男女有别，该避讳的事情一定要避讳。有一些妈妈，搂着已经进入青春期的儿子睡觉，这是非常不合适的。类似的情况都要坚决杜绝，以免因为自己的随意、疏忽而为某些不良事件的发生创造条件。

大家要特别记住的一点是：

对于儿子来讲，妈妈应该永远是圣洁慈祥的，绝对不应该跟性和肉体的吸引有联系。

对于女儿来讲，爸爸应该永远是稳重智慧的，绝对不应该跟性和肉体的吸引有联系。

这是青春期性教育的忌讳。

一旦违背了上述忌讳，就容易产生乱伦，对家庭成员造成巨大伤害。

所以，性知识的讲解，最好由同性长辈来讲。如果由异性长辈来讲，也要尽量用正规的书面语言像讲课一样讲出来。

在青春期，男孩、女孩开始产生很多的问题，这些问题隐秘地盘踞在他（她）们内心深处，成为大家成年后出现的许多问题的根源所在。我要帮大家把现在遇到的问题刨到根上，让大家看清楚它们的来龙去脉，然后很自然地知道该怎么处理，知道将来我们该怎么引导孩子去面对类似的问题。大家目前存在的问题要彻底解决，我们不应该在无知的情况下去面对性。我们要看清自己，用最好的心态来坦然面对自己的欲望。这是性福之道要帮大家最后达成的结果。

四、如何面对手淫问题

人的成长过程，是一个走向不真实、走向身心分裂的过程，因为我们的社会、道德、文明会不断地给人非常大的压力，迫使人扭曲自己来服从它们的要求。在青春期，人所感受到的这种来自外界的压力特别巨大，导致身心处于一种混乱状态。

性必然导致人心的矛盾，必然导致大家心乱。为什么？因为每一个人都有欲望，而我们的道德和文化不允许人把欲望讲出来。在青春期，正常的男孩女孩都会对异性有兴趣，但是你不可以承认你对异性有兴趣。这必然导致我们每一个人都可能生活在虚假中。

比如，在青春期的时候，你开始对异性感兴趣了，你可能会喜欢一个帅哥或者一个美女。你喜欢他，假设就是想多看看他，你敢不敢一直盯着他看？假设对方，你骚扰不到他，你敢不敢这么看？不用说跟这个异性说你喜欢他，就算对同性的朋友，你敢不敢说自己喜欢他？很多人可能连闺密都不敢说。也就是说，我们喜欢某个异性，但不敢说，我们会假装不在乎。

从性的角度来看，可以把恋爱和结婚当成一回事。恋爱、结婚，是这个社会对于性的态度的分水岭。在此之前，喜欢异性是很丢人的，而在此之后，不喜欢异性是很变态的。

在此之前，绝不能表现出对性的兴趣，否则会被认为是大逆不道。比如有一位家长提出问题，说自己 15 岁的儿子坐在沙发上看电视时，会把手放到裤子里摸性器官。家长为此很是头疼，不知道该怎么引导。其实不只是男孩子，女孩子也有这种手淫现象。

发现孩子手淫，家长会感觉很难处理、很棘手。它棘手就棘手在你无法去正常面对，又不得不去想办法解决，并且家长心里很清楚，这种事可能会给孩子带来心理上的相对严重的负面影响。

手淫是什么？手淫就是孩子在进入青春期有了性冲动以后，有意无意地通过用手触摸自己的性器官，可以得到一些性快感的行为。

由于我们的社会始终把性作为一个比较肮脏的东西看，凡是手淫者，往往都会承受巨大的心理压力：一方面是担心自己品行不端，感觉自己这么做是很见不得人的，这么做是很丢人的，如果让人知道，自己就活不了了；另一方面是担心身体，有一些书上说得很严重，说手淫会带来生理上的疾病，会导致将来不孕不育，如"一滴精十滴血"，说如果精液射出过多，男人将来身体就会垮了等。这些说法都会导致手淫者心理上有巨大的压力。但是生理上，由于有性的冲动，控制不了自己又会去做。这就是人的苦。

什么是苦？逼迫是苦。一个好好的、无辜的孩子，由于生理的发育，导致他没有办法安心待着，心理和生理都在闹腾，需要通过手淫等方式解决问题。

但是，又不能正常解决，因为社会上不存在让未婚男女正常解决性欲的方法，要么手淫，要么婚前性行为，要么只好压抑自己。

在基地，曾经有孩子来找我，说自己因为看了网上的一些黄色照片或者A片，控制不住手淫了，然后自责：自己怎么这么肮脏，没脸见人了，别人都不这样！

从这些话里可看出，当孩子们面临这样的困惑时，他不一定跟同伴交流的。这个时候，家长提供一些帮助和引导非常重要。家长可以通过和孩子对话或者提供相关的书籍，来让孩子知道青春期有这样的行为是正常的，要多去参加集体活动，多进行体育锻炼，不要压抑自己的心理。

性的压抑主要来自心理。如果一个孩子的心是比较敞开的，不认为自己有性冲动不好，不因此而躲避跟朋友、同学正常的交往，不因此而影响正常的异性交往，那么，他就没有心理压力。如果他经常参加体育锻炼，生理上承受的压力相对来说也会较小。

如果发现孩子手淫怎么办？家长可以引导孩子多进行体育锻炼，多进行正常的同学交往活动。千万不要去恐吓孩子，说做这种事会导致什么严重的后果。孩子的控制力非常有限，如果家长恐吓他，他又不能断除这种行为，他的内心就会更沉重，手淫所带来的危害就会加倍。

有一些办法可以从根上来解决手淫问题。有很多孩子，如果不是接触到身边同学有这样的情况，他不知道手淫是怎么回事，也就不会去做。这是一个预防手淫的方法。另外，黄色图片、黄色小说、黄色录像，这些东西带给孩子的影响都是负面的。如果家长能提前把相对正向的性知识教给孩子，他就可以避免通过那些不好的方式来了解性。所以，在孩子逐渐长大的时候，家长要准备几本介绍科学的性知识的书，放到一个孩子能看到又不太显眼的地方，让他去看。或者说直接把书放到他自己的房间里，让他随意翻看。

解决孩子的手淫问题，关键有三点：

（1）因家长知道了自己的隐私而没脸见人。

（2）自己以前手淫行为带来的危害怎么办？

（3）欲望强的时候如何采取有效措施面对？

上面三个问题，帮助孩子解决了，就可以解决手淫问题了。

第一点，一般不要正面解决手淫问题。不要去跟孩子谈话，说你是不是手淫，我来帮你解决一下吧！这种方式一般是死路一条。

第二点，尽量不要有这样的行为，以后没有了就没事了。

第三点，多参加体育锻炼，多参加集体活动，减少独处时间，慢慢就好了。

走过青春期，孩子一天天长大，到了一定的年龄，就会恋爱、结婚。在很多年前，中国人的性观念就开始逐渐变得开放，以前人们都是结了婚才会同居，而现在的大部分人都会有一个婚前同居时期。

五、性行为对人心理的影响

性爱是男女之间最深层次的接触，它不是生理行为，而是心理行为。性爱实际上是通过身体的接触去触摸对方的内心，它绝不像握握手、拥抱一下给人的感觉那么浅层，会深入到对方的内心。

性爱中也存在一个矛盾。性关系本来应该是非常亲密、非常相爱的人发生的关系，但是，人有纯生理的欲望，会因此而和异性发生关系。由生理欲望所导致的性行为，会反过来影响人的心理，让人的心随之改变。在性爱过程中，每一个人既在实施性行为，又在被对方评价。这种被评价会很深地影响一个人的心理。在一次性爱结束以后，男女双方都有自己的体验和感受，同时，也都会很关心对方怎么评价自己。

一位女人跟自己心爱的男人第一次发生性关系，结束后对方看起来很不满意，她的心理肯定会受到影响。同样，男人也是如此。尤其是现代，男女平等的观念越来越深入人心，男人非常重视女人在性爱过程中的反应，他想要自己表现得更像男人。这种心态导致男人的压力比女人更严重。性爱过程，是通过自己的身体作为工具来使对方快乐的过程，当不能达成这样的结果的时候，问题往往会归因到非常深的层面。

从接吻到做爱的过程中，女人往往是闭眼的，而男人则在看着女人。一般如此。这说明女人在回归自己身体的感受，而男人在向外放射自己。除了欣赏对方，男人更多地在关注对方的反应。

但是，男人真的是在关心对方吗？不。他不是在关心对方，而是在关心自己在对方这儿的表现，看自己是否有能力让对方满意。学习过小人自我，大家应该比较容易理解这种心理。当然，从另一个方面来说，男人喜欢视觉上的刺激，女人的身体和反应会给他带来视觉上的冲击。

在性爱中向外而不是向内关注，会导致人出现大的分裂。男人几乎一致是保持清醒状态的，因为他在操控着这个过程，这时候男人无法像女人一样全身心地体会当下的感受，而是要考虑接下来做什么。这种情况导致男人可能永远无法像女人那样深地体会性爱。当然女人也关注自己在男人眼中的魅力，但由于性爱过程往往女性占被动地位，所以，女性往往不会像男人这样去操心。

女人在结束后会问男人："你觉得怎么样？"男人说好，女人会很开心。同样，男人有时候也会问女人："你觉得怎么样？"女人说好，男人也会很满意。如果对方对自己的表现不满意，自己就会受到非常大的打击。

事实上，人们可能更多地通过观察来得到"自己是否让对方满意"这个问题的答案。所以，就会出现另一种异化：有的女性会假装高潮来满足男人的虚荣心。

有一个电视剧《结婚十年》，其中，女主角韩梦在男主角成刚开始创业时不断地打击他，不断地证明她的男人不行。而对一个男人最大的打击是说他在床上不行。如果一个男人在床上不行，那他就不是男人了，这种打击非常沉重，是最深沉最彻底的打击。男人是纸老虎，是受不了这种打击的。如果一个女人不断地说男人不行，尤其是上床后也老说男人不行，这个男人很快就会真的不行了。

相对来说，女人的性能力要比男人强。男人是进攻型的，刚硬易折，他进攻的能力和时间都有限；女人是被动型的，细水绵长，这种被动让她能够持久。

当一个男人在性行为中表现不够强而他又非常想好好表现的时候，就会出现各种各样的性疾病。性爱本来是一件很自然的事情，当人以急切的心理去努力表现时，往往表现都不够好。

比如，阳痿是指男性勃起功能障碍。阳痿的表现为：阴茎勃起硬度不够，勃起不坚，不能勃起等现象。

如果男性曾经有正常的勃起情况，就不应该出现阳痿。其实，阳痿的实质是，一个人特别想勃起，但不能勃起。

这里面的急于勃起的心是关键。勃起，并非是完全可以控制的行为，更多的时候是无意中的行为。有时候可以控制，有时候不可以控制。如果真的明白了这个道理，有时候不能勃起是很正常的，换一个时间就好了。但遇到这样的场景的时候，往往勃起意味着这个男人"行不行"。男人往往急于表现自己的能力，担心被女人判为"不中用"，于是越加努力想勃起，可这种努力反倒影响了男人的感觉，反倒不能勃起了。

在性爱中，女人如果一再被男人否定，她也会自卑。但女人的好处在于她是被动的，所以，她在性方面的问题不像男人那么显而易见，比较隐蔽。

人们不断地异化，在本来该是很自然的性行为中加入了理性思维，导致性爱无法解决它本来该解决的问题。性爱本来是阴阳和合，是自然而然的，但是人的异化，使人在性爱过程中不是由着自己身体的欲望该怎么样就去怎么样，而是有的专家认为该怎么样，就努力怎么样去试图表现自己是正常的，自己是好的。这时候性爱就成为一种表演。

男人的表演，是想让自己表现得更强大；女人的表演，是想让自己表现得更有魅力。这就是人们在性爱过程中的小人自我。这些表演，都会让一个人不再成为他自己，而是走向分裂。这种分裂带来的后果是，男女之间有性爱，但是不能解决性爱该解决的问题。人们发现，他们无法在性爱中找到想要的那种感觉，因为双方都不是完全真实的人，而是加入了社会的意见和头脑的不真实的人。

像市面上有很多介绍性技巧的书，告诉人们：男人在性爱中应该怎么样，女人在性爱中应该怎么样。"应该怎么样"是社会要大家去学习的，而那些"应该怎么样"会逐渐变成人向往达成的一种状态。这种本真的失落会使男女之间的性爱关系走向不和谐，时间长了，互相之间就会逐渐失去吸引力。

我们是从心和爱的角度来探讨性心理的。什么是爱？爱是回归一种完满，找到跟所爱的人身心合一的感觉。在和谐的性爱中，人会感觉到自己的内心被触及，会从心理上彼此产生深深的依恋，所以在灵与肉的完美结合下，人往往容易有生孩子的想法，他们会特别珍惜这种建立在身心合一的性爱基础上的爱的结晶，从而使人们不断地繁衍轮回。

如果性爱中的男女都是在完成自己的角色任务，这时心理上的爱是不存在的，只有生理上的行为。而生理行为在没有心理上爱的支撑的情况下，会慢慢变成一个不能让人动心的过程。生理上还会有感觉，但是这个过程会越来越平淡，逐渐失去吸引力。在这种情况下，人们不回归内心去寻找解决方案，反倒向外去寻找什么性技巧，试图通过性技巧来解决性爱问题，往往是徒劳的。

这就像当一个女人对一个男人彻底失望以后，这个男人一碰这个女人，她就会反感，这时候，男人不是想着挽回女人的心，而总是试图通过性行为来讨好女人，往往会是失败的。

当人有性欲而又不能有和谐的性关系时，会很压抑。

有欲望，但是不好意思表达，有的女士即使对自己的老公也无法主动说出自己的需求。一些想法在心里盘旋而又不好启齿，感觉很郁闷。时间久了，人会对这种郁闷失去觉知，只是心里不舒服，无论做什么都不能化解这种不痛快、郁闷的感觉。这种郁闷并非做爱可以彻底化解的，其实在很多时候，人们在性爱中忽略了一点，就是人的心要回归到完满的状态。

在看到欲望生起的时候，人们往往用激烈的性行为来解决问题。如果人不能因此而让心达到一种安静平和的状态，那么，性爱只是解决了生理问题而不能解决心理问题。欲望不能回归到爱上，也就是说，有生理上的性爱，但是不能达成心理上的平和，人心里的问题就会越积越大。性爱最终要回归到双方心理上的平和状态，回归到双方关系的和谐状态，这是解决人所谓的欲望不满足的问题的根本。

人真正要的是爱，而并非纯粹的性。这种爱会让自己逐步回归到一个非常平和、圆满的状态。当达成心里的圆满平和的状态的时候，即使没有生理上的性爱，自己也是一直保持幸福平和的，根本不会产生人们常常说的阴阳失衡状态。很多修行人可以做到这一点。

另外，当人对某一方面有着强烈的追求时，他的生理欲望会随之减少，因为心理需求得到满足，虽然他很少有性爱，心态也会很平和。

当一个人独处的时候，如果常常保持觉知，觉知自己的小人自我，觉知自己的欲望的升起、觉知自己欲望升起后带来的身心的变化，然后去静静地观察这个欲望，不要考虑满足这个欲望，也不要考虑禁止这个欲望，不对这个欲望做任何道德的评价，让心经由逐渐对欲望的观察和看破走向平和。

这实际上是一种修行。在修行的过程当中，人会逐渐能够坦然面对自己的欲望和内心。

人经由这种修行会慢慢获得自心的圆满，自己本身就是幸福的，如果有性爱，会享受性爱；如果没有，也会很幸福、很平和。这时候，人心中会充满了爱，会更愿意为对方付出，愿意帮助对方得到幸福。

修行是为了回归，回归到一个身心融合的自己，一个完满的自己。人的每一次所说、所行和所想有差距的时候，都是在制造着分裂，都会在自己心里给未来种下不和谐的种子。世俗上的性技巧是不能解决根本问题的，我们要帮大家找到能够回归自心、能够获得圆满的方法。当大家真的能够获得自心的圆满的时候，我们会发现，我们的幸福就握在自己手中。同时，我们在影响身边的人，在带动他们走向平和，走向幸福。

介绍这些，是希望大家能够慢慢地试着回归到对心的关注上，让自己的心去走向平和，走向完满，走向家庭关系的和谐。当这种和谐的关系达成后，你会发现，人真正生理上的需要并非很多。逐渐地走上这个方向，人会发现自己能够获得想象不到的那种美好，让自己体验到内心的自由，身心的自在，还有智慧提升的喜悦。人会越来越成为自己的主人。

第二节

❀

答 疑 环 节

问题 1：性教育和色情诱惑，您给孩子选哪个？

家长提问

唐老师您好！如果青少年看色情录像、上色情网站，怎么办？他们都是十四五岁的孩子。

唐老师解析

家长不断提出诸如此类的问题。

性和色情的问题是家长和孩子永远回避不了的问题。

要分析这个问题，我们先来分析孩子们的成长过程，这个过程中，有一部分谈到了孩子们学习兴趣的问题。

孩子一生下来，他们是无性意识的，不论是男孩、女孩，刚生下来的时候，他们都是赤条条的，但他们不会觉得羞耻，不论在多少异性面前。

随着孩子的逐渐长大，家长在教会他们注意性的问题。首先，家长逐渐要让孩子穿衣服，尽管更多的时候天气的温度不适合穿衣服，但成人们要求他们非穿不可，而且尤其是要穿上裤子，特别是对女孩子，家长更是慎之又慎。家长在有意无意地告诉他们，他们两腿之间的部分是不可以让别人看到的。大人会严格禁止小男孩和小女孩对性做更多的关注。这种做法，对孩子来说，无疑是在提示他们，男女之间有一种不同，而这种不同是很奇怪的，父母既告诉孩子注意与异性的交往，又不让孩子对异性做更多的关注。

孩子毕竟生活在社会中，慢慢地，他们接触到很多有关性的问题。比如，他们会发现男女生上厕所需要去不同的地方，而且会发现女孩子需要蹲着撒尿，而男孩子可以站着。进而他们也许会有机会发现男女生那个部位长得不一样。这些发现都会成为他们的疑惑，他们强烈的好奇心需要得到满足。这些好奇心，跟他们未来对学习课程可能产生的好奇心没有任何差别。他们只是想知道而已。但这种好奇心带给他们的是避而不答甚至是斥责。他们是无辜的，大人经常教育他们要多问，对知识产生兴趣。但这些不是知识吗？为什么我产生了兴趣，却不对？他们以前问问题的时候，只要是无关性的问题，不管什么，也不管家长是不是回答得出来，他们总是可以问的，而这次他们发现他们似乎压根就不应该问。他们问问题这个行为本身好像是错的。

于是他们会发现，问问题也许是不对的，有些地方不应该产生疑问，或者产生了疑问，不应该问别人。

这时候孩子对性尽管有好奇，但这种好奇不会成为强烈的欲望，所以，这时候家长或老师的做法仅仅是让孩子变得压抑了，变得不再对很多事情（包括性）产生兴趣了。也就是说，孩子们的好奇心和学习兴趣就是这么在慢慢地被扼杀。

随着青春期的到来，孩子们发现他们的身体就像春风吹过的小树苗，好像其中蕴藏着什么秘密的力量，这种力量可以发芽，他们感到了性的萌动。他们发现他们的身体发生了变化，而且开始对异性产生强烈的兴趣。很多学生如果有机会接触到异性，就会产生好感，从而引起早恋。但这时候家长、老师都会限制他们跟异性更多地进行接触，于是他们只好把这种兴趣加以转移，通过其他的渠道来了解。

所谓其他的渠道就是刚才那位家长提到的色情网站、色情录像，还有黄色小说等。这些了解性的方式一方面满足了他们的好奇心；但另一方面，这些方式之所以被称为色情，就是因为它们不是对孩子进行正常的性教育，而是对孩子刚刚萌发的性欲进行一种不正当的引逗。当这种引逗提示给孩子一种可行的解决性好奇或满足性欲望的方式时，孩子们就会去尝试。于是，青春期的孩子们开始吃禁果了。

从上面的分析可以看出，孩子们正是因为缺乏正常的、正确的性教育和性引导，才通过不正常的色情途径来了解性知识，从而被色情途径诱惑而不能自拔。

大禹治水的时候就利用了疏导的方式，而不是堵截的方式。对孩子的性好奇也是如此。如果我们用封堵或者逃避的方式对待孩子的性好奇，那么性好奇会引导着孩子走向邪恶的方向，甚至泛滥成灾。如果我们用正确的性教育满足了孩子的性好奇，孩子会发现，性不过如此，为什么需要那么遮遮掩掩？

性教育和色情引诱，您准备给您的孩子选择哪个？

问题2：如何消除小时候被性骚扰的阴影？

家长提问

（为防止提问者不舒服，这个案例经过精心修改，里面凡是可能显示出提问者身份的内容全部做了改变。）

很幸运有机会直接向您提问，并愿意选择信任，把自己多年来不再想提及的一段经历讲给您听。

大约在小学低年级或更小的时候，在一次上完厕所准备出来时（厕所是整层楼公用的），我被一个长得比较壮的男子，一个与我同住一楼的人，堵在了里面。他说了什么我早忘记了，只记得他掏出自己的阴茎逼着我看，我当时觉得恶心，同时被吓坏了，觉得恐惧无比，也不敢跟家长说。因为自己觉得父母都是普通的老实人，此人是凶恶的，告诉父母不但解决不了，还会给家人带来灾难。从此，见到此人再不敢看，能绕就绕着走，那双凶恶的眼睛我一直不能忘记。同时，再不敢让任何男子走近我，尤其是与此男子貌似的男子，总担心自己被伤害，不安全。

长大了，上大学了，我也不敢相信男同学，不敢让任何男同学跟自己走近，也不敢让自己走近他们，总觉得靠近是不安全，但自己却很羡慕别的女同学身边总有很多男生帮助她。我不敢谈恋爱，害怕被伤害，如果一定要谈必须找一个身材高大的男人才能有安全感。整个学习期间，除我以外，所有女同学都经历了自己的初恋，其间有男同学表白，我也假装不懂，装傻，或者让给舍友，不敢争取。我好尴尬，好失落。我封闭包裹了自己，别的男同学甚至女同学都不再走近我，我只好一直压制自己想结识他们的想法。除了舍友，没有几个同学了解我，或许在同学们的眼里，不论男女都认为我只是个傻傻的孤傲的学习狂吧。

现在想来，我的成长经历就从那一刻开始被严重影响了。自己从初中开始就一直在假装自己、包裹自己真实的一面，淡化自己的女性符号，不敢穿漂亮衣服，不敢让自己显得女性化，所有的着装偏中性化，老气，没想到这一装竟是30多年。真实的那个开朗活泼的女孩，心里极其渴望浪漫的女孩，表现出来的却是木然的、不懂风情的那一面。我一直处在很累、很孤独、很有压力、缺乏安全感的状态下，工作生活着。

走到今天，好遗憾，觉得自己从来没有灿烂过，美丽过！错过了女孩青春的漂亮与灿烂，又错过了年轻女性的美丽季节。不敢让自己打扮，害怕女性化的装扮吸引来那曾经的猥琐的目光甚至行为，后果不堪设想。

（我的这一切至今又影响到了我的女儿，小学高年级开始至高中，她拒绝穿纯女性化的服装，比如裙子等，只穿休闲装或运动装，不留长头发。）

大学毕业了，我终于上班了，回到自己的家乡，在一家国营企业工作。不少的热心长辈，陆续给自己介绍男朋友，可自己心里不想接受介绍，觉得自己在大学期间已经因为担心错过了很多，不要再错过了，想自己认识男朋友，找到属于自己的浪漫爱情。可我把自己封闭太久了，加之不安全感的存在，我始终是不敢靠近自己心仪的男士、不敢表达自己，甚至不会跟男士进行很好的沟通交流，同时又不甘心勉强自己，随便找一个男朋友凑合自己的未来，怕将来进入人生的纠结之中。

最终只好接受介绍。在经历了很多失败的见面经历后，我不得不放弃了心里自设的、对未来丈夫的种种要求必备的条件，比如学历、习惯、地域等，只是有一条我无法放弃，那就是找一个高大有安全感的男朋友，这个条件是绝不能放弃的。

终于我找了一个身高1米8的大专生，觉得他很踏实稳重，有力量可以给我安全感，保护我，这个人最终成为了我的丈夫。可随着时间的延长，我却越来越觉得他不能给我安全感，我的失落感随之越来越强烈，相互间的感情越来越淡了。我告诉自己高大的人也不能给自己安全感，多年来工作和生活中依旧是不能也不敢靠近其他男士，心里一直有距离，谁踏进了我的心理安全保护区，我会立即拉开距离，所以人际关系始终不佳。

很多时候，自己的心里很想走近那些有能力的男士，但由于以前那件事的原因，我不敢走近他们，让他们了解自己，害怕他们伤害自己，同时害怕控制不住自己吸引到别人，总之很矛盾、很纠结。这种感觉时间久了，自己已不知该如何与男人打交道。关于这个问题，自己的外在表现怎么和自己的内心达成和谐？

目前我的年龄已40多岁了，状态好多了。但这个从小的经历，已足足影响了我数十年的人生。唐老师，您说我今后怎么才能做到真正从这个阴影中走出来，彻底解决自己的心理问题呢？

唐老师解析

那个被别人骚扰的小女孩在哪里？你是她吗？

如果你觉得你需要一个高大的男人给你安全感，你已经有了这么一个高大的男人，他应该可以给你安全感，但你并没有真正得到安全感。

显然这种安全感，根本不是外界一个人或一件什么事情可以给你的。

所以，你只需要不再担心就好了。

从那件事情以后，你没有再受过任何男人的伤害，男人已经从恐怖的样子，逐渐变成一个你内心中追求的因素。你最后提的问题是：自己不知道怎么跟男人打交道，已经不是你内心里对男人的恐惧，所以你已经解决了在男人面前的安全感问题，你只是不知道怎么跟男人和谐相处，这才是你真正的问题。对不对？

只是由于你没有仔细甄别自己的问题，所以，一直误以为不能与男人相处的问题还是你的安全感问题，一旦看清楚就好了。

至于如何与男人相处，去想事情，不想相处，就好了。也就是说，跟男人相处的时候，一般都是因为事情相处，那就把要合作的事情做好，该怎么说话就怎么说话，无须多想。就这么简单。

问题3：在高一男孩的书包里发现避孕套怎么办？

家长提问

唐老师好！我的孩子上高一，男孩，住校。星期天我在清洗他的书包时，发现里面装着好几个避孕套（我照原样放进去，没给孩子说这件事情）。儿子上初中时就有喜欢的女同学，到现在关系也很好，周末常一起出去玩。对于儿子恋小女孩的事情，我和儿子没有单独就此问题交流过。我阻止不了的，说了，孩子也不会听的。对于青春期的孩子，我如何正确引导呢？如果和孩子聊这样的事情，觉得很尴尬，我想过写封信夹在《男孩青春期手册》中，但信的内容不知如何写，我还是很担心的。写得轻描淡写，怕孩子看了不当回事；写得重了，又担心影响孩子。不知如何是好，向唐老师请教。

唐老师解答

我们说过，不正面和孩子谈他的与性有关的事情。比如发现孩子书包里有避孕套，不要跟孩子谈这个事情，说我发现了什么。不要。

那做什么？

拿出一个别的孩子的案例，跟他讨论那个，把你想讨论的问题都放进去，要依这样的方式来。

比如你可以从网上找一个类似的事情，然后跟他一块儿讨论这个事。或者和孩子说："有一个家长发现孩子有这样的情况来问我，你觉得我应该怎么说，你帮帮我，咱们一起讨论讨论。"以类似这样的方式来说。

记着，一定不要揪对方。

这种事写信写不清楚，最好能聊一聊。

按我说的做，举一个别的家长的孩子案例来聊一聊，把你担心的问题都聊进去，以那个家长担心的形式说出来，和孩子一起讨论，就够了。

第十三章

结　语

成为一个"干净"的人，让自己清醒地面对自己的心，保持觉知和智慧。

幸福之道，就是自我的成长和回归之道。

在讲性福之道时，我问大家，能不能真的像谈吃饭一样坦然地谈性方面的问题，有几位家长用悄悄话给我发来信息说能。如果能，干吗要用悄悄话告诉我？为什么不直接在房间（呱呱视频）里说，让大家都看到？用悄悄话说是在遮蔽什么？实际上，真正能坦然地看待性问题是极难的。性是人内心最隐蔽的角落，是最难坦然面对的。能做到坦然面对性，人会发现很多问题都很简单。

性心理容易走向两个极端，过于避讳和过度放纵。过于避讳会导致思想的分裂，你明明想了解性、有性欲，但是不敢坦然面对，只好拼命压抑自己。过度放纵会导致性滥，很随意，不以爱为性的前提，或者忽略性应有的高尚和隐秘性。

性福之道讲的是一般的性知识吗？不是，我们不讲性知识。我们实际上是在帮助大家调节心理，让大家的身心逐渐统一，成为平和完满的人。有了这样的心态，再去看问题时就可以很容易地看到问题的实质，轻松地破解问题。

在我们这个社会环境中长大的人，很多人对性的心态在逐渐发生着改变，由避讳走向开放，或者由避讳走向不再避讳。一个人能不能坦然地面对性，这取决于他能否真实地面对自己的内心，而不取决于知识的多少或者道德水平的高低。

什么叫真实地面对自己的内心？我和一位学员探讨了这个问题，聊天记录如下。

清荷："什么叫真实面对自己的内心呢？观？"

我："比如，自己有欲望了，你会面对自己吗？"

清荷："怎么叫面对呢？看到欲望，控制欲望？"

我："自己正视自己，别骗自己。"

清荷："就是看清楚自己？"

我："都是瞎子，怎么看清楚？"

清荷："为什么是瞎子？"

我："心里带着虚荣、伪善、假道德，这样的眼睛不可能看到真相，所以就是瞎子。"

清荷："自己看自己，都不可能看到真的？"

我："当然不能。"

清荷："人会看不到自己的欲望吗？"

我："是不会正视自己的欲望。"

清荷："是不是假惯了，一生起欲望，就压制住了？"

我："是很难正视自己欲望的生起。看到欲望本身，就不是一般人能做到的。"

清荷："感觉到不是看到？"

我："真正看到就是观。"

欲望是一个非常敏感的话题，如果本身就存在隐晦，深入聊会有障碍，于是，我换了一个角度让她明白人是无法正视自己的。她一直在读我的博客，说过要把我当老师，好好跟着我学习。她说要做到信我的话，但我让她看一部电视剧，她在微博里也记下了我给她的建议，后来却没有看。

我说："你说要把我当老师，但我让你做的事情，你并没有做。"

清荷："什么事情我没做？"

我："你不记得了？当时你还写了微博的。"

清荷："什么事？你说。"

我："像这样的事情你都不能面对，何况更加敏感的欲望问题？"

清荷："什么事情不能面对？我确实想不起来了。"

我："我不说那件事了，你记得有就是。你自己去查你的微博吧。另外，按说这样的事情，你不应该会忘掉的，但为什么我提起来你却不记得？这也是不正视自己。"

清荷："我不知道你指的是什么事，提示一下吧。"

我："你觉得我会不会骗你？没有的事非说有？"

清荷："是我答应过你做的一件事吗？什么事？"

我："关于信。好了，你不要执着这事了。"

清荷："是不是我愚钝？我真的没搞明白你这一系列话是什么原因而说的。"

我："你就假设有那么一件事，再看就明白了。"

清荷："天啊，我感觉脑子像一盆糨糊，从来没这么迷糊过。"

我："呵呵，我会不会故意冤枉你？"

清荷："不会。我只是想知道是什么事我没做。"

我："你知道这件事就行了。我说过，你自己写过微博，我们聊天当时你自己承认了的。"

清荷："好，我查微博，我承认我是猪脑子。"

我："不管这是件什么事，为什么你会不记得了？你不应该会骗我的。"

清荷："我确实不记得了。"

我："所以，你自己的心在骗自己。"

清荷："噢，我不记得就是我自己的心在骗自己啊？"

我："这就是不能正视。骗自己，自己不知道的。"

清荷："骗，是在自己不知道的状态下？"

我："自己不知道自己在骗自己。"

清荷："你刚才说的这句话让我感觉挺可怕的，自己这么难看清自己？"

我："你知道这件事就行了。"

清荷："啊，这件事到底是什么事啊？阿弥陀佛！"

我："你现在已经很躁了。你在觉知吗？"

清荷："什么叫觉知？"

我："你的心是平静的吗？现在。"

清荷："比较平静。不过，想弄明白一个问题。"

我："不弄明白行不行？"

清荷："哈哈，我是不是被什么诱惑着转圈的狗啊？行，停下来。"

我："呵呵，你刚刚还说你比较平静，现在又承认自己是被什么诱惑着转圈的狗。你是不是又在骗自己？没有正视，对不对？"

清荷："噢，原来我是藏得这么深的骗子！"

我："是啊。你自己不知道而已。你知道常人不能正视自己了？这是我们要谈的问题。"

清荷："知道了。不是不想正视自己，确实是不能正视自己。这种不能正视自己，处在一种对自己无知的状态里。忽然感觉自己很可怕，原来这个我是我不能了解的我，更不用说控制了。"

我："你经常撒谎，又不知道。对不对？"

清荷："如果不是刚才聊的这些，我会说不可能。现在看是的。"

对于一般人来说，真实地面对自己是非常难做到的事情。平等思维在试着帮助大家真实地面对自己。在现实中，难以面对自己是每个人都存在的问题。

比如难以面对自己的失败，难以面对自己小时候曾经出现的问题，难以面对自己的谎言，难以面对自己的情绪化，难以面对自己曾经有过的不光彩经历，难以面对自己的愚蠢……能面对自己时，问题就容易解决。不能面对自己，就会造成自我的分裂，身、口、意的分裂。当一个人的身、口、意能够统一起来时，他会达到最大的完满，他的智慧会很强大。

我经常用到一个词——干净。身、口、意统一的人特别干净。一个人成为干净的人后，就会发现一切都是干净的，"犹如莲花不着水，亦如日月不住空"。没有什么东西可以污染到他，没有什么能干扰他，没有什么能让他陷入痛苦和烦恼的困境，问题一出现他就能看到答案，因为对于干净的心，问题和答案是同时出现的，身、口、意分裂的人无法看到问题的答案，会陷入问题之中，陷入情绪之中。

我们的课程叫家庭幸福之道。对于幸福而言，道的层面是什么？是回归到自心，从一般人的颠倒的认识，回归到一颗干净的心的认识。

幸福之道在讲什么？在讲人面对各种情况、遇到各种问题时，该如何去走向幸福。

个人幸福之道，讲的是一个人面对自己的生活时怎么幸福。一是不带期望；

二是做正因。做正因，会不断地得好结果，人就会幸福。幸福的根本在于干净，也就是不掺杂别的，纯粹地按照因果规律办事。人去做好正确的事情，就一定会得到好的结果。

个人幸福之后，接下来是让家庭变得幸福。在幸福之道中有关家庭幸福的内容最多。

家庭矛盾万能解决三步法（矛盾解决之道）是在帮助大家彻底化解家庭矛盾。矛盾是什么？是彼此间的不认同。为什么人们彼此间会不认同？因为小人自我，因为每一个人都自以为是，都觉得自己是对的。喜欢肯定，讨厌否定，这就是小人的禀性。人不幸福的根源在于小人自我。走向幸福的过程，其实就是一个打掉小人自我的过程。家庭矛盾万能解决三步法是根据小人理论开发出来的。

当事情结果不好的时候，指着自己的鼻子说"怨我"，这一点跟常人是相反的。"怨我"绝非常人可以做到，仅有道之人才能做到，仅世间的高人才能做到。就连世间的很多大人物都不能做到有问题时怨自己，他们会很自然地怨别人。所以学习平等思维会提升人格，让大家超越身边的绝大多数人，甚至超过很多看似了不起的大人物。

在夫妻幸福之道中，我们给出了夫妻相处的乌托邦模式，也就是母子关系和父女关系。为了夫妻幸福，男人和女人都需要具备两种品质，然后用这两种品质去善待对方。男人一是要做好父亲；二是要做好儿子。女人一是要做好母亲；二是要做好女儿。男人的父亲品质对应的是女人的女儿品质，男人的儿子品质对应的是女人的母亲品质。当这两种品质正好相因的时候，夫妻关系会非常和谐、非常幸福。

但是，在家庭中，夫妻之间或者亲子之间，总会出现一些问题。比如有的女士看着丈夫觉得他哪儿都不好，有的家长看着孩子觉得孩子一身都是毛病。这时怎么办？我们给出了写幸福日记的手段。

幸福日记是通过找出对方的优点，让自己感受到对方确实是一个很好的人，由这种感受而让自己心态变得平和，然后，对待对方的态度会改变，由此使夫妻关系和亲子关系走向和谐幸福。

关于幸福日记，我和学员们有一段对话，实录如下。

我："写幸福日记，很多人一开始不想写，但是一旦写起来就发现效果非常好。写幸福日记不是让对方幸福，而是让自己很快进入幸福状态。有一些顽固的人坚持不写幸福日记，让自己继续保持在愚蠢的痛苦状态里。我想问一下大家，已经知道写幸福日记可以很快幸福起来，但还不肯写的，都有谁？主动承认一下。山西吕梁小华，高二悦妈，颜妈妈，婷妈妈，武妈妈。请问几位，你们都是幸福的吗？如果你们是幸福的，就不用写了。"

婷妈妈："不幸福。"

山西吕梁小华："不幸福。"

高二悦妈："不幸福。"

我："建议这些没写幸福日记的学员接着不写，让自己继续在痛苦当中多待一段时间，好好体会一下痛苦的感觉。你们万一要是写了幸福日记，就不痛苦了，那你们可能会很寂寞的。再多痛苦一段时间吧。"

延妈妈："坚持写幸福日记，现在觉得自己幸福得一塌糊涂。"

我："还有谁因为写了幸福日记变幸福了，来反馈一下。强子妈妈，云义妈妈，文浩妈妈，司祺妈妈，小帆妈妈，一波妈妈……"

从上面的对话可以看出，幸福日记确实是一个可以让人迅速幸福起来的有效手段。

沟通幸福之道，也就是和谐沟通三大步骤：接纳、理解、建议。接纳和理解都是基于小人的自以为是而给出的，也就是肯定，因接纳和理解，对方会和我们达成互相的信任，形成一种和谐的关系，这时再给出有效的建议，就可以帮到对方。

性福之道主要讲的是性心理，从性的角度来分析人的分裂，内心真实的感受和社会对人的看法之间的冲突导致人不能健康成长。探讨性心理就是要从根本上破解这个问题，让大家正视自己的欲望，正视自己的一切心理变化，有勇气去面对一切。当一个人真正去面对自己的心理和欲望时，就会逐步形成超越，最后达成在性方面的自由。他会成为一个一直满足，不被诱惑的人。

常人往往都在互相诱惑，甚至你已经在诱惑别人了你都不知道，你已经在被别人诱惑了你也不知道。当一个人坦然面对自己的时候，他会很清楚自己的心里在生起什么样的念头，自己的生理上在发生什么样的变化，他知道自己应该怎么面对一切。

有一位学员问我："唐老师，你超越这个了吗？"

我想说的是，当你在慢慢地走向超越时，你会发现一个诱惑就是一个束缚。

为什么？

如果一个人准备出轨或者已经出轨，他有没有可能不撒谎？根本不可能！大家记住，只要一个人出轨，他一定会撒谎的。

对于一个每天学习平等思维的人，对于一颗干净的心来说，任何一次谎言都是一种折磨。这种折磨不是因为信仰，害怕撒谎将来堕拔舌地狱，而是无论怎么咬着牙都撒不出一个谎来，想到要撒谎当下就痛苦。

如果撒一个谎可以得到一个美女，我不会去撒这个谎，因为撒这个谎太痛苦。

大家慢慢会发现，当你可以很真实地面对自己时，你的心在逐渐走向安宁，而这种安宁带来的幸福，远超过人们常常追求的那些东西可以带来的快乐，这是很多人感受不到的。

谈到撒谎，我们知道，生活中人们常常会说善意的谎言。有学员问我："唐老师，你会说善意的谎言吗？"

我不会说善意的谎言，我会说真实的话。我认为真实的话比善意的谎言更有效。我们不需要说善意的谎言，可以直接用真实的话来解决问题。很多时候善意的谎言是在掩盖自己的贪欲。

假如一个女人问你："我漂亮吗？"即使对方不漂亮，一般人也会说漂亮，因为"我要说不漂亮多不好，多打击别人啊"。其实大家并非是怕说真话打击对方，而是怕因说真话打击对方而导致对方对自己不利，使自己不能得到可以从对方那里得到的好处。

所谓善意的谎言一是在掩盖自己的贪欲；二是在掩盖自己的不智慧。有些问题自己不能面对，所以认为别人也不能面对，于是就撒谎。

更多的谎言是习惯性的，因为大家一直处于分裂状态，在分裂当中习惯于这么说。比如给老人买东西，说东西贵老人会有些埋怨，于是就撒谎说东西很便宜。其实老人嫌贵时，你完全可以告诉他："孩子不是就应该买好东西给爸爸妈妈吗？我们孝敬你，就是要拿最好的东西给你！"如果买一样东西花了500块钱，你非要对老人说是花30块钱买的，他吃一半倒一半，你心里难受不难受？

回到刚才的话题上。当一个人可以面对自己的心和自己的欲望时，他会变成一个更坦然、更真实的人。这时候他会不会犯错误？依然可能会。但是，他犯的这种错误，完全不用别人纠正，他自己就会纠正，因为犯了错误他会很难受。逐渐地走向这个方向，大家就会成为真实而自在的人。

世俗中，人们常常以鄙视性来展示自己的干净，这种做法本身是不干净的。坦然地面对才叫干净。

我们讲家庭幸福之道，是要帮助大家成为干净的人。干净就是坦然地面对一切，就是看清楚事情的因果关系，就是打掉愚蠢的小人自我，就是提升智慧，修得一颗清净心。在清净心里，没有烦恼，没有痛苦，只有幸福。而这种幸福，并非平常人所体会到的那种欲望得到满足的所谓幸福，而是如一潭静水，平和自在。

幸福之道是心远离污染回归清净之道，是心远离沉浮回归宁静之道，是心远离愚蠢回归智慧之道。而这一切，都要从一念的转变开始，由向外贪求变为向内开掘，自己心里本来有无量宝藏、无价之宝、无限幸福。

幸福之道，就是自我的成长和回归之道。